最受养殖户欢迎的精品图书

无公害肉牛安全生产手册

第二版

蒋洪茂 编著

中国农业出版社

图书在版编目（CIP）数据

无公害肉牛安全生产手册 / 蒋洪茂编著. —2版. —北京：中国农业出版社，2013.9
（最受养殖户欢迎的精品图书）
ISBN 978-7-109-18246-2

Ⅰ.①无… Ⅱ.①蒋… Ⅲ.①肉牛-饲养管理-无污染技术-技术手册 Ⅳ.①S823.9-62

中国版本图书馆CIP数据核字（2013）第197133号

中国农业出版社出版
（北京市朝阳区农展馆北路2号）
（邮政编码100125）
责任编辑 郭永立 张艳晶

中国农业出版社印刷厂印刷 新华书店北京发行所发行
2014年3月第2版 2014年3月第2版北京第1次印刷

开本：850mm×1168mm 1/32 印张：13.125 插页：2
字数：328千字
定价：29.00元

作者简介

蒋洪茂，1936年4月出生，江苏省常州市武进区人，研究员，退休前在北京市农林科学院工作，退休后曾担任民营肉牛企业总经理、副总裁、技术总监、技术总顾问、总畜牧师等职。

几十年来坚持在肉牛生产的第一线，进行肉牛科学试验、生产实践、技术开发和推广，在引进、吸收、消化、改造国内外肉牛先进技术（饲养、屠宰、加工）中，对我国肉牛业作出了微薄的贡献，获得多项国家和北京市科研成果一、二等奖。发表论文几十篇，出版著作十余本包括《肉牛异地育肥技术》、《优质牛肉生产技术》、《黄牛育肥实用技术》、《肉牛高效育肥饲养与管理技术》、《肉牛快速肥育实用技术》、《肉牛无公害高效养殖》等。

第二版前言

改革开放政策的持续和有效，大大地促进了我国人民生活水平的普遍提高，使消费者的生活质量大幅提升，人们对食用牛肉食品后能健康长寿的期望和要求越来越高，也越来越迫切。所以，在当今和今后的牛肉消费格局中，消费者选购或食用牛肉时不仅要求牛肉具有鲜嫩、可口、味美的品质，更重要的是牛肉的安全性。因此，牛肉原料（肉牛）的生产者在肉牛育肥全过程和由肉牛屠宰加工为牛肉的全过程中必须把安全放在第一位，只有这样，肉牛产品和牛肉产品才能占领市场，才能获得较好的效益。造成肉牛和牛肉质量不安全的因素主要来自肉牛育肥过程中食用的饲料、饮水、兽药以及屠宰过程。把握住以上几个重要环节就能极大地提高牛肉的安全性。因此，本手册在编著过程中采用的技术措施（肉牛育肥、肉牛屠宰）特别关注安全性，在确保牛肉安全的前提下实施高档优质肉牛（牛肉）生产技术。本手册可作为从事肉牛生产、科研、教学等人员的技术参考书。

随着我国国力的增强、科学技术的发展和人们对无公害食品认识的提高，无公害食品生产的技术标准（规范）进一步修改和完善，本手册再版时删除和更新了一些内容；增加了先进的、成熟的、实用的无公害肉牛生产的技术，作者希望尽最大努力使再版的《无公害肉牛安全生产手册》能更加完美，但是由于水平有限，手册中仍难免有不当和错误之处，恳请读者批评指正。谨向有关参考资料的作者和译者致谢。

编　者

2013年8月

第一版前言

随着我国国力的增强，人民生活水平普遍提高，消费者生活质量大幅提升，国家和消费者对食品品质的要求也越来越高。健康长寿型、低（无）毒安全型、高档优质型牛肉是国家倡导和消费者迫切需要的肉食品。在当前和今后的消费格局中，对牛肉品质的要求不仅仅是嫩度、口感、风味和色泽，而以安全、低（无）毒为第一位。但是品质安全的牛肉不一定高档优质，而高档优质牛肉也不一定具备安全性。只有既具有安全低（无）毒、又是高档优质的牛肉才能够满足消费者的要求、产品才能够占领市场、肉牛行业才能够有更大的发展空间和巨大的经济效益。牛肉被污染而成为不安全食品的主要来自肉牛食用饲料；饮水；兽药；屠宰过程等渠道。把握好以上四个主要环节，就能够极大地提高牛肉的安全程度（无公害食品生产是我国安全食品生产的第一步，它为第二步绿色食品生产打基础和铺路）。因此本书在编著过程中首先注重肉牛的安全性生产，在安全低（无）毒生产的前提下创造高档优质产品。依据作者多年的肉牛生产实践和近几年来翔实丰富的试验研究资料介绍无公害牛肉生产技术。

本手册主要介绍无公害肉牛生产的环境条件；无公害肉牛牛资源条件；无公害牛肉生产标准；无公害肉牛贸易及流通技术；无公害肉牛的饲料资源条件；编制无公害育肥牛饲

料配方技术；无公害肉牛饲养及管理技术；提高无公害肉牛经济效益的若干措施；无公害肉牛生产常用数据便查表等。本手册可作为从事肉牛生产、科研、教学等人员的技术参考书。

由于作者水平有限，手册中难免有不当和错误之处，恳请读者批评指正。谨向有关参考资料的作者和译者致谢。

作　者

2007年2月

目录

第一章

无公害肉牛安全生产的环境条件

一、无公害肉牛牛场选择

（一）无公害肉牛场场址选择的原则

由于牛场主的习惯和信仰，或牛场地理位置，或使用功能的不同要求，各类牛场会有不同的设计、建筑，但牛场选择的宗旨是为种牛、犊牛、青年牛、育成牛、育肥牛营造一个生活环境安静幽雅，符合肉牛的生物学特性及生理特点；能最大限度地发挥肉牛生产潜力；适合于卫生防疫，有利于保持牛体健康；交通便捷；周边饲料供应充足；地势高而干燥；无污染源（或距污染源头至少 2 000 米）；和居民点有一定距离（参见附录二）。

1. 无公害肉牛场地势的选择　选择地势较高处，符合肉牛喜好干燥、通风良好的环境条件，如需要在地势稍微低一些的地方建牛场，可在建造牛舍时把牛舍部分地基用填土增高；牛场不能建在山顶雷击区和地下水位较高的地方。

2. 无公害肉牛场气象条件　了解常年主风向，以便设计生产区、生活区、污染区。设计养牛场时要详细了解该地区近 10 年的各月平均气温及最高、最低极端气温，以便考虑牛舍的高度、通风条件、朝向等；历年降水量（全年各月）的考察，以便设计排水时参考。

3. 无公害肉牛场周边条件

（1）牛场距离居民点的距离　牛场是牛集中生活的场所，建设经营牛场的目的是获得优质、安全的无公害牛肉。但是在生产实际中，肉牛生产过程中既可为人类提供牛肉，也会产生废弃物造成环境污染。从提高人们生活环境质量出发，牛场距离居民点的安全距离至少 500 米，以减少牛场污染物对人类的危害（参见附录二）。牛场应建在居民点的下风向。

（2）*牛场距离有毒有害生产源的距离*　牛场距离有毒有害物质生产源（如化工厂、屠宰厂、制药厂、制革厂、造纸厂等）的安全距离至少 2 000 米，并且在其上风向。

（3）*牛场距离猪场的距离*　牛场距离养猪场的安全距离至少 1 000 米，以避免猪、牛病的交叉感染。

（4）*牛场距离鸡场的距离*　牛场距离养鸡场的安全距离至少 1 000 米，避免养鸡场的羽绒、羽毛感染牛呼吸系统而致病。

（5）*进出牛场交通方便*　一个养殖量 500 头的小牛场，每年运进的饲料、输出的肥料上千吨；购进、出售的肉牛几百头次，因此牛场的交通运输繁忙，必须有较好的交通条件保障。

（6）*牛场距离主要交通主干线的距离*　牛场要有便利的交通条件，但是为了防疫安全，牛场距离主要交通主干线的安全距离至少 1 000 米，以确保防疫安全。

（7）*牛场距离主河道、湖泊的距离要依上游水量及年降水量而定，尽可能远离*　农产品安全质量无公害畜禽肉产地环境要求参见“附录一　农产品安全质量无公害畜禽肉产地环境要求”。

4. 无公害肉牛场土质　牛场土质最好选择渗水性能较好的沙地；不在曾饲养过牛、羊、猪的旧场改扩建，防止传染病的发生。

5. 无公害肉牛场用水的标准要求　影响无公害牛肉质量的几大因素中，从每天每头牛的饲料采食量、饮水量比较，饮水量居首位，因此养牛场要特别重视水的质量，以减少或杜绝饮水不良引起的危害，如有毒有害重金属、农药通过饮水进入牛体内。

（1）*牛场应用地表水时距离饮用水源的距离*　牛场距离饮用水源的安全距离至少 100 米（防止牛场自身污水污染水源）。

(2) 用水种类　可以为养牛场提供的水源有几种，包括地表（江、河、湖、水库）水和地下水（又分深层水和浅层水）。

1）畜禽饮水中农药限量指标　见表1-1。

表1-1　畜禽饮水中农药限量指标

项　目	限值（毫克/升）	项　目	限值（毫克/升）
马拉硫磷	0.250	乐果	0.080
内吸磷	0.050	百菌清	0.010
甲基对硫磷	0.020	甲萘威	0.050
对硫磷	0.003	2,4-D	0.100

资料来源：黄应祥，《肉牛无公害综合饲养技术》，2003。

2）地表水的环境质量标准　养牛场常利用地表水作为牛场的生产用水，地表水水质环境质量影响牛肉可想而知，地表水水质环境质量要求见表1-2。

表1-2　地表水环境质量标准基本项目标准限度

项　目	标准值（毫克/升）
pH	6～9
水温（℃）	周平均最大升温≤1，周平均最大降温≤2
溶解氧	≥6
高锰酸盐指数	≤4
化学需氧量	≤15
五日生化需氧量（BODS）	≤3
氨氮（NH_3-H）	≤0.50
总磷（以P计）	0.1（湖、水库0.025）
总氮（湖、水库，以N计）	≤0.50
铜	≤1.00
锌	≤1.00
氟化物（以F^-计）	≤1.00
硒	≤0.01
砷	≤0.05

（续）

项　　目	标准值（毫克/升）
汞	≤0.000 05
铅	≤0.01
铬（六价）	≤0.05
镉	≤0.005
氰化物	≤0.05
挥发酚	≤0.002
石油类	≤0.05
阴离子表面活性剂	≤0.20
硫化物	≤0.10
粪大肠菌群（个/升）	≤2 000

资料来源：黄应祥，《肉牛无公害综合饲养技术》，2003。

3）无公害牛场集中式生活饮用水地表水源地主要项目标准限值　见表1-3。

表1-3　集中式生活饮用水地表水源地主要项目标准限值

项　目	标准值（毫克/升）	项目	标准值（毫克/升）	项　目	标准值（毫克/升）
三氯甲烷	0.060	邻苯二甲酸二酯	0.008	硝基氯苯	0.050
三溴甲烷	0.100	水合肼	0.010	2,4-二硝基氯苯	0.500
二氯甲烷	0.020	四乙基铅	0.001	2,4-二氯苯酚	0.093
1,2-二氯乙烷	0.030	吡啶	0.200	2,4,6-三氯苯酚	0.200
环氧氯丙烷	0.020	松节油	0.200	五氯酚	0.009
氯乙烯	0.005	苦味	0.500	苯胺	0.100
1,1-二氯乙烯	0.030	丁基黄原酸	0.005	联苯胺	0.002
1,2-二氯乙烯	0.050	活性氯	0.010	多氯联苯	2×10^{-5}
三氯乙烯	0.070	环氧七氯	0.000 2	微囊藻毒素-LR	0.001
氯丁二烯	0.002	对硫磷	0.003	乙醛	0.050
六氯丁二烯	0.000 6	四氯苯	0.020	丙烯醛	0.100
苯乙烯	0.020	六氯苯	0.050	三氯乙醛	0.010
甲醛	0.900	硝基苯	0.017	苯	0.010
丙酸酰胺	0.000 5	二硝基苯	0.500	甲苯	0.700
丙烯腈	0.100	2,4-二硝基甲苯	0.000 3	乙苯	0.300
邻苯二甲酸二丁酯	0.003	2,4,6-三硝基甲苯	0.500	二甲苯	0.500

（续）

项　目	标准值（毫克/升）	项　目	标准值（毫克/升）	项　目	标准值（毫克/升）
异丙苯	0.250	百菌清	0.010	铍	0.002
氯苯	0.300	甲萘威	0.050	硼	0.500
1,2-二氯苯	1.000	溴氰菊酯	0.020	锑	0.005
1,4-二氯苯	0.300	阿特拉津	0.00	镍	0.020
三氯苯	0.020	苯并(a)芘	2×10^{-6}	钡	0.700
马拉硫磷	0.050	甲基汞	2×10^{-6}	钒	0.050
乐果	0.080	黄磷	0.003	钛	0.100
敌敌畏	0.050	钼	0.070	铊	0.000 1
内吸磷	0.030	钴	1.000		

资料来源：黄应祥，《肉牛无公害综合饲养技术》，2003。

4）无公害牛场生活饮用水水质卫生标准　见常用数据便查表5-1。

5）畜禽饮用水水质　见常用数据便查表5-2。

6. 无公害牛场用水量　离水源近，最好在牛场内或离牛场近（10～20米）的地点取深层（100米以下）水，每头牛的用水量（包括每天每头牛平均饮水量15～20千克，饲料搅拌用水，人们生活用水，冲洗牛食槽、水槽用水等）按30千克设计。

7. 无公害牛场面积　每头牛占用建筑面积6～8米²，每头牛占地面积20～30米²（围栏饲养时占地少，拴养时占地多）。

8. 无公害牛场供电　牛场用电应有保证。

9. 无公害牛场排水　为牛场排水便捷，牛场整体要有一定的坡度，在平原地区牛场的整体坡度2%～3%；在丘陵地区要视地形而设计。

10. 无公害牛场环境保护

（1）牛场噪音　牛场噪音来自场内机器声（粉碎机）、汽车鸣笛，噪声影响牛的休息、采食、反刍，最终影响牛生产性能的正常发挥，因此要尽量减小机械声音（减音设施、隔音屏、绿化带），汽车入场禁止鸣笛。声音的分级单位为贝，常用分贝表示噪音的大小，借用人类的标准：白天≤60 分贝，夜间≤50 分贝。

（2）牛场粉尘　牛场粉尘来自场内饲料粉碎（尤其是粗饲料粉碎）、锅炉烟囱（取暖、淋浴、开水）。粉尘也影响牛的休息，易影响牛的呼吸，引发呼吸道疾患。应密封粗饲料粉碎库，以减少粉尘的扩散；改进锅炉结构，减少粉尘。

（3）有毒有害气体　牛场有毒有害气体主要来自牛舍、粪堆，要及时将粪尿处理，制成生物发酵肥料。

（4）牛场污水排放条件　在设计养牛场时必须要有污水处理内容，使养牛场既不污染自身，也不污染周边环境。在养牛场设计沼气池是当前“三农工作”中富民政策的重要举措。使用沼气池生产的沼气不仅可以用作燃料，转化为电能；沼渣还可以作为生产无公害蔬菜、农作物等的肥料。

11. 无公害牛场对粗饲料种植区的距离要求　牛场离周边玉米等种植区的距离最好小于 5 千米，便于全株玉米青贮饲料原料的运输及牛粪的运出；古话说“百里不运草”是由于运输费用高和运输难度大，因此为了降低养牛场的饲料成本，养牛场距离粗饲料产地应近一些，为便于养牛场估算粗饲料需要量，现将玉米、高粱、麦类等精饲料及其秸秆类农副产品估算产量和各类牛的饲料需要量列于表 1-4、表 1-5。

表 1-4　各类饲料产量参考表

饲料名称	籽实产量（含水量 14%，千克/公顷）	秸秆产量（含水量 14%，千克/公顷）
春播玉米	15 000～18 000	17 000～20 000
夏播玉米	4 500～6 000	4 500～6 000
冬小麦	5 000～5 500	5 000～5 500
春小麦	3 000～4 000	3 000～4 000

（续）

饲料名称	籽实产量（含水量 14%，千克/公顷）	秸秆产量（含水量 14%，千克/公顷）
高粱	7 500～9 000	11 000～14 000
谷子	4 500～5 500	6 000～7 500
早稻	6 000～7 500	6 000～7 500
晚稻	7 500～9 000	7 500～9 000
豆类	3 300～3 500	3 500～3 700
甘薯	18 000～22 500	18 000～22 500
苜蓿草		1 800～2 100
全株玉米青贮		45 000～60 000（含水量 75%）
黄贮玉米秸		15 000～21 000（含水量 60%）

资料来源：作者汇编。

面积换算见常用数据便查表 27，重量换算见常用数据便查表 26。

表 1-5 不同类型牛饲料用量参考表（含水量 14%计）

牛类别		精饲料用量（千克）	粗饲料用量（千克）	备注
成年母牛		540～720	1 800～2 400	365 天
育成母牛		540	1 200～1 500	180 天
犊牛		400	400～600	0～180 日龄
育肥牛（育肥时间）	120	720～750	360～420	日增重 1 100～1 150 克
	150	800～830	600～660	日增重 950～1 000 克
	180	900～930	720～760	日增重 900～950 克
	210	1 050～1 100	800～850	日增重 900 克，生产高价牛肉
	240	960～100	1 200～1 240	日增重 800～850 克，生产高价牛肉
	270	1 080～1 100	1 350～1 400	日增重 800～850 克，生产高价牛肉
	300	1 200	1 500～1 550	日增重 800 克，生产高价牛肉
	360	1 440	1 800～1 860	日增重 700～800 克，生产高价牛肉

资料来源：作者汇编。

（二）无公害肉牛场的规划布局

1. 竖向规划 要结合场区自然地形，竖向规划布置采用平坡式与台阶式相结合。排水坡度在1%～1.5%，各建筑物、构筑物向其周围最近的道路路面倾斜。场地雨水排水方式采用明沟与暗管相结合，最后排放到场外排水沟渠。场区道路要满足场内外交通运输和消防的要求，要与通道、管线相协调，与场内建筑物平行，呈直交或环状布局。道路宽度为4～6米，道路路面为水泥面。牛舍间竖向的间隔距离为20米。

2. 横向规划 牛舍间横向的间隔距离为15米，道路宽度为4～6米，道路路面为水泥面。

3. 牛场绿化 绿化可以美化环境、遮阳防风、固沙保土、调节小气候、防止污染、保护环境，绿化带宽度为20～30米。绿化有植树造林（选择高、中、矮三层）、种花、种草。

（三）无公害肉牛场功能区布局

1. 生产区 牛舍、青贮饲料窖（壕）、粗饲料堆放地及加工处、精饲料堆放地及加工处、工具间。

2. 生活区 职工宿舍、职工食堂、职工医疗卫生点、停车场、娱乐场所、浴室等。

3. 办公区 办公大楼、银行储蓄所、邮政点、工商税务、维修部等。

4. 配电室

5. 绿化带 占总建筑面积的30%左右。

6. 隔离区 隔离区是指病牛和健康牛之间的隔离区域，病牛隔离区距离健康牛舍100米以上。

7. 污染道（污道） 污道是指牛粪尿等废弃物运送出场的道路。

8. 清洁道（净道） 净道是指牛群周转、场内工作人员行走、场内饲料运输的专用道路。清洁道（净道）和污染道（污道）必须严格分开，避免或防止交叉污染或疾病的传染。

9. 牛粪堆放点 牛粪堆放点距离健康牛舍100米以上。

育肥牛场平面示意见图1-1。

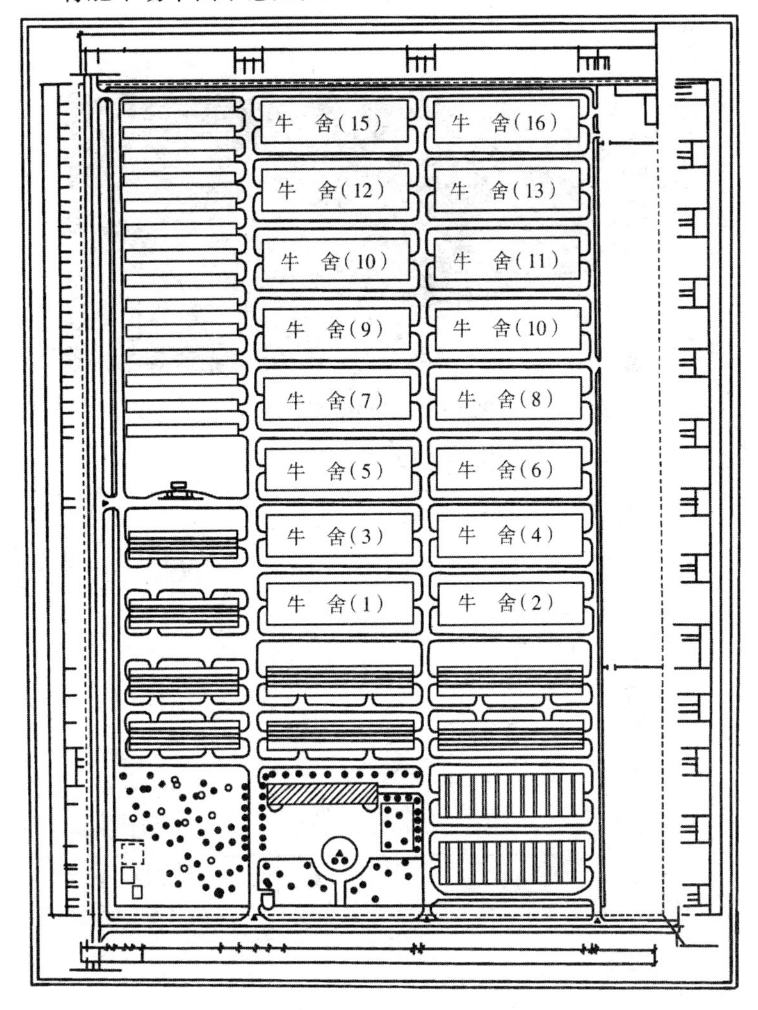

图1-1　育肥牛场平面示意图

母牛饲养场平面示意见图 1-2、图 1-3。

图 1-2 母牛牛场一角

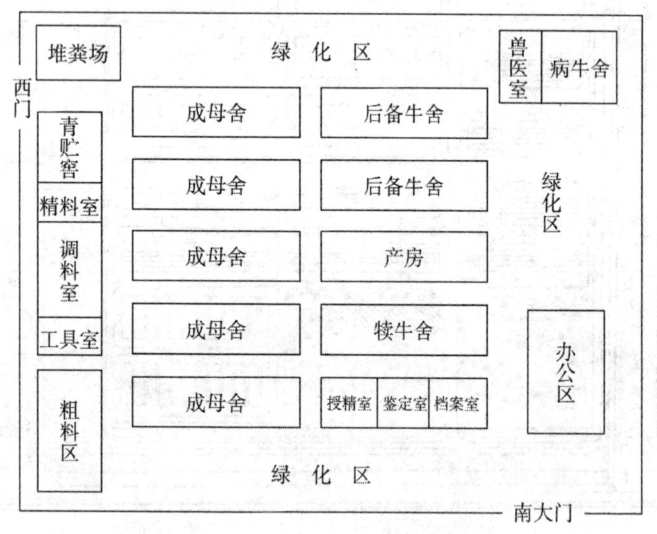

图 1-3 母牛牛场平面示意图

二、无公害肉牛牛舍建设

（一）适宜肉牛的环境条件

营造适宜肉牛生活生产的环境，是获得肉牛高效益、低成本技术措施中十分重要的一个环节，这些环境条件包括温度、湿度、气流、光照、噪音、有毒有害气体等。

1. 肉牛舍温度要求 肉牛在生长发育过程中不间断地进行新陈代谢而产热，并维持体温的恒定，在适宜的外界温度范围内，牛的新陈代谢强度和产热量保持在生理的最低水平，这一温度范围就是牛的最适温度区（常用数据便查表2）。超出最适温度区牛就会有不适的表现：如高温可导致牛食欲下降、采食量锐减，抗病力下降，增重量下降，影响正常发情等。低温同样影响牛的正常生活而使牛增重下滑、体质消瘦、母牛不发情等。肉牛耐寒性能好于耐热性能，肉牛舍的设计要做到冬季温暖、夏季凉爽。

2. 肉牛舍湿度要求 牛舍湿度常用相对湿度（空气中实际含水蒸气的密度与同温度下饱和水蒸气的密度的百分率值）表示。牛舍湿度大给微生物提供了快速繁殖的条件，这对牛的健康不利。在低温、高湿环境条件下，会造成牛加快体温的散失，引发牛的感冒等呼吸系统疾病；在高温、高湿环境条件下，会造成牛体热散发和汗水蒸发的困难，导致牛的采食量下降、日增重下滑、饲养费用上升，影响养牛经济效益。牛舍湿度太小（干燥）时也不利肉牛的生活，牛舍适宜的相对湿度为55%～75%（常用数据便查表3）。

肉牛舍的设计要做到冬季温暖、湿度小，夏季干燥、凉爽。

3. 肉牛舍通风要求 肉牛舍要求有较好的通风条件，便于牛体散热、保持体温及部分有毒有害气体的排除，但是风速不宜过大（常用数据便查表3），尤其是产房及犊牛舍。北方冬季要防止贼风侵袭，肉牛舍的设计要做到通风良好，冬季无贼风。

4. 肉牛舍光照要求 光照对肉牛的作用一方面可以产生热效应，有利于防寒；紫外线照射皮肤可使皮肤和皮下脂肪中的7-脱氢胆固醇转变为维生素D，有利于钙的吸收；紫外线还具有消毒作用。光照对肉牛作用的另一方面是不利于牛的防暑，强烈的光照会影响牛的正常生活而导致生产力下降。

因此，肉牛舍的设计要做到冬季采光保暖、夏季防晒防暑。为此设计牛舍的走向为坐北朝南，南北墙设置窗户的大小、高低还要考虑地区，但要满足牛舍的采光系数：肉牛舍为1∶16；犊牛舍为1∶10～14。

5. 肉牛舍噪音指标 肉牛舍内噪音来自作业操作声、饲养管理人员的吆喝声，既然是人为所致，只能通过人们改进工作以减少噪音。肉牛舍噪音指标应低于肉牛场的指标，白天≤60分贝，夜间≤50分贝。

6. 肉牛舍有毒有害气体 牛舍的有毒有害气体来源于牛粪尿（表1-6），定时清除牛粪尿、定时强制通风和采用敞开式牛舍，以减少有毒有害气体对肉牛的侵袭。但是在北方地区冬季使用防寒暖舍养牛时，排出有毒有害气体的方法之一是实行强制通风；方法之二是在牛舍南墙设通风口，通风口的位置应设在靠近粪尿沟处（白天打开塑料布通风，夜间关闭塑料布保温），因为有毒有害气体比空气重而下沉于牛舍靠近地面处，在牛舍顶部设通风口达不到排出有毒有害气体的目的。

表1-6 牛舍中有害气体标准

牛舍类别	二氧化碳（%）	氨（毫克/米^3）	硫化氢（毫克/米^3）	一氧化碳（毫克/米^3）
成年牛舍	0.25	20	10	20
犊牛舍	0.15～0.25	10～15	5～10	5～15
育肥牛舍	0.25	20	10	20

资料来源：黄应祥，《肉牛无公害综合饲养技术》，2003。

（二）肉牛舍的类型

牛舍类型设计要求冬季防寒、防冻、防贼风：夏季防潮、防暑，通风良好。

1. 肉牛舍分类 肉牛舍按功能可分为种牛舍、母牛舍（空怀母牛舍、怀孕母牛舍、产房）、犊牛舍、青年牛舍、育成牛舍和育肥牛舍等；肉牛舍按外形可分为单列式牛舍（单列式半封闭牛舍、单列式全封闭牛舍）、双列式牛舍（双列式半封闭牛舍、双列式全封闭牛舍）、露天牛舍等；肉牛舍按屋顶类型可分为人字形、一面坡（南高北低、北高南低）、半钟楼式等。

2. 单列式牛舍

（1）单列式半封闭牛舍

1）单列式半封闭围栏牛舍 通道在南，适合气温偏高地区；通道在北，适合气温偏低地区。单列式半封闭牛舍的面积，应根据地形确定其长度和宽度。单列式半封闭牛舍内每个围栏的面积以 40～60 米^2 较好，养牛 10～15 头（图 1－4、图 1－5）。

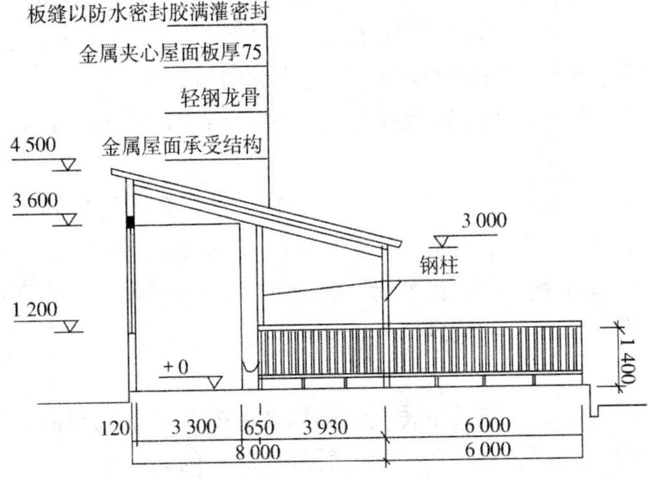

图 1－4 南低北高单列式半封闭牛舍示意图（单位：毫米）

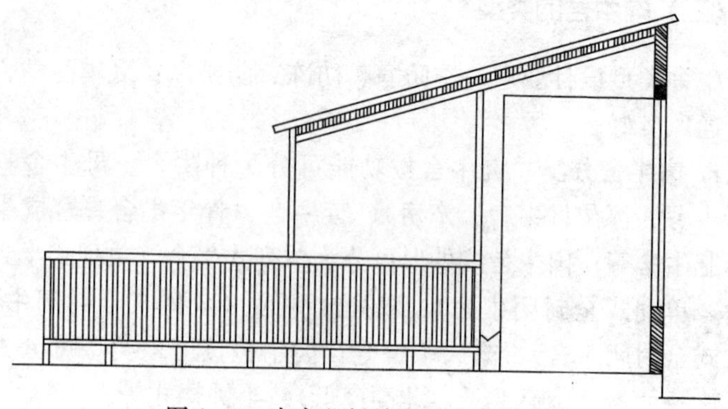

图 1-5　南高北低单列式牛舍示意图

2）单列式半封闭拴系牛舍　通道在南，适合气温偏高地区；通道在北，适合气温偏低地区。

（2）单列式全封闭牛舍

1）单列式全封闭围栏牛舍　通道在南，适合气温偏高地区；通道在北，适合气温偏低地区。

2）单列式全封闭拴系牛舍　通道在南，适合气温偏高地区；通道在北，适合气温偏低地区。

（3）单列式牛舍的坐向　均为坐北向南。

（4）单列式牛舍高度　单列式牛舍由于形式不同，高度不一样。

1）一面坡单列式牛舍　①北高南低一面坡的单列式牛舍（中部地区），前沿（南）的高度 2.6～2.8 米；后沿（北）的高度 3.2～3.4 米。②南高北低一面坡的单列式牛舍（北方寒冷地区），前沿（南）的高度 2.6～2.8 米；后沿（北）的高度 2.2～2.4 米。

2）两面坡单列式牛舍　①两面坡单列式牛舍北高南低，前沿（南）的高度 2.6～2.8 米；后沿（北）的高度 3.2～3.4 米。②两面坡单列式牛舍南高北低，前沿（南）的高度 2.6～2.8 米；

后沿（北）的高度 2.2～2.4 米。③两面坡单列式牛舍南北高度相同，前沿（南）的高度 2.6～2.8 米；后沿（北）的高度2.6～2.8 米，脊高 4.0～4.2 米。

（5）单列式牛舍跨度　非机械作业跨度 11.2 米（棚舍跨度 4.2 米），机械作业跨度 13.0～13.2 米（棚舍跨度 8.0～8.2 米）。

（6）单列式牛舍的通道宽度　非机械作业宽度 1.2 米，机械作业宽度 3.0～3.2 米。

（7）单列式牛舍的墙体　根据当地建材条件选择。北墙设窗户。

3. 双列式牛舍

（1）双列式半封闭牛舍

1）双列式半封闭围栏牛舍　通道在南北，适合气温偏高地区；通道在中间，适合气温偏低地区（图 1－6、图 1－7）。

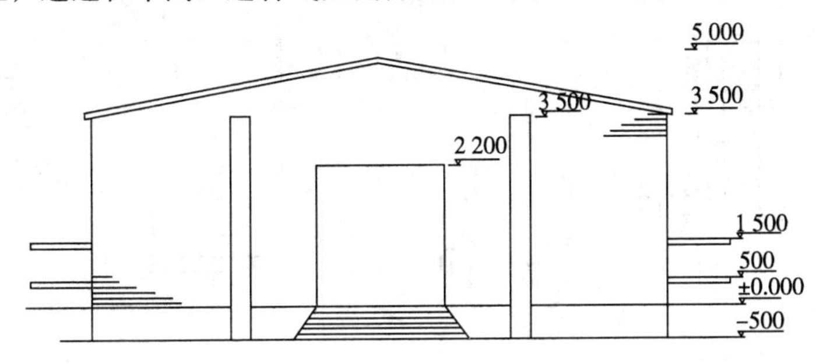

图 1－6　双列式半封闭牛舍立面示意图（单位：毫米）

2）双列式半封闭拴系牛舍　通道在南北，适合气温偏高地区；通道在中间，适合气温偏低地区。

（2）双列式全封闭牛舍

1）双列式全封闭围栏牛舍　通道在南北，适合气温偏高地区；通道在中间，适合气温偏低地区。

2）双列式全封闭拴系牛舍　通道在南北，适合气温偏高地区；通道在中间，适合气温偏低地区。

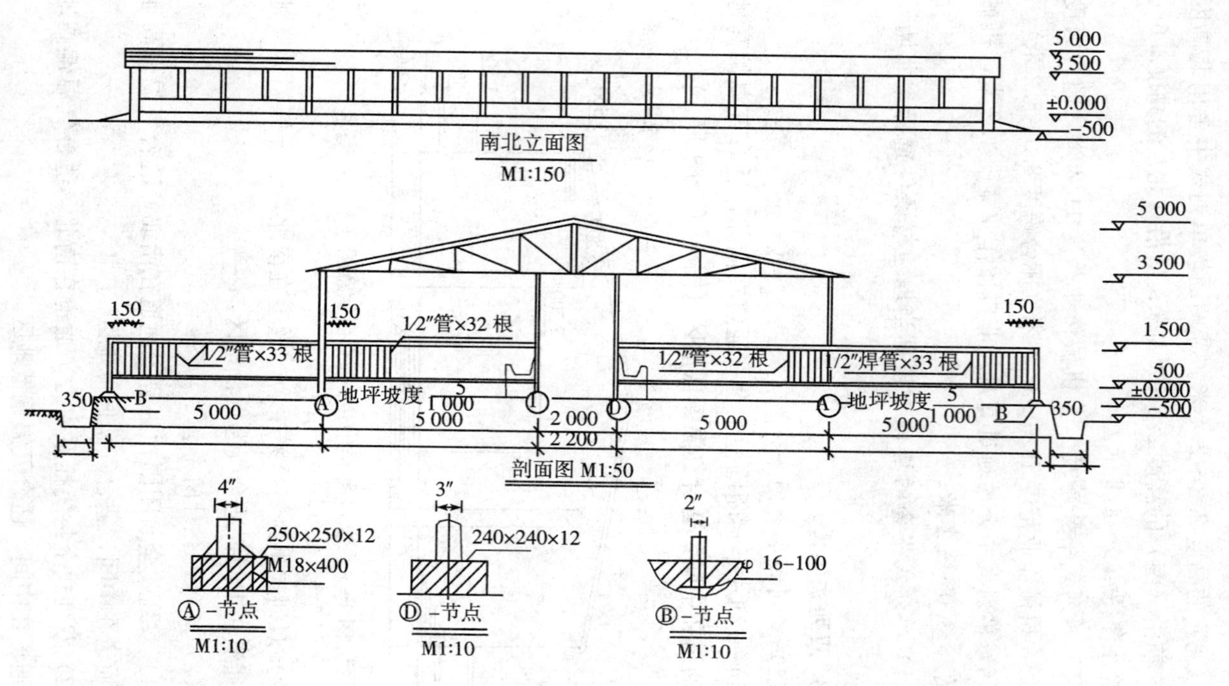

图 1-7　双列式半封闭牛舍示意图(单位:毫米)

(3) 双列式牛舍高度　双列式牛舍前沿和后沿高度一样的为 3.2～3.4 米，双列式牛舍脊高 4.6～4.8 米。

(4) 双列式牛舍跨度　非机械作业跨度 22.0～23.0 米（棚舍跨度 12.0 米），机械作业跨度 24.0～24.2 米（棚舍跨度 13.0～13.2 米）。

(5) 双列式牛舍的通道宽度　非机械作业宽度 2.0 米；机械作业宽度 3.0～3.2 米（图 1-8）。

(6) 双列式保温牛舍　坐北朝南（图 1-8），南侧设计两处玻璃窗，以获得阳光的照射（图 1-8）。

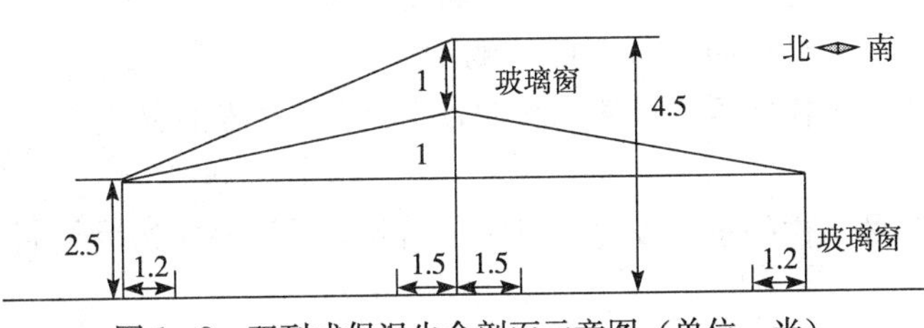

图 1-8　双列式保温牛舍剖面示意图（单位：米）

4. 露天牛舍　全露天育肥牛舍建设投资少、易迁移、规模大小的随意性大，占地面积大是其缺点。在我国经度 110°～120°，纬度 30°～40°地区（华北、东北、西北）的丘陵、缓坡地可以建。

(1) 一个围栏的面积　全露天育肥牛场牛围栏面积可大可小，大的围栏面积可达 3 000 米^2，小的几百平方米。

(2) 一个围栏养牛头数　按 15 米^2 养牛 1 头计算。

(3) 牛围栏排列（以东西排列为例）　从东向西设计 6 个（或 3、4、5 个）围栏为第一围栏区，分别为 1 号牛栏、2 号牛栏、3 号牛栏、4 号牛栏、5 号牛栏、6 号牛栏……

1 号牛栏的东侧设置饲料槽，因此 1 号牛栏东边为饲料车行走道；

1 号牛栏的西边和 2 号牛栏的东边相邻，间隔为 4 米，为牛的通道、排水道；

1号牛栏从东向西倾斜（倾斜度0.8%～1.0%）；

2号牛栏从西向东倾斜（倾斜度0.8%～1.0%）；

2号牛栏的西侧设置饲料槽，因此2号牛栏西边为饲料车行走道；

3号牛栏的东侧设置饲料槽，因此3号牛栏东边为饲料车行走道；

3号牛栏的西边和4号栏的东边相邻，间隔为4米，为牛的通道、排水道；

3号牛栏从东向西倾斜（倾斜度0.8%～1.0%）；

4号牛栏从西向东倾斜（倾斜度0.8%～1.0%）；

4号牛栏的西侧设置饲料槽，因此4号牛栏西边为饲料车行走道；

5号牛栏的东侧设置饲料槽，因此5号牛栏东边为饲料车行走道；

5号牛栏的西边和6号牛栏的东边相邻，间隔为4米，为牛的通道、排水道；

5号牛栏从东向西倾斜（倾斜度0.8%～1.0%）；

6号牛栏从西向东倾斜（倾斜度0.8%～1.0%）；

6号牛栏的西侧设置饲料槽，因此6号牛栏西边为饲料车行走道；

如此设计，形成波浪式。

南北向的倾斜度为0.6%～0.7%，每个围栏的南端设计排水沟，排水沟流向牛通道。如果养牛数量较多，需要设计第二、第三甚至更多的围栏区。

（4）饮水槽　在每个围栏内设饮水槽一个（长2～3米），饮水槽高0.8～1.0米、宽1.0米，中间用铁管隔开，每侧宽0.5米，24小时自动供水。

（5）解痒架　在每个围栏内设解痒架，用拖拉机的大轮胎

（废轮胎）外壳，一分为二，挂在围栏内，高 1.2～1.3 米，牛可以自由摩擦解痒。

（6）地面　可将地面夯实。

（7）围栏栏杆　每隔 5 米有一根深埋的水泥柱（埋深 0.5 米），水泥柱上预制 4～6 个孔，用 ϕ12～14 的钢丝绳贯穿每个水泥柱而成围栏。

（8）食槽　牛食槽用 3 块预制水泥板拼接而成，每块板长 5 米、厚 0.06 米，外板（靠车道）宽 0.65 米，底板宽 0.6 米，里板宽 0.5 米，食槽上口宽 0.75 米。

（三）牛舍朝向

牛舍的设计一般为坐北朝南。

1. 牛舍坐北朝南的优点　①冬季时阳光照射的时间长、获得阳光的面积大，有利于牛舍保温；夏季时可避免阳光直接照射，有利于牛舍防暑降温。②夏季有利于通风，冬季有利于防风。

2. 牛舍坐北朝南的缺点　坐北朝南牛舍的缺点是限制了部分地块（如南北长、东西短的狭长地）建设牛舍。

（四）牛舍地面

牛舍地面设计要求防滑、防潮、防硬。

1. 有顶棚牛舍地面

（1）水泥地面　①水泥地面的优点：水泥地面传热、吸热速度快；地面平整，外形美观；易清洗、易清除粪便；便于消毒、防疫；排水性能好；使用寿命长。②水泥地面的缺点：水泥地面热反射效应强；冬季保温性能差；地面坚硬，易损伤牛的关节；易被粪尿腐蚀。

（2）立砖地面　①立砖地面的优点：立砖地面传热、吸热速度慢；冬季保温性能较好；热反射效应较小；较水泥地面软，有利保护牛的关节。②立砖地面的缺点：立砖地面清洗、清除粪便不如水泥地面；消毒、防疫较水泥地面差；排水性能不如水泥地面；使用寿命短。

(3) 三合土地面 ①三合土地面的优点：三合土地面冬暖夏凉；地面软，有利于保护牛的关节；造价低。②三合土地面的缺点：三合土地面不易清洗、不易清除尿液；不便于消毒、防疫；排水性能差；易形成土坑；使用寿命短。

(4) 木板地面 ①木板地面的优点：木板地面冬暖夏凉；地面软，有利于保护牛的关节；牛较舒适。②木板地面的缺点：木板地面造价高，一次性投资量大；使用寿命较短。

(5) 增加牛舍地面的干燥程度 采用在牛舍周边挖水沟可以达到目的，水沟深1.5米、宽2米。在牛舍周边挖水沟还可以达到省围墙、防盗、防牛逃跑、有利于环境保护等目的。

(6) 地面坡度 水泥地面、立砖地面、三合土地面自牛食槽至粪尿沟的坡度就有1%～1.5%。

2. 无顶棚牛舍地面 草地或将地面夯实。

(五) 牛舍顶棚

用于育肥牛舍顶棚的材料较多，有水泥瓦、砖瓦、彩钢板、瓦楞铁板，各有优缺点。

1. 水泥瓦顶棚 ①水泥瓦顶棚的优点：水泥瓦顶棚结实，使用寿命较长；牛舍顶棚较厚；冬暖夏凉。②水泥瓦顶棚的缺点：水泥瓦顶棚使用建筑材料较多，成本较高。

2. 砖瓦顶棚 ①砖瓦顶棚的优点：砖瓦顶棚结实，使用寿命较长；牛舍顶棚较厚；冬暖夏凉。②砖瓦顶棚的缺点：砖瓦顶棚使用建筑材料较多，成本较高。

3. 彩钢板顶棚 ①彩钢板顶棚的优点：彩钢板顶棚外形美观大方、有档次；施工便捷。②彩钢板顶棚的缺点：彩钢板顶棚造价高；易老化，使用寿命较短；热辐射大，夏季棚下温度高，冬季保温稍差；抗风力稍差。

4. 瓦楞铁顶棚 ①瓦楞铁顶棚的优点：瓦楞铁顶棚不易老化，使用寿命长；外形美观大方、有档次；施工便捷。②瓦楞铁顶棚的缺点：瓦楞铁顶棚造价高；热辐射大，夏季棚下温度高，冬季保温稍差；抗风力稍差。

（六）牛舍食槽

制造育肥牛舍食槽的材料多种多样，各地可因地制宜选材用材。但是制作时必须做到食槽底不能有死角（为 U 形），育肥牛食槽尺寸如图 1－9。

长度换算见常用数据便查表 25。

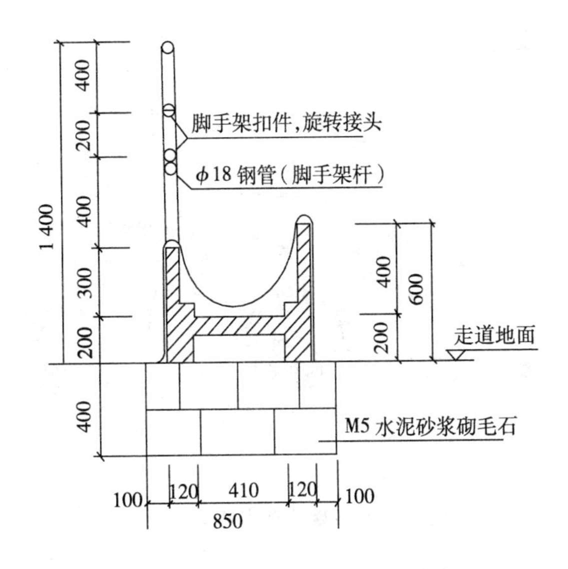

图 1－9　食槽示意图（单位：毫米）

（七）牛舍饮水槽

1. 铁板饮水槽和水泥饮水槽 铁板饮水槽、水泥饮水槽的尺寸为长600毫米、宽400毫米、高250毫米。铁板饮水槽、水泥饮水槽均有进水口和卸水口，进水口设在饮水槽的上方或侧面，其高度应与饮水槽的水面一致。卸水口设在饮水槽的底部，用活塞堵截。铁板或水泥饮水槽的位置大多设在排水沟周边，以保持牛舍的干燥。

2. 碗式饮水器 碗式饮水器由水盆、压水板、顶杆、出水控制阀、自来水管等组成。当牛鼻接触压水板时，通过顶杆打开出水控制阀，向水盆供水；当牛鼻脱离压水板，出水控制阀关闭，停止供水。碗式饮水器设计简单、易制造、易维修、造价便宜，长江以南地区可常年使用，寒冷的北方地区只能在温暖季节使用。碗式饮水器的位置大多设在食槽周边。如（图1-10）。

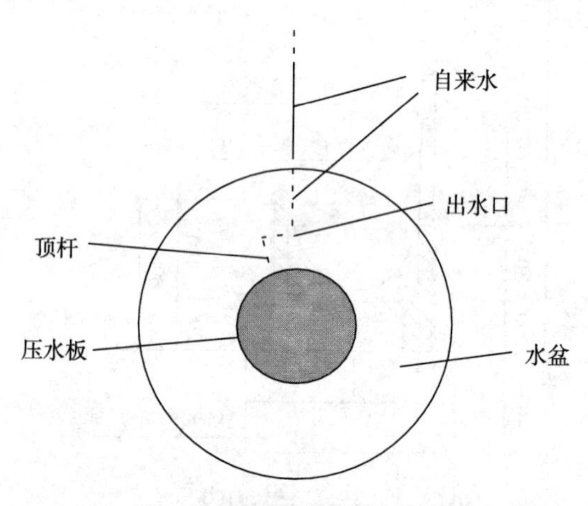

图1-10 碗式饮水器示意图

（八）牛舍围栏栏栅

单列式、双列式牛舍围栏面积不同，因此栏栅的大小有异，但栏栅的间距相同。单列式、双列式育肥牛牛舍围栏栅尺寸：长度5米、高度1.4米；栏栅的间距0.15～0.16米。

（九）围栏门

围栏门宽1.2米、高1.4米；围栏门栏栅间距和牛舍围栏栅间距尺寸相同。

（十）拴牛点

育肥牛拴系饲养时，每头牛拴在固定的点上，两头牛间的距离为2米，育肥牛拴牛点尺寸如图1-11、图1-12。

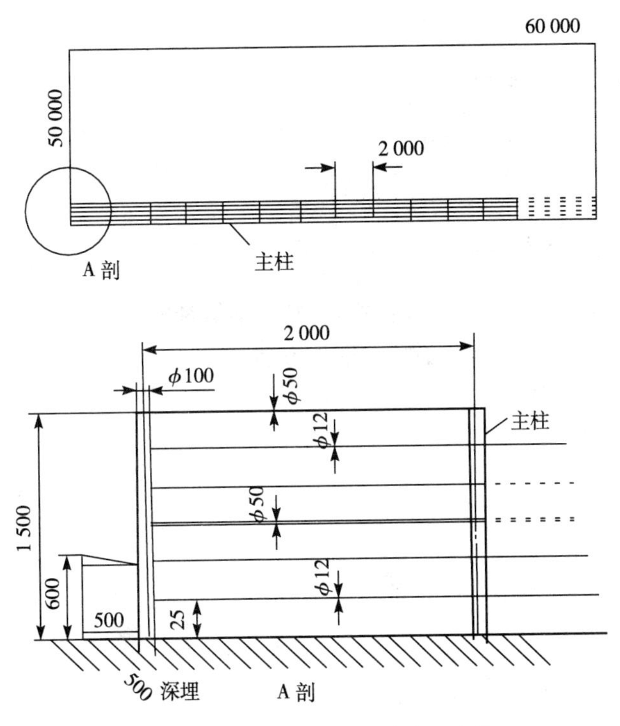

图1-11　拴牛栏示意图（单位：毫米）

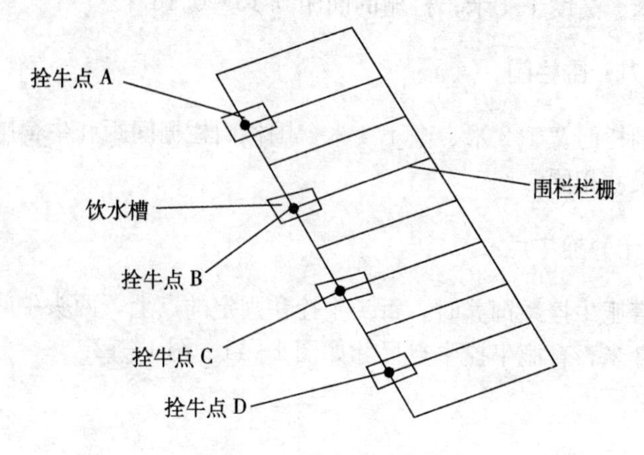

图 1－12 拴牛点示意图

（十一）建筑结构

（1）钢筋水泥结构。

（2）砖（石）木（竹）结构。

（十二）建筑材料

不论何种形式牛舍的建筑材料都应因地制宜选材，选材的原则是坚固耐用、价格便宜、取材方便。

第二章

无公害肉牛安全生产的品种资源条件

一、我国肉牛品种资源

我国的肉牛（黄牛）品种资源量据中国家畜家禽品种志编委会 1984 年《中国牛品种志》确定的有 28 个，培育品种 3 个。由于我国地域辽阔，气候、饲料资源、生活习惯、劳动方式、役用要求等差别非常悬殊，因此形成了我国黄牛性能上有偏役用型的役肉兼用型牛、有偏肉用型的肉役兼用型牛；在体型上形成较大体型、较小体型牛。据作者的研究和调查，在科学合理的饲养管理条件下，兼用型牛、大体型黄牛品种和杂交类群牛都能生产高档次（高价）牛肉，而小体型黄牛品种和杂交类群牛能够生产优质牛肉，但由于体重小的原因不具备生产高档次（高价）牛肉的条件。因此，在组织生产无公害高档次（高价）、优质牛肉产品时要对育肥牛的品种进行选择，选择品种的条件：一为自身条件（体重等）、二为数量，三为质量（牛肉品质）。

（一）较大体型品种牛

1. 秦川牛　秦川牛的主产区在陕西关中平原，关中平原的咸阳地区、渭南地区是秦川牛的育成地。

（1）秦川牛的体型外貌　外貌特征为体格高大，结构匀称，肌肉丰满，毛色紫红，体质结实，骨骼粗壮，具有肉用牛的体型。

1）牛头　头较大，额部较宽，清秀，面平口方。

2）牛角　短粗，钝角，向后，常常是活动角。

3）鼻镜　鼻镜宽大，呈粉红色。

4）被毛　紫红色，皮厚薄适中而有弹性。

5）躯体　胸部深而宽，肋骨开张良好，背腰平直，长短适中，尻部稍斜。

6）四肢　四肢粗壮，直立。

7）臀部　臀部较发达，充分育肥后臀部圆而宽大，显示良好的产肉性能。

8）牛蹄　牛蹄圆而大，蹄壳呈红色。

9）牛尾　牛尾长而垂直，尾毛多，尾尖呈毛笔状。

（2）秦川牛的体尺、体重　秦川牛的体尺、体重见表2-1。

表2-1　秦川牛的体尺和体重

性别	体高（厘米）	体长（厘米）	胸围（厘米）	管围（厘米）	体重（千克）
公牛	141.4	160.4	200.5	22.4	594.5
母牛	124.5	140.3	170.8	16.8	381.8

资料来源：中国牛品种志。

（3）秦川牛的产肉性能　据邱怀用6月龄秦川牛在中等营养条件下饲养到18月龄，屠宰测定秦川牛的产肉性能见表2-2。

表2-2　秦川牛的产肉性能

项　　目	公牛（3头）	母牛（4头）	阉牛（2头）	平均（9头）
宰前活重（千克）	408.6±4.6	345.5±14.9	385.5±27.5	375.7±33.2
胴体重（千克）	282.0±4.6	202.3±12.0	232.2±27.0	218.4±21.0
净肉重（千克）	198.9±2.8	177.3±11.4	199.5±18.2	189.6±15.7
屠宰率（%）	56.8±0.8	58.5±1.1	60.1±2.0	58.3±1.7
净肉率（%）	48.6±1.2	51.4±1.4	51.7±1.4	50.5±1.7
胴体产肉率（%）	85.7±1.6	87.1±1.2	85.9±2.0	86.8±1.9
骨肉比	1∶5.8	1∶6.8	1∶5.8	1∶6.1
脂肉比	1∶9.6	1∶5.4	1∶6.4	1∶6.5
眼肌面积（厘米^2）	106.5	93.1	96.9	97.0±20.3

笔者于1991年采用肉牛易地育肥法，从渭阳地区的兴平县购买16月龄的未去势秦川公牛30头育肥（育肥开始前20天去势），由开始体重221.8千克，经过395天育肥，体重达到517.8千克，平均日增重749克，屠宰前活重为（590.4±53.6）千克，屠宰率为63.02%±2.17%、胴体重（372.3±39.9）千克、净肉重（312.6±31.2）千克、净肉率为52.95%±2.56%、胴体产肉率为84.09%±4.43%，经过充分育肥的秦川牛表现了非常优秀的产肉性能。秦川牛（育肥阉牛）见彩图1。

（4）秦川牛的杂交效果　秦川牛用丹麦红牛、利木赞牛、西门塔尔牛等品种牛作父本进行杂交改良，也取得了较好的效果。

2. 晋南牛　山西省运城地区的万荣县是晋南黄牛的主要育成地。现在晋南黄牛的主产区分布在运城地区、临汾地区等。

（1）晋南牛体型外貌　晋南黄牛体格高大，骨骼粗壮，体质壮实，全身肌肉发育较好。

1）牛头　晋南牛头较长、较大，额宽嘴大，有“狮子头”之称。

2）鼻镜　鼻镜粉红色。

3）牛角　角短粗呈圆形或扁平形，顺风角形较多；角尖枣红色。

4）被毛　被毛多为枣红色和红色，皮厚薄适中而有弹性。

5）躯体　体躯高大，鬐甲宽大并略高于背线；前躯发达，胸宽深；背平直，腰较短；腹部较大而不下垂。

6）臀部　臀部较大且发达，充分育肥后的臀部方圆丰满，显示出较好的产肉性能；尻部较窄且斜。

7）四肢　四肢粗壮结实，直立。

8）牛蹄　牛蹄大、圆；蹄壳深红色。

（2）晋南牛的体尺、体重　晋南牛的体尺、体重见表2-3。

表2-3　晋南牛的体尺和体重

性别	体高（厘米）	体长（厘米）	胸围（厘米）	管围（厘米）	体重（千克）
公牛	138.6	157.4	206.3	20.2	607.4
母牛	117.4	135.2	164.6	15.6	539.4

资料来源：中国牛品种志。

（3）晋南牛的产肉性能　根据作者1991年、1994年、1998年、2001年的饲养和屠宰，晋南牛的产肉性能见表2-4，晋南牛具有非常优良的产肉性能。晋南牛（育肥阉牛）见彩图2。

表2-4　晋南牛的产肉性能

年份	头数	年龄（月）	宰前活重（千克）	胴体重（千克）	屠宰率（%）	净肉重（千克）	胴体产肉率（%）
1991	28	27	581.9	369.3	63.38	313.7	84.94
1994	30	24	541.9	344.0	63.44	292.8	85.11
1998	9	24	485.8	302.7	62.36	267.6	88.40
2001	88	36	521.3	274.6	53.7*	229.4	83.53

*　民营屠宰企业的胴体标准。

（4）晋南牛的杂交效果　据山西运城地区家畜家禽改良站李振京等报道，用夏洛来牛、西门塔尔牛、利木赞牛分别改良晋南牛（分别简称夏晋牛、西晋牛、利晋牛），在相同的饲养管理条件下比较了杂交牛15～18月龄育肥和屠宰性能。

1）杂交牛的生长发育　杂交牛的增重情况见表2-5。

表2-5　晋南改良牛生长肥育比较表

组　别	头数	饲养天数（天）	开始体重（千克）	结束体重（千克）	增重（克）	以晋南牛增重为100%
晋南牛	4	100	276.05	331.75	619	100.0
夏晋牛	4	100	355.35	436.75	905	146.2
西晋牛	4	100	350.00	425.5	839	135.5
利晋牛	4	100	343.13	417.30	824	133.1

资料来源：中国黄牛杂志。

经过100天的育肥后，在18月龄时夏晋牛体重（436.8千克）比晋南黄牛体重（331.8千克）高105千克；西晋牛体重（425.5千克）比晋南牛体重（331.8千克）高94千克；利晋牛体重（417.3千克）比晋南牛高86千克。在100天的育肥时间内，夏晋牛、西晋牛、利晋牛分别比晋南牛的日增重高46.2%，

35.5%，33.1%，说明改良效果显著。

2）杂交牛的屠宰成绩　在屠宰成绩中，夏晋牛、西晋牛、利晋牛的屠宰率分别比晋南牛高5.81%、5.27%、4.28%，净肉率同样是杂交牛高于纯种晋南牛，仍以上述排序，杂交牛净肉率要比晋南牛分别高5.89%、5.07%、5.64%（表2-6）。

表2-6　晋南改良牛屠宰成绩表

组别	头数	宰前活重（千克）	胴体重（千克）	屠宰率（%）	净肉重（千克）	净肉率（%）	胴体产肉率（%）	骨重（千克）	骨肉比	月龄
晋南牛	4	318	164.4	51.69	127.7	40.15	77.66	31.1	1∶4.1	18～20
夏晋牛	4	422	242.2	57.40	194.1	46.04	80.13	41.8	1∶4.7	17～19
西晋牛	4	412	234.7	56.96	186.3	45.22	79.38	42.7	1∶4.4	18～19
利晋牛	4	404	226.3	55.97	185.2	45.79	81.82	36.1	1∶5.1	17～20

资料来源：中国黄牛杂志。

再据山西万荣县畜牧局王恒年等报道，用利木赞牛改良晋南牛，杂交一代牛在24月龄体重达到651千克，比同龄的晋南牛292千克高359千克，杂交优势非常明显。

3. 鲁西黄牛　鲁西黄牛的育成地在山东省的济宁市和菏泽地区。现在鲁西黄牛的主要产区除济宁市和菏泽地区外，在泰安市、青岛市、德州市等均有较多数量。

（1）鲁西黄牛的体型外貌　鲁西黄牛体躯高大，体长稍短，骨骼细，肌肉发达，按体格大小可以分为大型牛和中型牛。大型牛又称“高辕牛”，中型牛又称“抓地虎”。

1）牛头　牛头短而宽，粗而重。

2）鼻镜　鼻镜颜色呈肉红色。

3）牛角　以扁担角、龙门角较多，呈棕色或白色。

4）被毛　全身被毛棕红色、黄色或淡黄色者较多。嘴、眼圈、腹部内侧、四肢内侧毛色较淡，称为“三粉”；皮厚薄适中而有弹性。

5）体躯　体躯高大而稍短，前躯比较宽深；背腰平宽而直，侧望似是长方形；腹部大小适中、不下垂，具有肉用牛的体型；胸部较深、较宽。

6）臀部　较丰满，尻部较斜。

7）四肢　四肢较粗壮，直立，有力。

8）牛蹄　牛蹄大而圆，颜色为棕色或白色。

（2）鲁西黄牛的体尺、体重　鲁西黄牛的体尺、体重见表2-7。

表 2-7　鲁西黄牛的体尺和体重

性别	体高（厘米）	体长（厘米）	胸围（厘米）	管围（厘米）	体重（千克）
公牛	146.3	160.9	206.4	21.0	644.4
母牛	123.6	138.2	168.0	16.2	355.7

资料来源：中国牛品种志。

（3）鲁西黄牛的产肉性能　根据作者1991年、1998年、2001年饲养和屠宰，鲁西牛产肉性能见表2-8。

表 2-8　鲁西牛的产肉性能

年度	头数	年龄（月）	宰前活重（千克）	胴体重（千克）	屠宰率（%）	净肉重（千克）	胴体产肉率（%）
1991	30	27	527.9	332.9	63.06	282.4	84.83
1998	10	24	493.8	310.5	62.87	255.7	82.35
2001	293	18～30	449.0	241.7	53.87*	203.4	84.15

*　民营屠宰企业的胴体标准。

（4）鲁西黄牛杂交效果*　纯种鲁西黄牛有很多优点，但也有不少不足之处，例如生长速度较慢、后躯发育稍差、斜尻等，因此适度改良鲁西黄牛很有必要。改良鲁西黄牛的父本品种有利木赞牛（也称利木辛牛）、西门塔尔牛、皮埃蒙特牛、德国黄牛等。

---

*　黄牛杂交效果是指杂交牛和同年龄我国地方纯种黄牛生长发育速度或育肥期增重速度的比较，以下各品种黄牛的杂交效果与此相同。

表 2-9　西门塔尔牛改良鲁西黄牛屠宰成绩

品　种	头数	宰前活重（千克）	胴体重（千克）	净肉重（千克）	屠宰率（%）	净肉率（%）	胴体产肉率（%）	眼肌面积（厘米^2）
本地牛	2	385	190.04	147.26	49.36	38.25	78.27	
F_1	2	480	264.35	209.00	55.07	43.54	79.06	72.25
F_2	2	489	281.20	226.40	57.51	46.30	80.51	116.00
F_3	2	555	326.40	263.35	58.81	47.45	80.68	122.43

资料来源：中国黄牛杂志。

杂交牛 1～3 代的平均屠宰率为 57.83%，净肉率为 45.77%，比鲁西黄牛高 8.47 及 7.52 个百分点。

鲁西黄牛（育肥阉牛）见彩图 3。

利木赞牛和鲁西黄牛的杂交牛见彩图 10。

鲁西黄牛与日本和牛的杂交牛（彩图 9）已在辽宁、安徽、山东、北京等地小批量饲养，在较好的饲养条件下，杂交牛初显优良的肉用性能。据某公司饲养、屠宰，获得非常满意的结果（作者统计资料），简单数据如下：

性　别	头数	年龄（月）	宰前活重（千克）	屠宰率（%）	大理石花纹丰富程度
阉公牛	6	30～31	672.0±76.6	65.8±0.48	非常丰富
母　牛	6	30～31	561.8±56.4	65.7±1.8	非常丰富

4. 南阳黄牛　河南省南阳市的唐河县是南阳黄牛的育成地。现在南阳黄牛的主产区除南阳市外，周口市、商丘市等也有大量饲养。

（1）南阳黄牛的体型外貌　南阳黄牛体格高大，肩峰高耸。

1）牛头　头较小、较轻。

2）鼻镜　鼻镜颜色为肉色。

3）牛角　角较小、较短，角色淡黄色。

4）被毛　被毛毛色有黄红色、黄色、米黄色、草白色；皮薄而有弹性，皮张品质优良，为国内制革行业首选原料皮。

5）体躯　南阳黄牛体格高大；肩峰高耸；腹部较小；体躯长呈圆筒形，前躯发育好于后躯，全身肌肉较丰满。

6）臀部　臀部较小，发育较差，尻部斜而窄。

7）四肢　四肢正直，四肢骨骼较细。

8）牛蹄　蹄圆，大小适中，蹄壳颜色以琥珀色和蜡黄色较多。

（2）南阳牛的体尺、体重　见表2-10。

表2-10　南阳牛的体尺和体重

性别	体高（厘米）	体斜长（厘米）	胸围（厘米）	管围（厘米）	体重（千克）
公牛	144.9	159.8	199.5	20.4	647.9
母牛	126.3	139.4	169.2	16.7	411.9

资料来源：中国牛品种志。

南阳黄牛（育肥阉牛）见彩图4。

（3）南阳黄牛的产肉性能　南阳黄牛腹部较小，体躯呈圆筒状，经过充分育肥的南阳牛屠宰率较高。1991年、2001年作者育肥饲养南阳牛百余头，屠宰率64%、净肉率55%。

（4）南阳黄牛的杂交效果　据河南省南阳市畜牧兽医站赵凡等报道，南阳黄牛用皮埃蒙特牛、契安尼娜牛改良取得了较好的效果（表2-11）。

表2-11　南阳黄牛改良效果

组别	头数	育肥期（月）	开始重（千克）	结束重（千克）	日增重（克）	屠宰率（%）	眼肌面积（厘米^2）
南阳牛	2	8	246	411	906	61.0	85.5
皮南牛	2	8	303	479	960	61.8	91.7
契南牛	2	8	319	532	1 170	58.8	141.0

资料来源：中国黄牛杂志。

在另一个皮南杂交牛、契南杂交牛和南阳黄牛的育肥试验中，310天试验期内，南阳黄牛日增重为747克，皮南杂交牛的日增重为723克，契南杂交牛的日增重为859克。皮南杂交牛的增重不如南阳牛，从本次试验结果中可以说明利用杂交优势要进行杂交组合的测定，不是任何杂交组合都有杂交优势。

据中国农业科学院畜牧研究所吴克谦等报道，南阳黄牛用西门塔尔牛、夏洛来牛、利木赞牛改良，表现出以下几个特点：①杂交牛的个体大于纯种牛；②杂交牛的屠宰率高于纯种牛，杂交二代高于杂交一代；③杂交牛的净肉率高于纯种牛（表2-12）。

表2-12　南阳黄牛和杂交牛屠宰成绩

项　　目	西杂 F_2	西杂 F_1	夏杂	利杂	秦杂	南阳牛	对照牛*
宰前活重（千克）	555	526	554	500	488	499	425
胴体重（千克）	329.5	295.5	324	301	285.8	274	238
屠宰率（%）	59.4	56.2	58.5	60.2	58.6	54.9	56.0
胴体体表脂肪覆盖（%）	85.0	86.0	85.0	80.0	75.0	80.0	75.0
骨重（千克）	48.0	48.0	50.0	45.5	48.0	39.5	40.0
净肉率（%）	50.7	47.1	49.5	51.1	48.7	47.0	46.6
骨肉比（1∶x）	5.86	5.16	5.48	5.62	4.95	5.94	4.95

*　对照牛是指未经专门育肥的南阳黄牛。

资料来源：中国黄牛杂志。

5. 延边黄牛　吉林省延边朝鲜族自治州是延边黄牛的主产区。

（1）延边黄牛的体型外貌

1）牛头　头较小，额部宽平。

2）鼻镜　鼻镜颜色为淡褐色，带有黑斑点。

3）牛角　角根较粗，向外后方伸展成一字形或倒八字角为主。

4）被毛　全身被毛为黄色者占75%、浓黄色占16%、淡黄色较少，被毛长而密，皮厚而有弹性。

5）体躯　前躯发育好，后躯发育不如前躯，但仍有长方形肉用牛体型，骨骼结实，胸部深而宽。

6）臀部　臀部发育一般，斜尻较重。

7）四肢　四肢健壮，粗细适中。

8）牛蹄　蹄壳为淡黄色。

（2）延边黄牛的体尺、体重　延边黄牛的体尺、体重见表 2-13。

表 2-13　延边黄牛的体尺和体重

性别	体高（厘米）	体长（厘米）	胸围（厘米）	管围（厘米）	体重（千克）
公牛	130.6	151.8	186.7	19.8	465.5
母牛	121.8	141.2	171.4	16.8	365.2

资料来源：中国牛品种志。

（3）延边黄牛的产肉性能　笔者于 1994 年采用肉牛易地育肥法，从延边购买 10～12 月龄的未去势延边公牛 10 头育肥（育肥开始后 180 天去势），经过 420 天育肥，屠宰前活重为（535.0±42.47）千克，屠宰率为 61.30%±1.25%，胴体重（328.0±28.27）千克，净肉重（273.69±26.7）千克，净肉率为 51.16%±1.60%，胴体产肉率为 83.37%±1.25%。

延边黄牛（公牛）见彩图 5。

6. 渤海黑牛　渤海黑牛的主产区在山东滨州市无棣县。

（1）渤海黑牛的体型外貌

1）牛头　头较小、较轻。

2）鼻镜　鼻镜颜色为黑色，典型的渤海黑牛有鼻、嘴、舌三黑的特点。

3）牛角　角型以龙门角和倒八字角为主。

4）被毛　全身被毛为黑色，皮厚薄适中而有弹性。

5）体躯　低身广躯，呈长方形肉用牛体型。

6）臀部　臀部发育较好，斜尻较轻。

7）四肢　四肢较短，直立。

8）牛蹄　蹄壳为黑色。

（2）渤海黑牛的体尺、体重　渤海黑牛的体尺、体重见表 2-14。

表 2-14 渤海黑牛的体尺和体重

性别	体高（厘米）	体斜长（厘米）	胸围（厘米）	管围（厘米）	体重（千克）
公牛	129.6	145.9	182.9	19.8	426.3
母牛	116.6	129.6	161.7	16.2	298.3

资料来源：中国牛品种志。

（3）渤海黑牛的产肉性能　据笔者测定12头渤海黑公犊牛，经过充分育肥，屠宰前活重501.3千克，胴体重318.7千克，屠宰率63.6%，净肉重267.6千克，净肉率53.4%。另据资料介绍，未经育肥的渤海黑牛的产肉性能见表2-15。

表 2-15 渤海黑牛的产肉性能

项　目	公牛2头（4～5岁）	阉牛4头（2.5～7岁）
屠宰前体重（千克）	437.0（410.0～464.0）	373.8（321.0～423.6）
屠宰后体重（千克）	420.5（393.0～448.0）	357.7（307.2～406.8）
胴体重（千克）	231.9（208.7～255.0）	187.4（173.7～200.8）
净肉重（千克）	198.3（176.6～220.0）	154.2（143.2～165.2）
屠宰率（%）	53.0（50.9～55.0）	50.1（47.4～54.1）
净肉率（%）	45.4（43.0～47.4）	41.3（38.2～45.7）
胴体产肉率（%）	85.5（84.6～86.2）	82.3（80.6～84.4）
骨肉比	1∶5.9（1∶5.6～1∶6.8）	1∶4.6（1∶4.1～1∶5.4）
熟肉率（%）	57.5（53.3～61.7）	54.1（52.8～56.5）

资料来源：中国黄牛杂志。

7. 冀南黄牛　冀南黄牛的主产区在河北冀南地区。

（1）冀南黄牛的体型外貌

1）牛头　头较大、较粗。

2）鼻镜　鼻镜多为淡粉色。

3）牛角　角向上或横角较多，角色黄色。

4）被毛　全身被毛为红色、黄色，皮厚而结实有弹性。

5）体躯　体躯类似鲁西黄牛。

6）臀部　臀部较大且发育较好，尻部长而斜。

7）四肢　四肢粗壮，结实。

8）牛蹄　蹄壳棕色带有纵向黑条纹。

（2）冀南黄牛的体尺、体重　冀南牛的体尺、体重见表2-16。

表2-16　冀南黄牛的体尺和体重

性别	体高（厘米）	体长（厘米）	胸围（厘米）	管围（厘米）	体重（千克）
公牛	127.7	137.2	171.7	18.4	374.0
母牛	115.2	127.0	156.6	16.2	288.0

资料来源：中国牛品种志。

（3）冀南黄牛的产肉性能　冀南黄牛的杂交效果，改良冀南黄牛的父本品种牛主要是西门塔尔牛，杂交牛在低水平饲养条件下，20月龄时，体重达320千克，屠宰率53.40%，净肉率41.10%。

8. 郏县红牛　郏县红牛主产区在河南的郏县。

（1）郏县红牛的体型外貌

1）牛头　头清秀、较宽、长短适中，嘴较大。

2）牛角　牛角偏短，向前上方和两侧平伸角较多，角色以红色和蜡黄色较多，角尖以红色者为多。

3）鼻镜　鼻镜呈粉色。

4）被毛　被毛红色、浅红色、紫色，毛色比例为红色48.5%、浅红色24.3%、紫色27.2%，皮厚薄适中而有弹性。

5）躯体　体躯结构匀称、较长呈筒状，骨骼坚实，体质健壮，具有兼用牛体型，垂皮较发达，尻较斜。

6）臀部　臀部发育较好，较方圆、较宽、较平，较丰满。

7）四肢　四肢粗壮，直立。

8）牛蹄　牛蹄圆、结实、大小适中。

（2）郏县红牛的体尺、体重　郏县红牛的体尺、体重见表2-17。

表 2-17　郏县红牛的体尺和体重

性别	体高（厘米）	体斜长（厘米）	胸围（厘米）	管围（厘米）	体重（千克）
公牛	126.1	138.1	173.7	18.1	425.0
母牛	121.2	132.8	161.5	16.8	364.6

资料来源：中国牛品种志。

(3) 郏县红牛的产肉性能　据对6头未经育肥的郏县红牛屠宰测定，屠宰率为51.4%、净肉率为40.8%、眼肌面积69厘米^2、骨肉比为1∶5.1。

郏县红牛见彩图6。

9. 复州牛　辽宁省的复县（今瓦房店市）是复州牛的主要产区。

(1) 复州牛的体型外貌

1）牛头　牛头短粗，头颈结合良好，嘴大而方形。

2）牛角　公牛角粗而短、向前上方弯曲，母牛角较细、多呈龙门角。

3）鼻镜　鼻镜颜色为肉色。

4）被毛　全身被毛为浅黄色或浅红色，四肢内侧毛色较淡，皮厚、结实而有弹性。

5）躯体　体质健壮，结构匀称，骨骼粗壮，背腰平直；体躯呈长方形或圆筒形；胸较宽、较深。

6）臀部　发育较好，尻部稍倾斜。

7）四肢　四肢粗壮，直立结实。

8）牛蹄　蹄质坚实，蹄壳呈蜡黄色。

(2) 复州牛的体尺、体重　复州牛的体尺、体重见表2-18。

表 2-18　复州牛的体尺和体重

性别	体高（厘米）	体斜长（厘米）	胸围（厘米）	管围（厘米）	体重（千克）
公牛	147.8	184.8	221.0	22.8	764.0
母牛	128.5	147.8	179.2	17.3	415.0

资料来源：中国牛品种志。

(3) 复州牛的产肉性能　笔者于1994年春季购买6～8月龄复州公牛犊10头，饲养15个月，体重达到585.8千克时屠宰，胴体重363千克、屠宰率62.05%、净肉重302千克、净肉率51.62%。

复州牛见彩图7。

10. 新疆褐牛　新疆褐牛的主产区在天山北麓的西端伊犁地区和准噶尔界山塔城地区。

(1) 新疆褐牛的体型外貌

1) 牛头　牛头方大，嘴大小中等，肩颈结合较好。

2) 牛角　角尖稍直、呈深褐色，向侧前上方弯曲呈半椭圆形，大小适中。

3) 鼻镜　鼻镜为褐色。

4) 被毛　全身被毛为褐色，但深浅不一，顶部、角基部、口轮的周围和背线为灰色或黄白色，眼睑为褐色。

5) 躯体　背腰平直，腹部稍大但不下垂，躯体稍短，胸较深、较宽，具有肉用牛的体型。

6) 臀部　臀部发育较好、较丰满，稍稍有点斜尻。

7) 四肢　四肢粗壮，直立。

8) 牛蹄　牛蹄蹄壳为褐色。

(2) 新疆褐牛的体尺、体重　新疆褐牛的体尺、体重见表2-19。

表2-19　新疆褐牛的体尺和体重

性别	体高（厘米）	体斜长（厘米）	胸围（厘米）	管围（厘米）	体重（千克）
公牛	144.8	202.3	229.5	21.9	950.8
母牛	121.8	150.9	176.5	18.6	430.7

资料来源：中国牛品种志。

(3) 新疆褐牛的产肉性能　在放牧条件下测定的新疆褐牛的产肉性能见表2-20。笔者于1995、1996年在塔城市屠宰育肥牛

500余头，宰前活重445千克，屠宰率55%、净肉率47%。

表2-20 新疆褐牛的产肉性能

性别	年龄（月）	头数	宰前活重（千克）	胴体重（千克）	屠宰率（%）	净肉重（千克）	净肉率（%）	骨重（千克）	骨肉比	眼肌面积（厘米^2）
阉牛	24	13	235.4	111.5	47.4	85.3	36.3	24.6	1∶3.5	47.1
公牛	30	16	323.5	163.4	50.5	124.3	38.4	35.7	1∶3.5	73.4
公牛	成年	10	433.2	230.0	53.1	170.4	39.3	51.3	1∶3.3	76.6
母牛	成年	10	456.9	238.0	52.1	180.2	39.4	52.4	1∶3.4	89.7

资料来源：中国黄牛杂志。

11. 草原红牛 草原红牛的主产区在内蒙古自治区的赤峰市、锡林郭勒盟、乌兰察布盟，吉林省的通榆县、镇赉县，河北省的张家口、张北等地。

（1）草原红牛的体型外貌

1）牛头 大小适中，额较宽，颈肩结合良好。

2）牛角 角伸向前外方，呈倒八字、稍向内弯曲。

3）鼻镜 鼻镜紫红色者较多。

4）被毛 全身被毛紫红色或红色。

5）躯体 体躯结构匀称、背腰平直、较长，呈圆筒形，具有肉用牛的体型，骨骼坚实，体质健壮。

6）臀部 臀部较大、较宽、较丰满，稍有斜尻。

7）四肢 四肢粗壮，直立。

8）牛蹄 牛蹄大小适中，蹄壳颜色多呈紫红色。

（2）草原红牛的体尺、体重 草原红牛的体尺、体重见表2-21。

表2-21 草原红牛的体尺和体重

性别	体高（厘米）	体长（厘米）	胸围（厘米）	管围（厘米）	体重（千克）
公牛	137.7	177.5	213.3	21.6	760.0
母牛	124.3	147.4	181.0	17.6	453.0

资料来源：中国牛品种志。

（3）草原红牛的产肉性能　据测定草原红牛的产肉性能见表2-22。

表2-22　草原红牛的产肉性能

月龄	育肥方式	宰前活重（千克）	胴体重（千克）	屠宰率（%）	净肉重（千克）	净肉率（%）
9	育肥饲养	218.6	114.5	52.5	92.8	42.6
18	放牧	320.6	163.0	50.8	131.3	41.0
18	短期育肥	378.5	220.6	58.2	187.2	49.5
30	放牧	372.4	192.1	51.6	156.6	42.0
42	放牧	457.2	240.4	52.6	211.1	46.2

资料来源：中国黄牛杂志。

12. 三河牛　内蒙古自治区呼伦贝尔市的三河地区及滨绥铁路沿线。

（1）三河牛的体型外貌

1）牛头　牛头白色或额部有白斑。

2）牛角　向上向前方弯曲者多，少量牛的角向上，角色蜡黄色较多。

3）鼻镜　呈肉色者较多。

4）被毛　被毛呈红白花、黄白花，花片分明。

5）躯体　体躯结构较匀称、较长，呈圆筒形，骨骼坚实，体质健壮，具有兼用牛体型。

6）臀部　臀部发育较好，稍有斜尻。

7）四肢　四肢较粗壮、直立有力。

8）牛蹄　牛蹄大小适中，蹄壳颜色多呈蜡黄色。

（2）三河牛的体尺、体重　三河牛的体尺、体重见表2-23。

表2-23　三河牛的体尺和体重

性别	体高（厘米）	体斜长（厘米）	胸围（厘米）	管围（厘米）	体重（千克）
公牛	156.8	205.5	240.1	22.9	1 050.0
母牛	131.8	167.7	192.5	18.1	547.9

资料来源：中国牛品种志。

（3）三河牛的产肉性能　据测定中等营养时，育成公牛的屠宰率可达50％以上。

有些资料评述（介绍）我国黄牛（鲁西牛、秦川牛、南阳牛、晋南牛、延边牛、渤海黑牛、郏县红牛、冀南牛等）的产肉性能时不是统计数量少、或是未到屠宰体重、或是未经充分育肥、或是育肥时间短，没有或者没有条件提供我国黄牛展示优良产肉性能的平台，因此提出的部分数据（屠宰重、净肉重、肉块重量等）不是我国黄牛真实的产肉性能数据，其实我国黄牛具有非常好的并能和国外专用肉牛品种蓖美的产肉性能（参考本人著《肉牛高效育肥饲养与管理技术》，中国农业出版社，2003年1月）。

13. 夏南牛　夏南牛主产区在河南省泌阳县

（1）夏南牛的体型外貌：夏南牛是以法国夏洛来牛为父本，以我国地方良种南阳牛为母本，经导入杂交、横交固定和自群繁育三个阶段的开放式育种，培育而成的肉牛新品种。夏南牛体型外貌一致。毛色为黄色，以浅黄、米黄居多；公牛头方正，额平直，母牛头部清秀，额平稍长；公牛角呈锥状，水平向两侧延伸，母牛角细圆，致密光滑，稍向前倾；耳中等大小；牛颈粗壮、平直，肩峰不明显。成年牛结构匀称，体躯呈长方形；胸深肋圆，背腰平直，尻部宽长，肉用特征明显；四肢粗壮，蹄质坚实，尾细长；母牛乳房发育良好。成年公牛体高（142.5±8.5）厘米，体重850千克左右，成年母牛体高（135.5±9.2）厘米，体重600千克左右。

夏南牛体质健壮，性情温驯，适应性强，耐粗饲，采食速度快，易育肥；抗逆力强，耐寒冷，耐热性稍差；遗传性能稳定。

（2）夏南牛繁育和肥育性能：母牛初情期平均432天，发情周期平均20天，初配时间平均490天，怀孕期平均285天。初生重公犊（38.52±6.12）千克、母犊（37.90±6.4）千克。夏南牛生长发育快，在农户饲养条件下，公、母犊牛6月龄平均体重分别为（197.35±14.23）千克和（196.50±12.68）千克，平均日增重分别为0.88千克和0.88千克；周岁公、母牛平均体重分别为（299.01±14.31）千克和（292.40±26.46）千克，平均日增重分别达0.56千克和0.53千克。体重350千克的架子公牛经强化肥育90天，平均体重达559.53千克，平均日增重可达1.85千克。

（3）夏南牛的产肉性能　据屠宰试验，17～19月龄的未育肥公牛屠宰率60.13%，净肉率48.84%，肌肉剪切力值2.61，肉骨比4.8∶1，优质肉切块率38.37%，高档牛肉率14.35%。夏南牛耐粗饲，适应性强，舍饲、放牧均可，在黄淮流域及以北的农区、半农半牧区都能饲养。具有生长发育快、易育肥的特点，深受育肥牛场和广大农户的欢迎，大面积推广应用有较强的价格优势和群众基础。夏南牛适宜生产优质牛肉和高档牛肉，具有广阔的推广应用前景。

（二）较小体型品种牛

1. 蒙古牛　蒙古牛的主产区在内蒙古自治区的东部、中部地区的各盟（市）县（旗）。

（1）蒙古牛的体型外貌

1）牛头　牛头短宽而粗重。

2）牛角　角长，向上向前方弯曲，角质致密有光辉，呈蜡黄色或青紫色，公牛角长40厘米，母牛角长25厘米。

3）鼻镜　鼻镜的颜色随毛色。

4）被毛　毛色较复杂，有黑色、黄色、红色、狸色、烟熏色，皮厚、结实有弹性。

5）躯体　胸扁而深，背腰平直，前躯发育好于后躯，体矮体长。

6）臀部　后躯短而窄，尻部倾斜严重。

7）四肢　四肢较短，但是强壮有力。

8）牛蹄　牛蹄壳的颜色随毛色。

（2）蒙古牛的体尺、体重　蒙古牛的体尺、体重见表2-24。

表 2-24　蒙古牛的体尺和体重

性别	体高（厘米）	体斜长（厘米）	胸围（厘米）	管围（厘米）	体重（千克）
公牛	120.9	137.7	169.5	17.8	415.4
母牛	110.8	127.6	154.3	15.4	370.0

资料来源：中国牛品种志。

(3) 蒙古牛的产肉性能　据测定中等营养时，平均宰前活重 (376.9±43.7) 千克，屠宰率 53.0%±2.8%，净肉率 44.6%±2.9%，骨肉比 1∶5.2±0.5。

2. 巫陵牛　巫陵牛的主产区在湖南、湖北、贵州三省交界的县市地区，湘西的凤凰、桑植、慈利等县，黔东北的思南、石阡等县，鄂西的恩施地区。

(1) 巫陵牛的体型外貌

1) 牛头　头型差别较大，大小和体重的比例较合适。

2) 牛角　角形不一，角色有黑色、灰黑色、乳白色、乳黄色。

3) 鼻镜　鼻镜的颜色有黑色、肉色、灰黑色。

4) 被毛　全身被毛黄色占 60%～70%，栗色、黑色次之，体躯上部色深，腹部及四肢内侧较淡。

7) 四肢　四肢中等长，强健有力，后肢飞节内靠。

8) 牛蹄　牛蹄颜色以黑色居多，蹄质坚实。

(2) 巫陵牛的体尺、体重　巫陵牛的体尺、体重见表 2-25。

表 2-25　巫陵牛的体尺和体重

性别	体高（厘米）	体斜长（厘米）	胸围（厘米）	管围（厘米）	体重（千克）
公牛	117.1	131.8	162.8	16.9	334.3
母牛	106.1	119.8	146.8	14.7	240.2

资料来源：中国牛品种志。

(3) 巫陵牛的产肉性能　未经育肥饲养、膘情中等的公牛 4 头、母牛 4 头、阉公牛 4 头屠宰测定，屠宰率 49.5%，净肉率 39.8%，骨肉比 1∶4.2。

巫陵牛见彩图 8。

3. 雷琼牛 雷琼牛的主产区在广东省雷州半岛的徐闻县和海南省的琼山、澄迈县和海口市。

（1）雷琼牛的体型外貌特征 前宽后窄，小体型。

1）牛头 头略短、略小、略方，额较宽。

2）牛角 公牛角长略弯曲或直立稍向外；母牛角短或无角。

3）鼻镜 黑色。

4）被毛 大多数为黄色，大多数牛的全身被毛有“十三黑”的特征，即鼻镜、眼睑、耳尖、四蹄、尾扫、背线、阴户、阴囊为黑色。

5）躯体 前躯发达，后躯较小，躯干结实。

6）臀部 尻部方正，尾根高，尾长，尾尖丛生黑毛。

7）四肢 四肢结实，管围略细。

8）牛蹄 蹄小、圆而坚实，黑色。

（2）雷琼牛的产肉性能

1）淘汰牛产肉性能 屠宰率49.3%（44.5%～53.3%）。

2）成年牛产肉性能 屠宰率49.6%，净肉率37.3%。

4. 枣北牛 枣北牛的主产区在湖北省襄阳地区的襄阳县、枣阳县、随县、老河口市。

（1）枣北牛的体型外貌特征 前宽后窄，小体型。

1）牛头 公牛头方宽，颈粗短，肩峰发达，母牛头较窄长。

2）牛角 迎风角，角色以淡黄色为多。

3）鼻镜 鼻镜颜色多为肉色。

4）被毛 以浅黄、红、草白色为多，全身毛色以四肢、阴户及胸腹底部较淡，背线及胸腹两侧的毛色最浓。

5）躯体 前躯发达，背腰稍有凹形，腹部圆大。

6）臀部 尻部稍斜，臀部发育一般。

7）四肢 四肢粗细适中，直立有劲。

8）牛蹄 蹄圆小、有光泽，蹄壳多为琥珀色和蜡黄色。

（2）枣北牛的体尺、体重 见表2-26。

表 2-26　枣北牛的体尺和体重

性别	头数	体高（厘米）	体斜长（厘米）	胸围（厘米）	管围（厘米）	体重（千克）
公牛	123	126.6±0.7	139.1±0.8	174.4±1.0	18.9±0.1	402.4±5.5
母牛	150	115.2±0.9	128.9±0.8	157.2±1.2	16.6±0.1	303.9±4.4

资料来源：中国牛品种志。

(3) 枣北牛的产肉性能　1.5～2岁未经育肥牛的屠宰率为47.4%，净肉率为36.3%，骨肉比1∶3.3。

5. 巴山牛　巴山牛的主产区在四川、湖北、陕西三省交界的大巴山区。

(1) 巴山牛的体型外貌特征　具红毛黑蹄、一高（肩峰高）、二大（睾丸大）、三宽（头、胸、尻宽）、四窄（蹄缝紧）、五粗（颈、四肢）、六光（两眼、四蹄光亮）的特征。

1）牛头　牛头略小而方宽，公牛颈短粗而宽厚。

2）牛角　龙门角型占40%，芋头角型，羊叉角型。

3）鼻镜　黑色占60%左右，肉色占14%左右，黑红相间占26%左右。

4）被毛　红色占70%左右。

5）躯体　体型长方，肌肉丰满，公牛粗壮结实，母牛细致紧凑，肩峰高。

6）臀部　尻部长而稍显尖削或呈斜尻，肌肉欠发达。

7）四肢　粗壮结实。

8）牛蹄　黑蹄，蹄结实、光亮。

(2) 巴山牛的体尺和体重　见表2-27。

表 2-27　巴山牛的体尺和体重

类型	性别	头数	体高（厘米）	体斜长（厘米）	胸围（厘米）	坐骨端宽（厘米）	管围（厘米）	体重（千克）
粗壮型	公	58	125.4±6.8	141.4±10.6	178.9±9.2	23.7±3.5	19.2±1.1	422.8±69.4
	母	164	114.4±4.6	131.8±8.6	164.0±7.3	22.7±1.7	16.7±1.1	329.5±41.6

（续）

类型	性别	头数	体高（厘米）	体斜长（厘米）	胸围（厘米）	坐骨端宽（厘米）	管围（厘米）	体重（千克）
结实型	公	286	123.2±5.8	135.6±6.7	169.8±9.2	21.5±2.6	17.2±1.6	362.3±54.1
	母	197	112.7±5.2	123.4±7.4	150.8±9.1	20.4±1.5	14.9±0.9	261.1±36.8
细致型	公	43	118.4±5.9	131.2±8.9	160.5±10.6	18.9±5.5	17.3±1.2	327.2±65.6
	母	171	111.6±4.1	122.3±6.8	151.3±8.1	20.9±5.0	15.8±1.1	271.0±39.1

资料来源：中国牛品种志。

（3）产肉性能

1）未经育肥牛　屠宰率52.66%，净肉率41.63%，骨肉比1∶4.3。

2）90天育肥牛　屠宰率54.35%，净肉率45.25%，骨肉比1∶5.0。

3）放牧不补料牛　屠宰率48.35%，净肉率37.45%，骨肉比1∶3.6。

4）放牧补料牛　屠宰率52.51%，净肉率39.86%，骨肉比1∶3.75。

6. 盘江牛　盘江牛的主产区在南北盘江流域，云南省、贵州和广西接壤的多民族山区，贵州省境内关岭县的关岭牛、云南省境内的文山牛、广西境内的隆林黄牛统称为盘江牛。

（1）盘江牛的体型外貌　前宽后窄，小体型。

1）牛头　牛头额平或有微凹，嘴大小中等，肩颈结合较好。

2）牛角　角短，角形多样，有上生、侧生、前生。

3）鼻镜　鼻镜多为黑色，少数肉色。

4）被毛　全身被毛以黄色居多，褐毛和黑色次之，也有花斑毛色。

5）躯体　背腰平直，腹部稍大但不下垂，躯体稍短，胸较深、较宽。

6）臀部　臀部发育较差，斜尻，尾根高。

7）四肢　前肢正直，后肢飞节多内靠。

8）牛蹄　牛蹄致密、结实坚固。

（2）盘江牛的体尺、体重　见表2-28。

表2-28　盘江牛的体尺和体重

性别	测量地点	头数	体高（厘米）	体斜长（厘米）	胸围（厘米）	管围（厘米）	体重（千克）
公	贵州关岭	185	114.0±7.3	124.4±10.2	157.1±12.6	16.4±1.5	284.1
	云南文山	229	117.3±6.3	124.9±8.2	161.5±8.9	17.5±1.1	298.9±54.8
	桂西	49	121.5±6.5	136.1±9.4	160.2	17.6±1.0	352.7±63.2
	平均	563	116.5	125.7	160.6	17.1	298.7
母	贵州关岭	609	108.0±10.7	118.8±15.0	147.9±8.9	15.0±1.5	239.8
	云南文山	621	109.1±4.7	114.5±5.6	147.7±7.2	15.1±1.1	229.6±26.4
	桂西	325	109.2±4.3	120.0±5.7	152.4±7.1	15.0	257.7
	平均	1 555	108.7	117.3	148.8	15.0	239.5

资料来源：中国牛品种志。

（3）盘江牛的产肉性能

1）育肥60～120天的1.5～3岁公牛，屠宰率52.10%，净肉率40.90%，骨肉比1∶4.3。

2）未经育肥牛，屠宰率50.90%，净肉率40.90%，骨肉比，1∶4.4。

（三）杂交牛

多是以鲁西黄牛、晋南牛、秦川牛、冀南黄牛、南阳牛、郏县红牛、渤海黑牛、草原红牛、蒙古牛、三河牛、新疆褐牛等品种牛为母本，以西门塔尔牛、利木辛（赞）牛、夏洛来牛、盖洛威牛、皮埃蒙特牛、安格斯牛等品种牛为父本的杂交阉公牛。

杂交组合较多，作者建议适合生产高档次（高价）牛肉的杂交组合类型为：

1. 生产瘦肉型的杂交组合

第一父本（♂）×第一母本（♀）

↓

公牛犊（♂）育肥 F_1 母牛犊（♀）选育

↓

第二父本（♂）×第二母本（♀）

↓ F_2

A 终端杂交时公母犊牛全部育肥

B 多品种轮回杂交时部分母牛犊选育留作第三母本

第一父本：西门塔尔牛。

第二父本：皮埃蒙特牛、契安尼娜牛、夏洛来牛。

第一母本：鲁西牛、晋南牛、南阳牛、延边牛、复州牛、郏县红牛、秦川牛、冀南牛、新疆褐牛、三河牛等。

2. 生产适度脂肪型的杂交组合

第一父本（♂）×第一母本（♀）

↓

公牛犊（♂）育肥 F_1 母牛犊（♀）选育

↓

第二父本（♂）×第二母本（♀）

↓ F_2

A 终端杂交时公母犊牛全部育肥

B 多品种轮回杂交时部分母牛犊选育留作第三母本

第一父本：西门塔尔牛。

第二父本：利木赞牛。

第一母本：鲁西牛、晋南牛、南阳牛、延边牛、复州牛、郏县红牛、秦川牛、冀南牛、新疆褐牛、三河牛等。

3. 生产较多脂肪型的杂交组合

第一父本（♂）×第一母本（♀）

↓

公牛犊（♂）育肥 F_1 母牛犊（♀）选育

↓

第二父本（♂）×第二母本（♀）

↓ F_2

A 终端杂交时公母犊牛全部育肥

B 多品种轮回杂交时部分母牛犊选育留作第三母本

第一父本：西门塔尔牛

第二父本：和牛

第三父本（多品种轮回杂交）：和牛

第一母本：鲁西牛、晋南牛、南阳牛、延边牛、复州牛、郏县红牛、秦川牛、冀南牛、新疆褐牛、三河牛等。

4. 杂交牛屠宰成绩举例 根据目前饲养量较多的杂交牛，作者在 2004 年测定了经过育肥的西门塔尔牛、利木赞牛、夏洛来牛杂交牛的屠宰成绩和产肉性能，见表 2-29。

表 2-29 杂交牛育肥生产性能

项目		西杂	利杂	夏杂	鲁西
头数		52	32	33	23
出栏体重（千克）		615.05	570.20	638.70	521.70
宰前活重（千克）		591.50	546.80	611.00	501.70
宰前失重（千克）		23.55	23.40	27.70	20.00
宰前失重率（%）		3.83	4.10	4.34	3.83
胴体重（千克）	成熟前	334.00	316.40	363.30	297.00
	成熟后	327.70	310.40	355.80	290.90
成熟期失重（千克）		6.30	6.00	7.50	6.30
成熟期失重（%）		1.89	1.90	2.06	2.12
屠宰率（%）		56.47	57.86	59.45	59.20
背部膘厚（毫米）		14.90	16.47	21.30	21.30
脂肪覆盖率（%）		87.30	90.78	86.50	98.30

（续）

项目			西杂	利杂	夏杂	鲁西
眼肉	A级	n	30	13	23	18
		合计数	263.4	103.4	184.0	146.34
		平均	8.78	7.95	8.0	8.13
	B级	n	22	19	10	5
		合计数	196.2	168.0	101.7	42.4
		平均	8.92	8.84	10.17	8.48
		总数	459.64	271.36	285.7	188.74
		平均	8.84	8.48	8.65	8.21
上脑	A级	n	18	12	16	14
		合计数	145.4	79.8	120.0	83.3
		平均	8.08	6.65	7.5	5.95
	B级	n	34	20	17	9
		合计数	313.82	169.0	158.95	52.65
		平均	9.23	8.45	9.35	5.85
		总数	459.3	248.8	279.0	136.0
		平均	8.83	7.77	8.45	5.91
上脑边			2.2	1.3	0.6	0.5
牛肩峰		n	52	32	33	23
		合计数	148.2	88.0	145.2	62.1
		平均	2.85	2.75	4.4	2.27
肩肉		n	52	32	33	0
		合计数	484.64	305.92	372.9	0
		平均	9.32	9.56	11.3	0
辣椒肉		n	52	32	33	0
		合计数	192.4	84.8	83.49	0
		平均	2.37	2.65	2.53	0
板腱		n	52	32	33	0
		合计数	197.1	117.4	146.2	0
		平均	3.79	3.67	4.43	0
肩部肉		n	52	32	0	23
		合计数	884.0	481.6	0	347.3
		平均	17.0	15.05	0	15.1

（续）

项目			西杂	利杂	夏杂	鲁西
精脖肉		n	52	32	33	23
		合计数	330.2	203.5	224.4	130.4
		平均	6.35	6.36	6.8	5.67
前牛腱		n	52	32	33	23
		合计数	309.4	191.7	206.9	129.5
		平均	5.95	5.99	6.27	5.63
带骨腹肉	A级	n	30	12	0	15
		合计数	203.4	60.0	0	57.0
		平均	6.78	5.0	0	3.8
	B级	n	22	20	33	8
		合计数	142.1	157.6	298.7	50.8
		平均	6.46	7.88	9.05	6.35
	总数		345.5	217.6	18.1	107.8
	平均		6.64	6.8	9.05	4.69
S腹肉		n	8	9	5	0
		合计数	26.7	26.1	20.0	0
		平均	3.34	2.9	4.0	0
牛小排		n	10	6	9	0
		合计数	10.0	4.52	8.1	0
		平均	1.0	0.75	0.9	0
S特外		n	5	4	0	0
		合计数	132.5	84.4	0	0
		平均	26.5	21.1	0	0
里脊	S级	n	20	10	20	0
		合计数	70.0	35.4	99.0	0
		平均	3.5	3.54	4.95	0
	A级	n	23	17	10	0
		合计数	58.4	49.5	32.0	0
		平均	2.54	2.91	3.2	0
	B级	n	9	5	3	13
		合计数	19.5	12.9	4.5	29.9
		平均	2.17	2.57	1.5	2.3
	C级	n				10
		合计数				13.0
		平均				1.3
	总数		147.9	97.8	135.5	42.9
	平均		2.8	3.06	4.11	1.86

（续）

项目			西杂	利杂	夏杂	鲁西
外脊	S级	n	8	1	0	0
		合计数	113.6	8.58	0	0
		平均	14.2	8.58	0	0
	A级	n	10	8	0	1
		合计数	66.7	71.01	0	9.6
		平均	6.67	8.88	0	9.6
	B级	n	19	20	32	22
		合计数	170.0	200.2	390.4	198.0
		平均	8.95	10.0	12.2	9.0
	F级	n	15	3	1	0
		合计数	105.0	23.07	7.2	0
		平均	7.0	7.69	7.2	0
	总数		455.3	302.9	397.6	207.6
	平均		8.76	9.46	12.1	9.03
尾龙扒	n		52	32	33	23
	合计数		754.0	447.1	560.0	298.1
	平均		14.5	13.97	16.97	12.96
针扒	n		52	32	33	23
	合计数		503.4	307.2	337.6	181.7
	平均		9.68	9.60	10.23	7.9
烩扒	n		52	32	33	23
	合计数		501.3	297.0	386.1	281.7
	平均		9.64	9.28	11.7	7.9
小黄瓜条	n		52	32	33	23
	合计数		229.3	136.5	154.1	82.1
	平均		4.41	4.27	4.67	3.57
带脂三角肉	n		52	32	33	23
	合计数		189.8	112.0	150.2	75.9
	平均		3.65	3.5	4.55	3.3
霖肉	n		52	32	33	23
	合计数		536.6	323.15	385.1	207.1
	平均		10.32	10.10	11.67	9.03
后牛腱	n		52	32	33	23
	合计数		406.6	244.1	301.3	156.4
	平均		7.82	7.63	9.13	6.8

表 2-29 显示肉块重量由大到小的杂交组合排序为：牛里脊肉重量：夏洛来牛＞利木赞牛＞西门塔尔牛，纯种鲁西牛最小；外脊肉重量：夏洛来牛＞利木赞牛＞西门塔尔牛；S 腹肉重量：夏洛来牛＞西门塔尔牛＞利木赞牛，纯种鲁西牛未能生产。杂交牛眼肉肉块重量：夏洛来牛＞西门塔尔牛＞利木赞牛；上脑肉块重量；夏洛来牛＞西门塔尔牛＞利木赞牛、“三扒一霖”肉重量：夏洛来牛＞利木赞牛＞西门塔尔牛。

二、我国肉牛的牛肉品质

牛肉重量、大理石花纹丰富程度、嫩度、风味、色泽、脂肪颜色和硬度等是评估牛肉品质指标的依据。

(一) 高档次（高价）牛肉重量占牛肉产量的比例

根据作者测定高档次（高价）牛肉和牛体（活）重间的关系见表 2-30。表 2-30 是屠宰牛体重 570～600 千克时高档次（高价）牛肉的重量。

表 2-30 高档次（高价）牛肉名称和重量

高档次（高价）牛肉名称	高档次（高价）牛肉占活牛重（%）	高档次（高价）牛肉重量（千克）	牛肉用户要求的高档次（高价）牛肉重量（千克）
牛柳（里脊）	0.72～0.73	4.11～4.40	＞4.0
西冷（外脊）	2.10～2.20	12.10～13.10	＞12.0
眼肉	1.68～1.70	9.55～9.70	＞9.0
上脑	1.96～2.10	11.20～11.50	＞11.0
S 腹肉	0.067～0.07	3.85～4.45	＞3.7
S 特外	3.85～3.88	22.50～22.70	＞22.0
T 骨扒	0.96～0.98	5.50～5.60	＞5.0
牛仔骨	0.95～0.96	5.4～5.5	＞5.0
牛肩	1.68～1.70	9.6～9.7	＞9.0
带骨腹肉	1.56～1.58	8.9～9.2	＞8.5
卡鲁比	0.63～0.64	3.6～3.7	＞3.5

（二）牛肉大理石花纹丰富程度

牛肉大理石花纹丰富程度是评定牛肉品质优劣的重要依据，在高档次（高价）牛肉中1、2级产品率占有比例达到70%以上，没有5、6级产品；在优质牛肉中2级产品率占有比例达到10%左右，没有1级产品；在普通牛肉中5、6级产品率占有比例达到65%以上，没有1、2级产品（作者资料，表2-31）。

表2-31　大理石花纹等级和牛肉档次关系

大理石花纹等级	1级	2级	3级	4级	5级	6级
每100头高档次（高价）牛中占（%）	10	60	20	10	0	0
每100头优质牛中占（%）	0	10	60	15	15	0
每100头普通牛中占（%）	0	0	5	30	60	5

（三）牛肉嫩度

牛肉嫩度是用剪切值 X（千克）来表示，剪切值 X（千克）数值越大，牛肉的嫩度越差，剪切值 X（千克）数值越小，牛肉的嫩度越好。高档次（高价）牛肉的剪切值 $X<3.62$ 的出现率达到65%以上；优质牛肉的剪切值 $X<3.62$ 的出现率只有15%左右；普通牛肉的剪切值 $X<3.62$ 的出现率为0；因此档次（高价）越高的牛肉其剪切值也越低，剪切值越大的牛肉质量越差，牛肉档次和剪切值的关系（作者资料）列于表2-32。

表2-32　牛肉档次和剪切值的关系

剪切值（千克）	$X<3.62$	$3.62<X<4.7$	$4.7<X<6$	$>X<6$
高档次（高价）牛肉（%）	65	30	5	0
优质牛肉（%）	15	55	20	10
普通牛肉（%）	0	0	20	80

（四）脂肪

1. 脂肪颜色　脂肪颜色和牛肉档次关系（作者资料）见表2-33。

表 2-33　脂肪颜色和牛肉档次关系

脂肪颜色	白色	淡黄色	黄色
高档次（高价）牛肉（%）	90	10	0
优质牛肉（%）	60	35	5
普通牛肉（%）	0	75	25

高档次（高价）牛肉的脂肪颜色为白色或乳白色；脂肪颜色为黄色的牛肉，品质低下。

2. 脂肪硬度　高档次（高价）牛肉的脂肪坚挺，硬度好；脂肪软而不坚挺的牛肉质量较差。

（五）牛肉风味

地道而纯正的牛肉风味是优质牛肉的重要指标。高档次（高价）牛肉具有地道而纯正的牛肉风味。

（六）牛肉色泽

牛肉的颜色以樱桃红或鲜红色为最好；淡红色牛肉为下等；暗红色、暗黑色牛肉为等外产品。高档次（高价）牛肉的颜色为樱桃红或鲜红色。

（七）眼肌面积

眼肌面积是代表牛肉产量的重要指标，眼肌面积大表示有较高的产肉性能；高档次（高价）牛肉的眼肌面积大，特别在制作西冷牛扒时肉块大而受到欢迎。眼肌面积和牛肉档次关系（作者资料）见表 2-34。

表 2-34　眼肌面积和牛肉档次关系

眼肌面积	>90	>85	>80
高档次（高价）牛肉（%）	80	15	5
优质牛肉（%）	30	35	35
普通牛肉（%）	0	70	30

第三章

无公害牛肉安全生产的肉牛标准

无公害肉牛是一种商品原料生产，是无公害肉牛产业长链中的起始阶段，也是十分重要的环节，没有无公害肉牛就不可能生产出无公害牛肉，但是仅仅停留在商品原料生产的层面上，远远达不到无公害牛肉产业长链应有的目的和要求，无公害肉牛产业长链的最终目标是生产安全牛肉，满足消费者要求。

一、无公害肉牛标准（企业）

（一）无公害肉牛标准

无公害肉牛在屠宰前评定分级标准的依据是体型外貌、体膘体质、健康情况、性别、体重等，作者依据在中原肉牛带、东北肉牛带和草原牧区等40余家肉牛屠宰企业调查考察，屠宰前肉牛划分标准归纳为4级，即特级、一级、二级、三级。

1. 特级牛 宰前活重580千克以上；外貌丰满，皮毛光顺；躯体结构匀称，符合品种特点；背部平宽，臀部方圆，尾根两侧隆起明显，两臀端下方平坦无沟；前胸开张，胸端突出、丰满、圆大；阉公牛；健康无病（常用数据便查表1）。

2. 一级牛 宰前活重530千克以上；外貌较丰满，皮毛光顺；躯体结构匀称，符合品种特点；背部平宽，臀部较方圆，尾根两侧隆起较明显，两臀端下方较平坦；前胸较开张，胸端突出、丰满、圆大；阉公牛；健康无病。

3. 二级牛 宰前活重480千克以上；外貌尚丰满，皮毛光顺；躯体结构较匀称，符合品种特点；背部平直，尾根两侧稍微隆起；前胸稍开张，胸突稍丰满、圆大；全身肌肉发育尚可；阉公牛；健康无病。

4. 三级牛 宰前活重400千克以上；外貌尚丰满，皮毛尚光顺；躯体结构尚匀称，符合品种特点；前部平直，尾根两侧隆起差；前胸开张差，胸突丰满度差；全身肌肉发育差；健康无病。

（二）肉牛屠宰率分级标准

肉牛屠宰率是绝大多数屠宰企业定级作价的依据，因此饲养户、屠宰企业都十分重视。据作者调查，目前对屠宰率的理解差异悬殊，关键在于对胴体的理解有差异。

（1）畜牧界认为肾及肾周边脂肪、胸腔隔膜、腹腔隔膜应属于胴体的组成部分；修去胴体体表碎肉。

（2）民营屠宰企业界认为肾及肾周边脂肪、胸腔隔膜、腹腔隔膜不应属于胴体的组成部分；不仅修去胴体体表碎肉，还修去胴体部分脂肪，因此肉牛的屠宰率偏低。

（3）畜牧界和民营屠宰企业界关于屠宰率的差异如下。

级 别	屠宰率（%）		净肉率（%）	
	畜牧标准	民营企业标准	畜牧标准	民营企业标准
1级	≥60	≥52	≥52	≥44
2级	≥57	≤52	≥49	≤44
3级	≥54	≤48	≥46	≤40
4级	≥52		≥43	
5级	≥48		≥38	

（三）肉牛胴体等级标准

1. 胴体（外形）等级标准评定 肉牛胴体（外形）等级标准评定见表3-1。

表3-1 胴体（外形）等级标准评定

外形等级	描　述
特级	胴体非常丰满，肌肉发育特别好，胴体内侧胸隔膜及盆腔覆盖脂肪较厚
一级	胴体丰满，肌肉发达，胴体内侧胸隔膜及盆腔覆盖有脂肪
二级	胴体总体丰满，肌肉较发达，胴体内侧胸隔膜及盆腔覆盖较少脂肪
三级	胴体总体呈直线形，肌肉发育良好，胴体内侧胸隔膜及盆腔覆盖很少脂肪

2. 屠宰后肉牛胴体品质分等定级标准（企业） 屠宰后肉牛胴体分等定级标准，一般分为4级，特级（S级）即高档牛肉（见彩图8、彩图9）、一级（A级）即优质牛肉、二级（B级）即普通牛肉、三级（C级）即等外级牛肉，现将作者调查考察的分级定价标准归纳于表3-2。

表3-2 屠宰牛分级标准（企业）

等　级	特级	一级	二级	三级
品种	纯种牛*	纯种牛	要求不严	无要求
年龄（月龄）	<36	<36	<48	≥48
性别	阉公牛	阉公牛	阉公牛	不严
宰前活重（千克）	≥580	≥530	≥480	≥400
胴体重（千克）	≥300	≥240	≥220	<220
屠宰率（%）	≥52	≥52	≥50	<50
背部脂肪厚（毫米）	≥15	≥10	<10	光板
脂肪颜色	白色	白色或微黄	微黄色	黄色
胴体体表伤痕瘀血	无	无	少量	较多
胴体体表脂肪覆盖率（%）	≥90	≥85	≥80	<80
胴体外观	整齐、匀称	较匀称	尚匀称	不匀称

（续）

等　　级	特级	一级	二级	三级
大理石花纹（1级最好）	丰富（1级）	较丰富（1、2级）	少量（3级）	无
产地	南牛**	南牛	不严	不严
卫生检测	健康无病	健康无病	健康无病	健康无病

* 纯种牛　指鲁西黄牛、晋南牛、秦川牛、南阳牛、延边牛、复州牛、郏县红牛、渤海黑牛、冀南黄牛、大别山牛、新疆褐牛、草原红牛等。

** 南牛　指鲁西黄牛、晋南牛、秦川牛、南阳牛、郏县红牛、渤海黑牛、冀南黄牛、大别山牛等。

资料来源：作者江编。

二、无公害牛肉品质标准（企业）

（一）无公害牛肉产量标准

1. 无公害高价肉块重量　据销售市场、牛肉用户的要求，高价牛肉可分为：

（1）里脊（牛柳）　S级里脊（牛柳）>4.2千克/头；A级里脊（牛柳）>3.8千克/头；B级里脊（牛柳）>3.4千克/头；C级里脊（牛柳）>2.6千克/头。

（2）外脊（西冷）　S级外脊（西冷）>11千克/头；A级外脊（西冷）>10千克/头；B级外脊（西冷）>8.5千克/头。

（3）S腹肉　>3.5千克/头。

（4）牛小排　>10.0千克/头。

（5）眼肉　>10.5千克/头。

（6）上脑　>8.5千克/头。

2. 较高价肉块重量　>35千克/头。

3. 分割肉块重量及名称　根据作者2003—2004年测定2 384头肉牛的资料如下，供参考。

（1）基本数据

1）肉牛宰前活重（千克） 562.64±89.51。

2）肉牛胴体重（千克） 成熟前（千克）：328.70±55.69；成熟后（千克）：325.69±56.00。

3）成熟期失重 绝对重（千克）：3.01；相对重（%）：0.92。

4）肉牛屠宰率（%） 57.26±2.86。

5）肉牛净肉重（千克） 262.52±45.46。

6）肉牛净肉率（%） 47.44±2.58。

7）肉牛背膘厚（毫米） 12.06。

8）骨重（千克） 43.72±7.09。

9）作业损失（千克） 5.08，作业损失率（%）：1.94。

（2）**肉块名称及重量** 据作者的现场测定，分割肉块的重量及其在总肉块中的出现率（百分比例）列于表3-3中。

表3-3 肉块名称及重量（千克）

序号	统计数	名称	出现率（%）	重量（占活重%）	重量占肉重（%）	备注
1	403	S里脊	16.90	4.51±0.58（0.78）	1.72	
2	1 123	A里脊	47.11	4.04±0.17（0.63）	1.54	
3	682	B里脊	28.61	3.26±0.17（0.53）	1.24	
4	176	C里脊	7.38	2.51±（0.44）	0.96	
5	203	S外脊	8.52	10.97±1.68（1.98）	4.18	
6	221	A外脊	9.27	10.26±1.17（1.85）	3.91	
7	849	B外脊	35.61	9.49±1.52（1.71）	3.61	
8	600	C外脊	25.17	7.61±1.57（1.38）	2.90	
15	511	S特外（撒拉伯尔）	21.43	21.73±4.28（3.93）	8.28	
9	232	A眼肉	23.13	10.48±2.71（1.79）	3.99	部分制作2号肥牛
10	490	B眼肉	48.85	11.91±2.59（1.77）	4.54	
11	281	C眼肉	28.02	9.61±2.43（1.74）	3.66	
12	211	A上脑	21.04	8.94±2.87（1.73）	3.41	部分制作2号肥牛
13	499	B上脑	49.75	8.85±2.77（1.77）	3.37	
14	293	C上脑	29.21	9.60±2.68（2.15）	3.66	
16	112	A带骨腹肉	15.45	8.93±1.05（1.61）	3.40	
17	613	B带骨腹肉	84.55	8.01±2.08（1.45）	3.05	

（续）

序号	统计数	名称	出现率（%）	重量（占活重%）	重量占肉重（%）	备注
18	209	S腹肉	25	2.68±0.49（0.29）	1.02	
19	93	A腹肉	20	9.82±2.87（1.39）	3.74	
20	213	小牛排	25	1.42±0.12	0.54	
21	1 077	牛仔骨（牛小排）	50	5.47±0.23	2.08	
22	2 384	针扒（腰肉）	100	8.53±1.72（1.54）	3.25	
23	2 384	尾龙扒（臀肉）	100	14.31±2.56（2.59）	5.45	
24	2 384	烩扒（大、小米龙）	100	9.20±2.25（1.66）	3.50	
25	2 077	小黄瓜条（小米龙）	100	4.28±0.95（0.77）	1.63	
26	2 384	和尚头	100	10.11±1.68（1.83）	3.85	
27	2 132	带脂三角肉	100	3.51±1.02（0.63）	1.34	
28	234	上脑边	100	0.80±（0.15）	0.30	
29	762	牛肩峰	100	1.90±1.60（0.74）	0.72	
30	1 472	精脖肉	100	10.39±3.13（1.88）	3.96	
31	2 151	肩肉	100	9.71±1.92（1.78）	3.70	
32	2 151	辣椒肉	100	2.45±0.53（0.44）	0.93	
33	2 151	板腱（卡鲁比）	100	3.62±0.60（0.65）	1.38	
34	2 384	前牛腱	100	6.12±1.04（1.11）	2.33	
35	2 384	后牛腱	100	8.10±1.38（1.46）	3.09	
36	2 151	S肋条肉	100	2.80±0.66（0.51）	1.07	
37	2 384	脂肪	100	22.85±5.34（4.13）	8.70	
38	2 151	精碎肉	100	3.39±0.79（0.61）	1.29	
39	2 151	肥碎肉	100	39.84±9.31（7.20）	15.18	
40	2 151	精牛前	100	7.22±1.69（1.30）	2.75	
41	2 151	精肉块	100	5.34±1.25（0.96）	2.03	
42	2 284	筋	100	3.76±0.88（0.68）	1.43	
43	1 307	1号肥牛	50	16.50±3.86（2.98）	5.72	
44	2 151	2号肥牛	100	1.23±0.29（0.22）	0.47	
45	2 151	3号肥牛	100	24.42±6.08（4.41）	9.30	
46	151	4号肥牛	100	2.44±0.57（0.44）	0.93	

表3-3表明：①经过8～10个月较充分育肥饲养，高价肉块S级、A级里脊的出现率为64%：特外（撒拉伯尔）的出现率为21%；S级、A级外脊的出现率为17%；S腹肉为25%；A眼肉、A上脑肉块的出现率为21%左右。延长育肥饲养期，能

进一步提高高价肉块的重量，获得更高的卖价。②精碎肉、肥碎肉是分割肉块时的产物，比例越高，企业的损失越大，本次统计显示较高的数字（16%以上）。各企业应加强技术培训，熟练操作，减少碎肉量。③肉牛饲养者对自己饲养的肉牛能出最少净肉、各部位牛肉的产量多少，在肉牛出栏时心中有数，以便在交易时利用。

4. 脂肪颜色 脂肪颜色是牛肉品质优劣的另一个指标，据作者的现场测定，在1 008头肉牛的统计中：白色277头，占27.48%；微黄色606头，占60.12%；黄色125头，占12.40%。

5. 眼肌面积 据作者的现场测定，966头肉牛的统计为（90.82±27.03）厘米^2。

（二）无公害牛肉质量标准

1. 牛肉颜色 牛肉的颜色以鲜红（樱桃红）为最好，颜色太红或太深、太暗都不能称为优质牛肉。

2. 脂肪颜色 脂肪颜色以白色或乳白色为最好。

3. 脂肪厚度 脂肪厚度一般指背部皮下，不同的餐饮业有不同的要求：

（1）日本餐饮标准 >15毫米；

（2）美式餐饮标准 >10毫米；

（3）欧洲餐饮标准 <1毫米。

4. 牛肉大理石花纹等级 牛肉大理石花纹丰富程度是目前牛肉定级定价的主要依据之一，我国目前采用6级制，优质牛肉的牛肉大理石花纹应达到1～2级（1级最好）。

5. 牛肉嫩度 牛肉嫩度是衡量牛肉质量的又一个重要指标（用剪切值千克表示，剪切值越大，嫩度越差），<3.62的出现次数要大于65%。

牛肉级别	剪切值（千克）	出现率（%）

特优	<2.26	7.3～21.9
特级	2.27～3.62	67.6～69.1
普通级	3.63～4.78	3.1～23.6

6. 肾脏、心脏、骨盆腔脂肪量占胴体重的百分数

级别	较差级	良好级	精选级	优质级
%	3.0>X>4.5	3.0	3.5	4.5

7. 牛肉风味　地道的牛肉风味。

三、无公害牛肉、绿色牛肉、有机牛肉

牛肉食品安全生产可分为无公害牛肉、绿色食品牛肉、有机（纯天然）牛肉3个档次，以有机（纯天然）牛肉为最高级。无公害牛肉、绿色食品牛肉、有机（纯天然）牛肉是当今生产者、经营者、消费者共同追求的目标。

（一）无公害牛肉、绿色食品牛肉、有机（纯天然）牛肉

1. 无公害牛肉　无公害食品（牛肉）是指肉牛生产环境、肉牛生产过程和牛肉产品符合无公害食品标准和规范，经过农业部和国家认证认可监督管理委员会（简称国家认监委）认定，许可使用无公害食品标识。无公害食品（牛肉）的认证机构是国家商品检验检疫总局。《无公害食品　牛肉》行业标准，参考附录五，无公害食品质量考核指标见常用数据便查表6。

2. 绿色食品（牛肉）　绿色食品（牛肉）是指遵循可持续发展原则，按照特定生产方式，经过中国绿色食品发展中心认定，许可使用绿色食品标识商标的食品无污染的安全、优质、营养类。分A级和AA级。绿色食品（牛肉）的认证机构是中国绿色食品发展中心。

3. 有机（纯天然、生态食品）**牛肉**　就当前而言，有机农

业的定义尚未统一。欧洲、美国、国际有机农业运动联盟都有自己的定义。中国国家环境保护总局有机食品发展中心（OFDC）对有机农业的定义是：指遵照有机农业生产标准，在生产中不采用基因工程获得的生物及其产物，不使用化学合成的农药、化肥、生长调节剂、饲料添加剂等物质，而是遵循自然规律和生态学原理，协调种植业和养殖业的平衡，采用一系列可持续发展的农业技术。

有机（纯天然、生态食品）牛肉是指来源于有机农业生产体系、根据国际有机农业生产要求和相应的标准生产加工、并通过独立的有机食品认证机构认证的，在育肥牛生产过程不得饲用任何由人工合成的化肥、农药生产的精饲料、粗饲料、青饲料、青贮饲料及添加剂，确为无污染、纯天然、安全营养的牛肉。有机（纯天然、生态食品）的认证机构是国家环境保护总局有机食品发展中心。

（二）无公害牛肉、绿色食品牛肉、有机（纯天然）牛肉相同处和不同点

1. 无公害牛肉、绿色食品牛肉、有机（纯天然）**牛肉的相同处** 无公害牛肉、绿色食品牛肉、有机（纯天然）牛肉的相同处都是安全食品，安全是这三类牛肉的共性，在肉牛育肥的全过程中（母牛饲养、犊牛培育、架子牛育肥）都采用了无污染工艺技术，实行了从肉牛饲养、屠宰加工、牛肉到餐桌的全过程质量监督控制制度，保证了牛肉的安全性。

2. 无公害牛肉、绿色食品牛肉、有机（纯天然）**牛肉的相异点** 无公害牛肉、绿色食品牛肉、有机（纯天然）牛肉有共性，但也有较大、较明显的差异，表现在以下几方面。

（1）标准不一 ①有机（纯天然）牛肉在不同的国家有不同的标准，有不同的认证机构，我国由国家环境保护总局有机食品发展中心制定，在牛的饲料中不允许使用人工合成的化学

农药、兽药、添加剂。②绿色食品（牛肉）A 级标准的制定是参考发达国家食品卫生标准和联合国食品法典委员会（CAC）的标准制定的；AA 级的标准是根据 IHFOM 有机产品的原则参照有关国家有机食品认证机构的标准，再结合我国的实际情况而制定。③无公害牛肉，在牛的饲料中允许使用人工合成的化学农药、兽药、添加剂，但是对使用的农药、兽药、添加剂必须限量、限时、限品种，由农业部和国家认证认可监督管理委员会（简称国家认监委）统一监督管理全国无公害农产品标志。

（2）级别不同　有机（纯天然）牛肉无级别之分；绿色食品牛肉分为 A 级和 AA 级；无公害牛肉不分级别。

（3）认证方法不同　①在我国有机（纯天然）牛肉、AA 级绿色食品牛肉的认证实行检查员制度，在认证方法上以实地检查为主，检测为辅。②有机（纯天然）牛肉的认证重点是肉牛育肥过程操作的真实记录和饲料购买及应用记录。③A 级绿色食品牛肉和无公害牛肉的认证是以检查认证和检测认证并重的原则，强调全过程实施质量监控，在环境技术条件的评价方法上，采用了调查评价与检测认证相结合的方式。

（4）标识不同　有机（纯天然）牛肉标识，我国国家环境保护总局有机食品发展中心在国家工商行政管理总局注册了有机食品标识。绿色食品（牛肉）标识，绿色食品（牛肉）由中国绿色食品发展中心制定并在国家工商行政管理总局注册了绿色食品标识。我国绿色食品商标为圆形（意为保护），包括三部分；上方是太阳、下方是叶片、中心是蓓蕾。无公害牛肉标识，图形为圆形，产品标志颜色由绿色和橙色组成。

（5）有机（纯天然）牛肉具有国际性

（三）无公害牛肉质量考核指标

无公害食品（牛肉）质量考核指标见常用数据便查表 6。

（四）质量考核单位

我国农业部属检测机构：农业部畜禽产品质量监督检验测试中心（广州、南京、北京等），以及各省质量监督检验测试站（中心）。

（五）无公害牛肉、绿色食品牛肉、有机（纯天然）牛肉的生产技术

从前面的叙述过程中不难看出安全性最好的为有机（纯天然）牛肉，其次是绿色食品牛肉，无公害牛肉排第三。而生产的难度也是有机（纯天然）牛肉最难，其次是绿色食品牛肉，无公害牛肉相对较容易。

生产有机（纯天然）牛肉的过程中不允许使用任何人工合成的化学农药、兽药、添加剂，有三年的过渡期，在过渡期生产的产品为“转化期”产品。

生产绿色食品（牛肉）的过程中允许使用部分化学农药、兽药、添加剂，但要严格控制用药量，以及屠宰前的停药期。

生产无公害牛肉的过程中允许使用部分农药、兽药、添加剂，但要严格限量、限时、限品种，并在屠宰前90天停药。

为便于生产单位查阅有关无公害牛肉的更详细资料，现把农业行业标准《无公害食品　牛肉》摘录于附录五，供参考。

第四章

无公害肉牛安全生产贸易与运输

一、无公害架子牛的贸易与运输

现代化肉牛生产体系中繁殖牛、犊牛、架子牛、育肥牛的饲养分工非常明显，育肥牛饲养户（牛场）的牛源绝大部分来自异地他乡，通过肉牛易地育肥技术，由产犊区或交易市场选购架子牛，运送到肉牛饲养育肥户（育肥牛场）。架子牛收购工作的好坏，直接影响饲养育肥户（育肥牛场）肉牛的育肥期、饲料消耗、饲养效益、经营成本、牛肉品质、育肥牛的健康等等，架子牛收购的优劣是架子牛育肥成功的保证，所以必须十分重视架子牛的收购工作。

（一）无公害架子牛收购前的准备工作

1. 无公害架子牛产地调查的调查内容　最好在调查前认真准备并设计调查登记表格（产地环境质量条件见附录一）。

（1）架子牛资源量　包括前1～2年年底存栏牛数、其中可繁殖母牛数、每年繁殖成活牛犊数、年底存栏架子牛数、每年出售的架子牛数等。

（2）架子牛产地农药使用情况调查　产地农作物如玉米、麦类、水稻、牧草等种植过程中使用农药的种类、名称、使用量、使用时间（必要时采样测定）。

（3）架子牛产地饮用水水质调查　必要时采样测定。

（4）架子牛产地及周边环境条件调查　如有无污染源（气体、污水）。

（5）架子牛价格　高峰价、低谷价，高峰低谷价出现的时间，持续时间，平时价格。

（6）架子牛产地疫情调查　传染病的种类、流行季节；常发疾病的种类、发病季节、治疗效果。

（7）架子牛年龄、性别、体重等。

（8）架子牛产地防疫注射密度调查　注射疫苗种类、注射时间。

（9）架子牛产地牛交易会日期（阳历、阴历）。

（10）架子牛运输条件　公车，私车，车主信誉，运输车型号，载重量，收费标准及交费方式。

（11）架子牛产地有无其他收购架子牛的单位或个人，他们收购牛的类别、用途、收购量，运输牛的方式。

（12）架子牛膘情　由于气候、饲料条件的差别，一年四季对架子牛的膘情要求也不同，俗话说"春买骨头秋买膘"。

（13）收购费用　包括工商管理费、经纪人交易费、检疫费、换牛绳费、装牛费、卫生费、场地费、牛临时看管费等；每一收费项目收费标准。

（14）银行提款方式　工作日、最大提款额度、提款必备证件。

（15）在架子牛收购工作开始前几周，利用当地电视、广告，广泛宣传架子牛收购的方法、标准、牛价等。

（16）交易市场内经纪人概况。

（17）双方协商架子牛收购标准及定级标准。

2. 无公害架子牛交易条件谈判　架子牛交易的价格定位；架子牛交易方法，活牛估个作价、以净肉重作价（含内脏牛皮、不含内脏牛皮）、以体重作价（实际称重、估重）；架子牛交易日期；采购数量；架子牛交易后的暂时寄存；架子牛交易中税费种类、收费标准；架子牛交易成功后税费、证件手续办理；付款方式（现金、银行划拨、汇款）；架子牛交易后发生意外伤亡牛的处理；等等，明确交易双方的责任，必要时签订架子牛交易合同，并在当地公证处公证。

3. 无公害架子牛收购程序 由于采用的运输工具不同，架子牛收购的程序也有较大差别，目前我国用于牛的运输工具主要是汽车、火车。

（1）采用汽车运输时架子牛的收购程序

1）一看整体 健康牛高昂头，眼大有精神，左右环视，两耳不停地摆动，四肢直立，背腰平宽。牛体外形部位名称如图4-1。

2）二鉴定品种 符合品种要求。

3）三鉴定年龄 符合选购年龄要求。

4）四查性别 去势是否彻底（用手摸鉴别）。

5）五看体表体质 牵牛走几圈，检查四肢有无毛病；检查体表表皮有无划伤、疤痕、肿块。

6）六检查牛是否灌水 ①先看牛肚围，灌水牛肚围大；②灌水牛排尿次数频、尿量多；③灌水牛的耳朵发凉；④灌水牛常用尾巴打击两腹部；⑤灌水牛精神状态差；⑥轻轻敲击肷部，能听到水音。

7）以称重为计价依据时，称牛前双方检验地磅的准确性；以估测体重或净肉重为交易依据时凭买卖人及经纪人的公平交易，并登记注册。

8）体重记录 双方同时看秤，同时记录，先记毛重，称重结束后再计算牛净重。

9）挂耳标（牛专用耳标）。

10）双方核对称重记录。

11）付款。

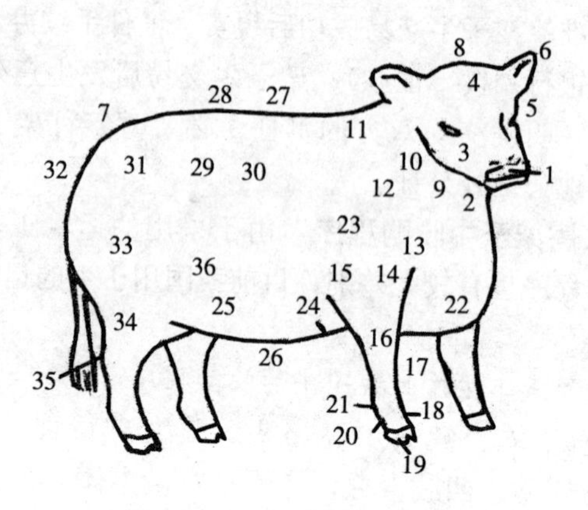

图 4-1　牛体外形部位名称

1. 鼻镜　2. 鼻孔　3. 脸　4. 额　5. 眼　6. 耳　7. 尾根　8. 额顶　9. 下颌　10. 颈　11. 鬐甲　12. 肩　13. 肩端　14. 臂　15. 肘　16. 腕　17. 管　18. 球节　19. 蹄　20. 系　21. 悬蹄　22. 前胸　23. 胸　24. 前肋　25. 后肋　26. 腹　27. 背　28. 腰　29. 腰角　30. 肷　31. 臀（尻）　32. 臀端（尻尖）　33. 大腿　34. 小腿　35. 飞节　36. 膝

12）开具县级检疫证、非疫区证、注射证、出境证明、车辆消毒证。

13）集中待运。

14）装车运输　见架子牛装车运输一节。

（2）采用火车运输时的收购程序除了汽车运输的程序以外应增加：

1）采血　由当地兽医站派员采血，制成血清（寒冬时血清加防冻剂）。

2）送铁路认可的单位化验血清。

3）采血后牛的管理及血检不合格牛的处理办法由双方商定。

4）等待血检结果。

5）血检合格架子牛的集中运输，架子牛由集中地到火车站的运输，可以用车辆运输，也可以组织人员赶运：①用车辆运输时，要做好以下工作：车辆的组织，车辆租赁费用，运输安全、责任，运输时间，运输合同（明确丢失牛的责任、明确人畜伤亡责任）。②人员赶运时，组织赶运人员，每 100 头牛需赶运人员 2 人；赶运人员报酬，每批牛为单元或每人每天；赶运合同（当地县级公证机关公证合同），明确丢失牛的责任；明确牛伤亡责任；明确赶运终到详细地址，赶运到达时间；违约处理条款；赶运途中损害农作物赔偿责任；明确赶运人员赶运途中病、伤、死亡责任；架子牛在火车站候车期的饲养及管理。

6）善后工作　付清牛款，和银行结清账目，办理财务手续，请合作（或协作）单位办理架子牛出境手续：①兽医检疫证；②非疫区证明；③防疫注射证；④车辆消毒证；⑤工商费收费证明；⑥交易费收费证明；⑦黄牛技改费收费证明；⑧黄牛保种费收费证明；⑨其他证件。

4. 无公害架子牛收购总结　①收购人员每次收购结束后要总结此次工作的经验和教训，提出改进意见；②做好下一次收购的准备工作。

（二）无公害架子牛选购（择）技术

肉牛育肥户、育肥场在实施肉牛育肥时离不开架子牛选购（择）。架子牛易地育肥技术是一项行之有效的、成熟的、先进的肉牛饲养技术，架子牛的选购（择），对肉牛育肥期的增重和饲养效益会有很大的影响。

1. 识别肉牛品种

（1）*我国地方优良黄牛品种*　我国黄牛资源丰富，据《中国牛品种志》（1988 年）载，全国地方优良品种牛 28 个，在本书

第二章介绍了各品种牛的主要体型外貌特点，以达到见牛便能判别其品种。

（2）杂交牛　以上述品种为母本的杂交牛。杂交牛的父本品种有西门塔尔牛、夏洛来牛、利木赞牛、皮埃蒙特牛、德国黄牛、安格斯牛、海福特牛、南德温牛、日本和牛等。

2. 判定肉牛体重　在架子牛的交易过程中，架子牛体重的判定是交易成败的关键所在，判定架子牛体重的方法有几种。

（1）用称量器测量牛体重　此法最公平、公开、公正，但在实际操作时意想不到的事很多，如上称量器前给牛灌水、过量饲喂精料；牛不愿意上称量器，造成费事、费劲、费力，效率低；等等。有条件的应采用此法。

（2）凭经验估测牛体重　目前很多交易市场仍然采用，有经验的经纪人、牛贩子对活牛体重、活牛产肉量的估测有独特的技能，但是由于受经济利益的驱动，往往很难做到公平、公开、公正。

（3）利用牛体尺和体重之间的相关性估测牛体重　架子牛的体重和体积存在一定的相关关系，因此当我们获得了一些牛的体尺数据后，便可以推测出牛的体重。此法虽然精确性差一些，但简单易行，在架子牛的交易和育肥过程中，可用此法检测抽查牛的活重，测量人员手持软尺测量牛胸围的周长，便可计算出该牛的体重，如一头牛的胸围为 126 厘米，该牛的体重为 176 千克，为方便现将已计算好的胸围（厘米）和体重（千克）的对应数列入常用数据便查表 7。

1）适用范围　架子牛及肉牛育肥期间的任何时间。

2）体尺测量工具　软尺和测杖。

3）测定及计算方法　由于架子牛、育肥牛体膘体况不同，测得数据后要采用不同的系数进行校正（适合外来品种牛和改良牛）。

育肥牛

计算方法一：

体重（千克）＝胸围长度（米）的平方×体斜长（米）×87.5

计算方法二：

体重（千克）＝胸围长度（厘米）的平方×体斜长（厘米）÷10 800

未育肥牛

计算方法一：

体重（千克）＝胸围长度（厘米）的平方×体斜长（厘米）÷11 420

计算方法二：

体重（千克）＝体直长（厘米）×胸围（厘米）×系数÷100

系数：肉用牛的系数为2.5，兼用牛的系数为2.25

适合中国黄牛的计算法：

体重（千克）＝胸围长度（厘米）的平方×体斜长（厘米）÷估测系数

估测系数：6月龄牛犊　12 500

18月龄牛　12 000

根据养牛户（育肥牛场）饲养育肥牛目的的不同，选购架子牛的体重不要小于150千克，大的可超过400千克。

测量部位见图4-2。

4）牛的体尺和牛的生产性能之间也有密切的关系，如牛的胸围、胸深、前管围等体尺性状的大小和该牛育肥期的日增重有着非常密切的关系，牛的胸围大、日增重就高，前管围粗、日增重就高（参考《黄牛育肥实用技术》，中国农业出版社，1998年8月，笔者编著）等，因此选择胸围大、胸深深、前管围粗的架子牛在育肥期内就能获得较高的日增重、较高的生产效益。以体重250～300千克的架子牛为例，选择架子牛时体尺的参考数据如下：

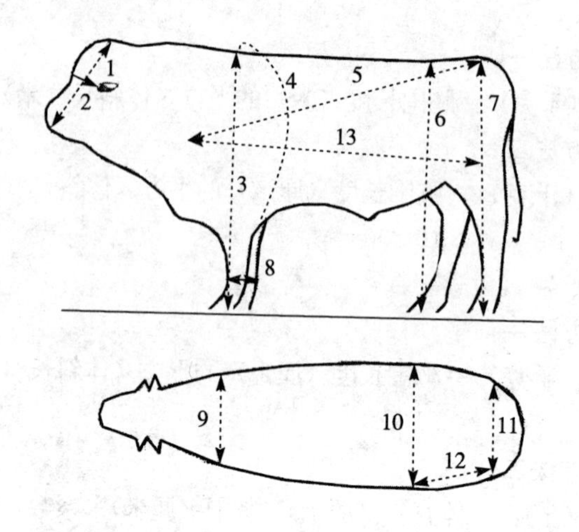

图 4-2　测量部位

1. 头长　2. 额宽　3. 体高　4. 胸围　5. 体斜长　6. 十字部高
7. 尻尖高　8. 管围　9. 胸宽　10. 腰角宽　11. 臀端宽
12. 尻长　13. 体直长

胸围 180～185 厘米，胸深 44～45 厘米，胸宽 45～47 厘米，前管围 13～14 厘米，体直长 120～125 厘米，头长 34～35 厘米，头宽 15～16 厘米，额宽 17～18 厘米，体高 120～130 厘米，十字部高 125～135 厘米。

5）注意体形的季节差异　由于气候变化导致饲料饲草供应时好时坏，造成架子牛体膘肥瘦不均衡并影响架子牛的质量，特别是冬夏季温度差异特别大的地区更为突出。冬春季节牛膘差，夏秋季节牛膘肥，因此在架子牛的买卖中，民间流传有“春买骨头秋买膘”的经验。说明了不同季节选购架子牛要有不同的体膘标准，体膘的差异造成体型的差别，因此购买架子牛时要结合季节考察。

3. 识别肉牛性别　到目前为止，我国育肥牛性别上的差异在于公牛的去势（阉割、骟牛）与不去势，用母牛进行育肥的极少，原因是母牛是再生产的基础资料，另一方面母牛在育肥过程中会周期性发情，增重速度较慢。

4. 识别肉牛年龄 架子牛年龄的识别在肉牛育肥中也具有十分重要的地位，因为架子牛的年龄和育肥期增重、饲料报酬、饲养成本、资金周转、屠宰成绩、胴体等级、牛肉品质都有密切关系。识别架子牛年龄的方法有：

（1）查看档案记录 此法准确性最高，有的记录在档案簿上，有的记录在耳标上，但目前在我国架子牛生产区具备档案记录的仅为少数。

（2）看角轮鉴定年龄 由于饲料条件的因素，一段时间饲料供应充足，一段时间饲料供应不充足，牛的营养时好时坏，从牛的体膘看，饲料供应充足时牛体膘好，饲料供应不充足时牛体膘不好，反映到牛角上，饲料供应充足时牛角颜色深，饲料供应不充足时牛角颜色淡，形成一圈黑，一圈白的角轮，因此可以根据牛的角轮识别其年龄，在温差大、冬季时间长的地区更容易识别。

（3）看被毛分叉判别牛年龄 牛被毛毛尖随年龄而变化，年轻牛的毛尖不分叉，年老牛的毛尖才分叉，因此根据毛尖是否分叉可判定年轻牛或老龄牛。此法尚难判别确切的年龄。

（4）看牙齿鉴定牛的年龄 从牙齿更换鉴定牛年龄，牛有4对门齿：中间的1对称为第一门齿，也叫钳齿；紧靠第一门齿的1对称第二门齿，也叫中间齿；紧靠第二门齿的1对称第三门齿，也叫外中间齿；紧靠第三门齿的1对称第四门齿，也叫龋齿。牛出生时便有4对乳齿，随着牛年龄的变化，牛的牙齿也发生变化，由乳齿换成永久齿，牛门齿变化情况见图4-3。

掌握识别牛年龄的方法后，便可随心所欲选择你所需要年龄的架子牛，根据育肥目的不同，选择架子牛年龄有较大的差别，下面提供的参考数是作者的经验总结。

架子牛月龄	牛肉档次	生产条件
12～18月龄	生产高档（高价）牛肉	资金充足、市场意识到位、信息灵通、技术力量雄厚、调度适宜、纯种阉公牛、杂交阉公牛、饲养屠宰一体化
18～24月龄	生产优质牛肉	资金较充足、市场意识较好、信息灵通，有一定技术力量、调度适宜、纯种阉公牛、杂交阉公牛
大于36月龄	生产普通牛肉	资金欠缺，小规模经营

牛的体重和年龄之间存在相关关系，已到达一定的年龄应该有相应的体重。因此在选购架子牛时必须防止购买大年龄、小体重的牛，据作者在中原、东北肉牛带考察阉公牛年龄和体重，得到如下数据供参考：

年龄（月）	我国纯种黄牛体重（千克）	以肉用品种为父本的杂交牛体重（千克）
6	125～130	140～150
12～17	180～210	300～350
18～23	210～260	400～450
24	260～300	480～500

5. 体质检查 健康强壮的架子牛被毛致密，光顺，发亮；四肢壮实，直立；头高昂，眼大有神，耳朵转动灵活，辨别声响敏感；尾巴摆动自如；呼吸有力；体表无划伤痕迹、无结痂、无肿块。

6. 观察肉牛体型外貌

（1）肉牛体型外貌 见图4-1、图4-2。牛的生产性能和体型之间存在着密切相关关系，例如牛体的前后躯比例、腹部形态、四肢等。前躯宽广、后躯狭窄是役用牛的体型（正三角形）；后躯宽广、前躯狭窄是乳用牛的体型（倒三角形）；长方形体型，腹部紧凑不下垂，长筒形，四肢粗壮直立，臀部丰满

门齿变化情况	年　龄
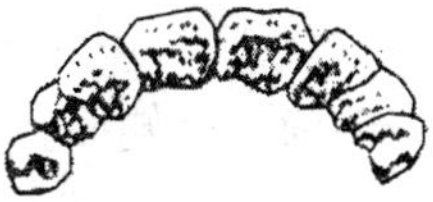 两个或两个以上乳齿出现	初生至1月龄
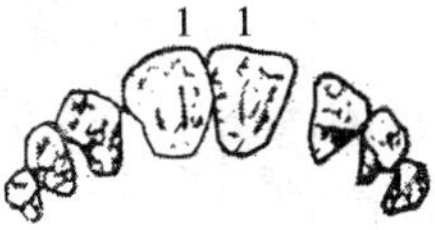 第一对乳齿由永久门齿代替	1.5~2岁
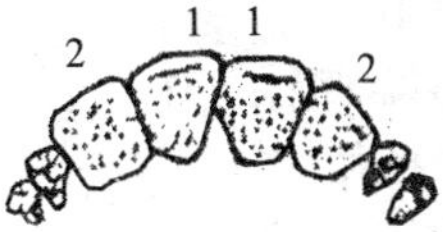 第二对永久门齿出现	2.5岁
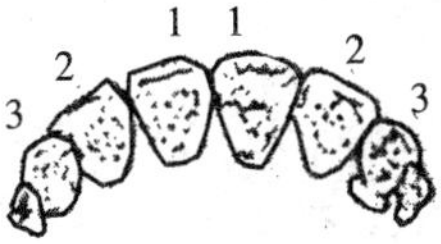 第三对永久门齿出现	3.5岁
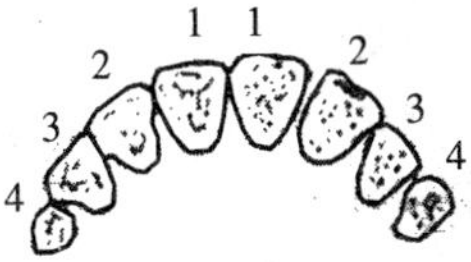 第四对永久门齿出现	4.5岁
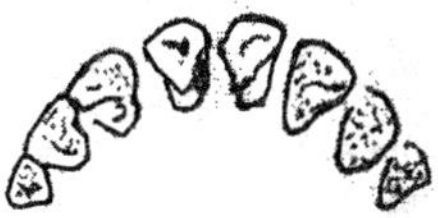 永久门齿磨成同一水平，第四对亦出现磨损	5~6岁
 7~8岁第一对门齿中部出现珠形圆点，8~9岁第二对门齿中部呈现珠形圆点，10~11岁第四对门齿中部呈现珠形圆点	7~10岁
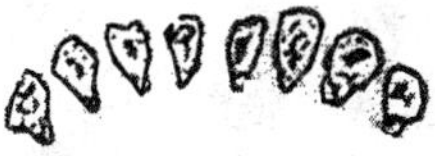 牙齿的弓形逐渐消失，变直，呈三角形，明显分离，进一步成柱状，随年龄而愈加明显	12岁以后

图4-3　纯种肉用牛不同年龄门齿的一般变化

是肉用牛生长速度快、生产效率高的理想体型。前躯大、后躯小，后躯大、前躯小，两头小、中间大的牛都不是理想的肉牛体型，都不应选为育肥牛。选择理想型的架子牛是提高养牛效益的技术措施之一。

（2）*观察牛的方法* 观察牛时应该从牛的前面、侧面、后面的不同位置进行，然后综合评定。

1）从牛的前面看体型外貌

优秀质量牛	一般质量牛	低质量牛
头短而方大	头大小适中	头小而狭长
嘴大如升	嘴大小尚可	嘴小
鼻镜潮湿有汗珠	鼻镜潮湿有汗珠	鼻镜潮湿有汗珠
眼大有神	眼大有神	眼稍大
颈部短粗	颈部较短粗	颈部较细长

2）从牛的侧面看体型外貌

优秀质量牛	一般质量牛	低质量牛
长方形或圆筒形	长方形或圆筒形	狭长，狭窄
四肢粗壮	四肢粗壮	四肢粗壮
蹄直立	蹄直立	蹄卧立
牛蹄较大	牛蹄大	牛蹄较小
背平坦呈直线	背平坦呈直线	弓背或凹腰
腹部不下垂	腹部稍下垂	腹部下垂
胸部宽而深	胸部较宽较深	胸部较狭窄
毛光顺	毛较光顺	毛粗糙
十字部高	十字部较高	十字部不高

3）从牛的后面看体型外貌

优秀质量牛	一般质量牛	低质量牛
臀部圆而饱满	臀部圆欠饱满	臀部尖而瘪
肌肉发育好	肌肉发育尚好	肌肉发育较差
腹部稍微凸起	腹部稍凸起	腹部凸起
两后肢间张开	两后肢间较张开	两后肢间较狭窄
腰角圆而丰满	腰角较丰满	腰角突出

尾巴长而垂直	尾巴长而垂直	尾巴长而垂直
尾根肥粗	尾根较粗	尾根细
尾根两侧隆起	尾根两侧稍隆起	尾根两侧无隆起
两臀端间平坦	两臀端间稍平坦	两臀端间有沟
蹄直立	蹄直立	蹄卧立

选购架子牛时应从牛的前面、侧面、后面的不同位置进行观察，综合考察后决定是否购买。

(3) 无公害肉牛体尺测量部位及肉牛经济性状表型值测定　见第九章二十九。

(三) 无公害架子牛采购管理技术

育肥牛场、养牛户用于育肥的架子牛，由异地采购，有相当部分甚至大部分，是由育肥牛场、养牛户派员进行采购，为鼓励采购人员的积极性，即采购到符合育肥牛场、养牛户对架子牛数量、质量的要求，又能低成本运作，提高育肥牛场、养牛户的经济效益，架子牛采购管理十分重要。

1. 训练有素的采购员　①采购人员不仅要懂业务、更要钻研业务，不断提高自身的业务水平；②采购人员应有良好的职业道德；③采购人员交易要公平、公开、公正。

2. 采购管理技术内容

(1) 架子牛的采购标准　见本章二。

(2) 采购的架子牛，逐一挂耳标，并做好个体记录（表4-1）。

表4-1　架子牛采购记录表

牛号	畜主姓名	性别	品种	毛色	体重			单价	总价
					毛重	笼子重	净重		
001/04									
002/04									
003/04									
004/04									

（续）

牛　号	畜主姓名	性别	品种	毛色	体　重			单价	总价
					毛重	笼子重	净重		
005/04									
006/04									
007/04									
008/04									
009/04									
010/04									

（3）架子牛运输到达育肥场，采购人员出示该批牛的记录卡，并交给验收人员，验收人员将购进牛的体重记于架子牛采购记录卡。记录卡首先交资料组打入电脑，然后将记录卡交至养牛组。

（4）养牛组将该批牛的购进日期、饲料消耗、疾病等记录于卡，育肥结束时一并交资料组。

（5）采购人员每年采购架子牛数×头为基本数，超额完成时，每头牛奖励×元；未完成任务时，每头罚款×元，上述牛数均以装运数为准（有病牛拒绝装车运输）。

（6）购牛用现金　①现金使用严格遵守财务管理制度；②付款时必须有两人，一人付款，一人记录；③付款记录内容：牛数（头），牛号，体重（千克）、单价（元/千克），领款人姓名（实名），领款人签名，领款人手印，领款数（大写、元），领款人地址（县、乡、村），领款人身份证号码，付款人签名。

（四）无公害架子牛装载、运输、卸车技术

无公害架子牛装车、运输、卸车技术是实施架子牛易地育肥技术中不可缺少的环节，也是影响架子牛运输掉重、安全的重要环节，合理装、运、卸是确保架子牛安全，提高育肥场养牛效益的基本措施之一。

1. 架子牛装载方法、标准

（1）运输前准备

1）饲喂　装载前8～10小时停止喂料，装载前4小时停止饮水，不喂青绿多汁饲料。

2）车辆　车辆检修完好，做好检修记录。车厢捆绑处结实，不外露铁丝、木杆等异物，车厢内无尖锐物，车厢底板应防滑，车厢隔段完好、结实，汽油、水准备充分，装牛后尽量不去加油站加油。

（2）装车　①有装牛的设施，即装牛台，台宽2.4米、高1.34米、斜坡长5～6米。②牵引牛上车。③严禁鞭打牛。④上车后用绳子将牛拴系牢固，绳长20～25厘米。⑤头尾相间拴系。⑥拴好牛后紧锁后车门。

（3）每车装牛数量　因牛体重（千克）不同而异，见表4-2。

表4-2　车厢面积及装牛数量

牛体重（千克）	车厢面积（米²）	装牛数（头）	车厢面积（米²）	装牛数（头）
300	25	30	30	37
350	25	25	30	30
400	25	20	30	25
450	25	17	30	20

（4）车厢分隔段　根据车厢长短分段，每一隔段的挡板（或档棍）要结实耐用，以圆形为好。

车厢长度（米）	分隔段数
≤8	2
≤10	3
≤12	4

2. 架子牛运输　架子牛的运输不同于其他的货物运输，对承运司机及同行的押运人员都有要求。首先，司机要对架子牛的管理、架子牛的生活习性有所了解，同时要了解架子牛福利相关方面的知识。承运时应保证所有的司机均已接受了相关的培训。

若有较大的人员调动或更换时，要及时进行培训。运输架子牛距离超过50千米的司机，应具备动物管理或是动物福利工作经验并接受了培训，具有主管部门认可的资格证。无论是培训或是再培训都要保存有完整的记录。评估时可以通过与司机交谈了解司机掌握相关知识的情况，同时评估人员可以检查培训记录及再培训记录。具体做法是：

（1）*启动慢* 启动速度过快，牛只会由前向后急剧挤压，造成伤亡，延长架子牛的恢复期。

（2）*勿紧急刹车* 紧急刹车，牛只会由后向前急剧挤压，造成伤亡，延长架子牛的恢复期。

（3）*不猛拐弯* 车辆行驶中猛然拐弯，牛只会由一侧向另一侧急剧挤压，往往会造成行车事故（翻车等）。

（4）*中速行驶* 保持时速50～80千米。

（5）*不疲劳驾车* 疲劳驾车易发生行车事故。

（6）*夏季防暑、夜间运行为主* 避开炎热时行车，防止牛中暑，确保安全运输。

（7）*冬季防寒、白天运行为主* 避开寒冷时行车，防止牛冻伤，确保安全运输。

（8）遇大雨、大风、大雪天气，停运。

（9）运行30～40千米时，停车检查牛只，并将拴系的绳子放长至40～50厘米。

（10）经常检查有无躺下的牛只，防止踩伤。

3. 卸车

（1）*设卸牛台* 卸牛台宽2.4米、高1.34米、斜坡长5～6米。

（2）*牵引牛只卸车* 逐头牵引，顺序下车。

（3）*严禁鞭打* 鞭打架子牛的后果是增加恢复期、增加饲养成本。

（4）*消毒、清洗车辆* 防止疾病的传染。

（五）无公害架子牛运输管理技术规程

采购的架子牛，经过运输才能到达育肥场，在运输途中既要保证人畜安全，又要减少架子牛的体重损失，更要快速安全到达育肥场，因此无公害架子牛运输管理十分重要（详细要求参考GB/T20014.11 畜禽公路运输控制点与符合性规范解读）。

1. 具有熟练的驾驶技术 ①安全行车、中速驾驶。②不开英雄车、不开斗气车。③慢启动。④勿急踩刹车。⑤拐弯减速。

2. 司机的责任感

（1）不疲劳驾车，不驾驶有毛病的车，保持良好车况。

（2）全额承担架子牛上车后至目的地的安全责任 ①运输途中发生死牛或伤残，负担购牛费的50%。②运输途中丢失牛只，全额承担。③发生意外、伤亡，视情况处理。

3. 司机的待遇

（1）行车距离定额 300～500千米往返2天（24小时为一天）；500～800千米往返3天（24小时为一天）。

（2）报酬计算（养牛场自备车） ①基本工资：依据基本定额定级工资。②超额1头，奖励×元。③未完成任务1头，处罚×元。④全年度安全运输、全面完成运输任务年末奖励，奖励额度为全年运输架子牛价值的0.1%～0.15%。⑤汽车耗油量：标准为每100千米25升，超额自负，节约有奖（油价的60%）。

（六）无公害架子牛的质量验收

1. 架子牛的验收时间 架子牛运送到育肥牛场，应立即卸车。卸车后逐头验收。

2. 架子牛的质量验收要点 ①一查有效证件，查看检疫证、非疫区证明、防疫注射证、车辆消毒证。②二核对耳号、品种，查看性别。③三查牛体表有无外伤、划伤。④四看牛的精神状态。⑤五看牛外形是否符合原定收购标准。⑥体重检测（个体称测）。⑦数量验收。

3. 不合格牛的处理 在验收中发现不合格牛，应及时处理（由采购员、运输人、育肥场主协商）。

4. 合格牛的安置 合格牛被安置在观察牛围栏，接收人员在验收报告上签字。

二、育肥牛的贸易与运输

（一）育肥牛收购前的准备工作

育肥牛收购前的准备工作可参考架子牛收购一节。

（二）育肥牛的作价标准

目前民营企业的作价标准为牛屠宰率（%）。

1. 屠宰率（%） 52%为作价的起步价，每增加1个百分点，每千克活重加价0.14～0.20元，屠宰率无上限；每减少1个百分点，每千克活重减价0.14～0.20元，屠宰率下限为48%。

2. 胴体重 1级牛280千克以上，2级牛260千克以上，3级牛230千克以上，4级牛220千克以下。

（三）育肥牛的体重体膘标准

见表4-3。

表4-3 育肥牛的体重体膘标准

级别	体重标准（千克）	体膘标准
1	550以上	满膘，看不见骨头突出、体臃肿、肌肉发达
2	500以上	八成膘，全身丰满、肌肉发达
3	450以上	六成膘，全身较丰满、肌肉较发达
4	450以下	五成膘以下，全身欠丰满、肌肉欠发达

(四) 无公害育肥牛的装运及运输技术

无公害架子牛经过较长时间的饲养管理，达到出栏体重和体膘以后，应及时运送到肉牛屠宰厂，肉牛育肥的目标是生产高档优质，运送这种牛与运送架子牛有较大的区别，除了安全运送之外，更不能伤及牛体的任何部位，如果伤及将严重影响牛肉品质，严重影响牛肉售价。

1. 装车前准备

(1) 装车前的饲喂　①装车前 24 小时停喂多汁饲料。②停水停食，装车前停食 16～24 小时，装车前停水 4 小时。③拴系(在停食，停水时)：Ⓐ绳子拴于牛两角，Ⓑ绳长 50～60 厘米，Ⓒ拴系结实。

(2) 牛上车前准备　①装牛台阶设备完好。②装牛台阶铺草(或铺垫沙土)，防止牛滑倒。③车厢内铺草（或铺垫沙土)，防止牛滑倒。

(3) 装车　①牵引装车：每牛 1 绳，通过装牛台阶牵引上车。②逐头上车：逐头顺序上车。③上车后牛拴于车的栏杆上，绳长 20～25 厘米，拴系牢固结实。④头尾相间拴系：第 1 头牛向东，第 2 头牛向西；第 3 头牛向东，第 4 头牛向西；如此顺序拴系。⑤严禁鞭打：鞭打牛只，不仅会使牛体表受伤，而且会伤及肌肉，尤其是背部（外脊）肌肉受伤，高价牛肉的损失巨大。⑥每头占有车厢面积：肥育牛占用车厢面积为 1.4～1.5 米^2/头。

(4) 育肥牛运送途中　育肥牛即将成为商品，因此育肥牛的运输更为重要，一旦受伤（碰伤、胴体表面瘀血、划伤导致牛皮等级下降)，该牛的价值会严重下滑，损失巨大。

(五) 卸车

(1) 逐头卸下　逐头顺序下车。

(2) 严禁鞭打　鞭打牛只会造成巨大的经济损失。

（3）防止牛只掉下（跳下） 牛只掉下（跳下）会使牛只受伤，甚至死亡。

（4）交屠宰厂验收 疫病、健康、体重等项目的验收。

（六）无公害育肥牛运输管理技术规程

无公害育肥牛运输管理技术规程参考无公害架子牛运输管理技术规程。

第五章

无公害肉牛安全生产的饲料资源条件

用于无公害肉牛饲料的首要条件是安全性，必须严格执行（GB13078—2001）《饲料卫生标准》、（NY5127—2000）《无公害食品肉牛饲养饲料使用准则》，不使用不符合标准和准则的饲料；实施安全性饲料订单生产；高价收购安全性饲料；定期和不定期对饲料进行安全性测定等措施。杜绝或减少由于饲料原因而造成牛肉的污染。

无公害肉牛的饲料包括粗饲料、糟渣饲料、糠麸饲料、青绿青贮饲料、能量饲料、蛋白质饲料、添加剂饲料、矿物质饲料等多种。

各种饲料按其组成可分为水和干物质两大类，其中干物质含有机物质，矿物质（粗灰分）。

有机物质含：碳水化合物，无氮物质，维生素，含氮物质（粗蛋白质）。

碳水化合物含：无氮浸出物（淀粉和糖），粗纤维。

含氮物质（粗蛋白质）含：蛋白质，氨化物。

按饲料的营养成分含量及功能，常常把饲料分为粗饲料、青饲料、青贮饲料、酒糟饲料、粉渣饲料、能量饲料、蛋白质饲料、矿物质饲料、维生素、各种添加剂饲料等多种。

和常规肉牛生产中使用的饲料种类相同，但是无公害肉牛使用的饲料和常规肉牛使用饲料也有不同处，最大的差别是饲料成分中某些营养物质饲喂量的限量及饲料卫生条件。部分饲料、饲料添加剂、饮用水的卫生指标见常用数据便查表8和常用数据便查表5-1、表5-2。

在组织生产无公害肉牛时所使用的饲料、添加剂、饮用水，在使用前必须经常进行卫生指标的测定，超出规定指标的，原则上不能用来喂育肥牛，部分饲料、添加剂允许使用但必须严格遵守限量规定和休药要求。测定单位为我国农业部和国家认证认可监督管理委员会（简称国家认监委）授权单位，如农业部畜禽产品质量监督检验测试中心、华南畜禽产品质量监督检验测试中心等。

一、无公害肉牛常用的粗饲料

（一）玉米秸

收获玉米籽粒后的玉米植株，经风干后粉碎，是育肥牛较好的粗饲料。肉牛消化玉米秸粗纤维的能力为50%～65%。玉米秸加工方法：笔者采用两机联合作业，铡草机一台、粉碎机一台（两机功率类同），铡草机在前，粉碎机在后，铡草机喷出的碎草正好落在粉碎机的入口处，进入粉碎机粉碎成0.5～1.0厘米长的玉米秸饲料。

（二）麦秸

麦秸分为小麦秸、大麦秸、燕麦秸、荞麦秸几种，各种麦秸加工方法类同，在喂牛时根据其营养成分确定在配方中的比例，比较而言，燕麦秸秆的饲用价值高于其他麦秸。

在小麦产区，小麦秸是育肥牛的主要粗饲料资源。收集小麦秸时最好用打捆机打捆（长600～1 200毫米、宽460毫米、厚360毫米），省事、效率高，便于搬运贮藏。小麦秸的加工：用粉碎机粉碎成0.2～0.7厘米长，即可和其他饲料混合均匀喂牛；有的农户用辊（磙）压法将小麦秸压扁压软，用揉搓机将已铡短的麦秸揉搓等方法。大麦秸的蛋白质含量较小麦秸高。

（三）稻草

水稻种植区，稻草是育肥牛粗饲料的主要资源。据测定，牛对稻草的消化率为50%左右。稻草含有效成分如蛋白质、能量都较低。稻草的加工以铡短（长1厘米左右）或揉搓两种方法较好，不宜粉碎成粉状喂牛（稻草粉易堵塞牛鼻腔、稻草粉易结块）。或打成捆以后挂在牛舍内由牛自由撕食，但是浪费较多。

（四）苜蓿干草

苜蓿草为多年生豆科牧草，品种较多。苜蓿干草富含蛋白质（20%左右），是育肥牛的优质粗饲料。但是苜蓿干草品质的优劣很大程度上取决于收割后的烘干条件。优质苜蓿干草颜色青绿、叶茎完好、有芳香味、含水量14%～16%。苜蓿干草含钙量较高，在配合育肥牛的日粮时要注意磷的补充。在当前我国农业结构调整中，种草养畜是十分重要的内容。

（五）其他粗饲料

除上述粗饲料外其他农作物籽实脱壳后的副产品，有谷壳（谷糠）、高粱壳、花生壳、豆荚、棉籽壳、秕壳等。除稻壳、高粱壳外，其他荚壳类的营养成分高于秸秆。

另外，甘薯、马铃薯、瓜类藤蔓类、胡萝卜缨、菜类副产品、向日葵茎叶和盘等，均可作为育肥牛的粗饲料，农户利用方便。

二、无公害肉牛常用的酒糟、粉渣饲料

（一）白酒糟

我国白酒酿造业发达，每年酿造白酒几千万吨，副产品的

产量多达亿吨，是育肥牛的上等粗饲料、诱食剂饲料。但是由于酿造白酒时选用的原料种类、掺加辅助料种类、发酵过程千差万别，因此白酒糟的营养价值也有较大的差别。在配制育肥牛的饲料时应该首先测定酒糟的营养成分，然后设计配方。

长期使用白酒糟饲喂育肥牛时应注意：①采用酒糟喂牛特别要注意的是在喂牛的饲料中补加维生素 A（粉剂）或定期给育肥牛注射维生素 A 液［100 万国际单位/（月·头）］；②育肥牛长期饲喂酒糟时，牛粪便稀软而色黑，应增加清扫粪便次数，以保持牛舍清洁；③白酒糟确实是育肥牛的好饲料，可是在实际使用时要用好白酒糟却存在较大的困难，主要是因为酒糟极易酸败、发霉变坏。当天购买、当天用完是最佳方案。但贮存 2～3 天才能用完的较多。贮存方法如下：

（1）砌水泥池若干个，将酒糟装入水泥池内，厚度 30 厘米左右压实一次，越实越好。顶部用塑料薄膜封闭，不能透风；也可以在池顶部加水，使酒糟与空气隔绝。农户可以用水缸贮存酒糟，也可以挖土坑（铺垫塑料薄膜）贮存酒糟，也可以采用厚塑料薄膜制作的塑料袋贮存酒糟。

（2）采用烘干设备，烘干贮存；在少雨季节利用太阳能晒干。

（二）啤酒糟

在啤酒生产过程中的副产品有几种，常用于育肥牛的有啤酒糟。啤酒糟含水量 80％以上，属于高水分饲料。由于啤酒糟含水量大，保鲜保存很难。但是啤酒糟含有丰富的营养物质（表5-1），育肥牛喜欢采食、价格较低，大多养牛场都愿意用啤酒糟饲喂育肥牛。用啤酒糟饲喂育肥牛的方法有如下几种。

表 5-1　干啤酒糟成分

干物质（%）	脂肪（%）	粗纤维（%）	灰分（%）	粗蛋白质（%）	钙（%）	磷（%）	钾（%）	代谢能（兆焦/千克）
91.90	7.10	15.40	4.00	26.40	0.12	0.50	0.08	10.00

资料来源：蒋洪茂，《肉牛高效育肥饲养与管理技术》，2003。

1. 直接喂牛　育肥牛饲喂新鲜的啤酒糟，应先将啤酒糟与其他饲料混合，搅拌均匀后喂牛；单槽养牛时也可以先饲喂啤酒糟，然后饲喂其他饲料。每头每天育肥牛饲喂啤酒糟数量 15～20 千克，饲喂啤酒糟过量会影响育肥牛的采食量，继而影响育肥牛的增重，延误出栏时间、加大饲养成本。

2. 贮存后喂牛　啤酒糟的贮存方法类同于白酒糟，不过要把水分调节到 65%～75%，添加的辅助饲料有能量饲料、粗饲料、糠麸饲料等。

3. 脱水后喂牛　干燥啤酒糟的方法也与白酒糟类似。

采用哪种方法利用啤酒糟都会给养牛户带来较好的饲养效益，尤其在高精料饲喂育肥牛时，利用干啤酒糟防治牛肝脓肿有较好的作用。育肥牛没有饲喂干啤酒糟，干粗饲料量只占有日粮的 5%、10%、15%，肝脓肿的发病率相应为 38.0%、32.6%、32.3%；在另外的一个试验中，粗纤维水平为 3.6%～5.0%，玉米等能量饲料达 80%～90%，饲喂干啤酒糟 10%～20%，试验牛也未发现肝脓肿病例。

（三）玉米淀粉渣

用玉米提取酒精为主时的副产品称之为玉米酒精渣。新鲜玉米酒精渣黄色，含水量 74%左右。干物质中含有粗蛋白质 29.82%，钙 0.21%，磷 0.38%。在编制育肥牛饲料配方时玉米酒精渣的比例为 8%～10%（干物质为基础，以鲜重为基础时的比例为 15%～20%）。烘干（含水量 14%～16%）后的玉米酒精渣具有芳香味，育肥牛喜欢采食，因此以烘干贮存为上策。

（四）甘薯粉渣

甘薯粉渣是新鲜甘薯制作甘薯淀粉以后的副产品。新鲜甘薯渣含水量75%～80%，其颜色依甘薯本色而定，白色或黄色。甘薯渣营养成分较差，以粗饲料作育肥牛的填充物。以厌氧贮存较好。

（五）甜菜渣

甜菜渣是甜菜制糖工业的副产品，为育肥牛的优质饲料。我国东北、西北、华北地区种植面积较大，制糖企业较多，甜菜渣产量大。

保存甜菜渣的方法有冷冻成块（寒冷地区利用自然条件）法、制成颗粒（甜菜干粕）法、厌氧贮藏法、保鲜法，各种保存方法中以制成颗粒（甜菜干粕）法效果最好，保存成本以保鲜法最低。现将甜菜干粕的情况介绍如下。

1. 概况 含水量10%～11%，成型率99%，杂质小于1%。

营养成分：粗蛋白质含量9.0%～9.5%，代谢能9.83兆焦，维持净能6.23兆焦，增重净能3.47兆焦，可消化粗蛋白50克/千克，钙0.96%，磷0.34%。

2. 饲养效果 用甜菜干粕40%替代玉米，饲喂育肥牛的试验取得了较好的增重效果和经济效益，下面的资料是笔者1985年的试验结果：

饲料配方一（1～55天）：玉米粉24.8%，棉籽饼14.5%，甜菜干粕40.0%，玉米秸粉20.0%，食盐0.3%，石粉0.2%，添加剂0.2%。

饲料配方二（56～99天）：玉米粉38.8%，棉籽饼7.2%，甜菜干粕40.0%，玉米秸粉13.2%，食盐0.3%，石粉0.2%，添加剂0.2%。

试验牛开始重301.9千克，试验牛结束重411.2千克，平均日增重克 1 104 克。饲料报酬（千克饲料/千克活重）：玉米 3.22，棉籽饼 1.41，甜菜干粕 3.84，玉米秸 1.80。

3. 经济效益 甜菜干粕的价格（2006 年 12 月当地价）每千克为 0.8 元，运输费用每千克甜菜干粕 0.2 元，因此每使用 1 千克干粕可以减少饲料费用 0.3 元（和玉米价格比较）。育肥增重 120 千克体重可减少饲料费用 36 元；育肥增重 200 千克体重可减少饲料费用 60 元；育肥增重 300 千克体重可以减少饲料费用 90 元；以年育肥增重 300 千克体重牛 60 000 头（消耗甜菜渣 70 000吨，占年产量 1%）估算，一年可以减少饲料费用 540 万元以上。故应重视甜菜干粕饲料的使用。

（六）玉米酒精蛋白（DDGS）饲料

玉米酒精蛋白（DDGS）饲料可分为干玉米酒精蛋白（DDGS）饲料和湿玉米酒精蛋白（DDGS）饲料两种，前者的含水量小于 12%，后者的含水量 70%～80%。

玉米酒精蛋白（DDGS）饲料的营养成分（以干物质为基础）：粗蛋白质 28%，消化能 9.63 兆焦/千克，钙 0.34%，磷 0.60%。

三、无公害肉牛常用的青饲料、青贮饲料

青饲料含有丰富的维生素营养物，适口性好、成本低，是肉牛的优质饲料，但是它水分含量高、易发热而变质，影响均衡使用。因此肉牛场采用青贮方法，将青饲料制作成青贮饲料常年喂牛。

（一）全株玉米青贮饲料或青玉米穗青贮饲料

在肉牛饲养全程中，肉牛饲粮包括全株玉米青贮饲料或青玉米穗青贮饲料，条件许可时采用前者。

1. 全株玉米青贮饲料的制作

（1）全株玉米青贮饲料制作的准备工作

1）青贮窖（壕）的准备　①青贮窖（壕）的形状：养牛规模较大时用青贮壕，养牛规模较小时用青贮窖。青贮窖一般为圆形，直径2～3米。青贮壕为长方形。②青贮窖（壕）的深度：青贮窖（壕）的深度要看当地地下水位，地下水位低时可以达2米，地下水位高时青贮窖（壕）的底部应在地下水位之上。根据作者实践经验，以地上青贮壕（青贮壕底建在自然地面上）较为实用，易排水、易取料、损耗少、使用率高。③青贮壕的长度、宽度：青贮壕的长度40米、50米、60米、70米不等，青贮壕的宽度4～6米较好。地上青贮壕以联体式建筑为好，既省地又省建筑费用。

2）其他物资及人员准备　①准备塑料薄膜：塑料薄膜用于封盖青贮窖（壕）。②准备添加剂：助发酵剂、尿素、水（调节水分）、干草（调节水分）。③压实设备。④劳动人员。⑤资金准备。

3）估算单位面积青玉米产量

青贮期生物产量测定　指青贮适期全株玉米地上部分（包括附着在植株上的所有叶片、植株、穗、根须）。

测产方法　五点测产法，将测量的地块任意抽测5个点；每个点测定10米^2；将10米^{2}面积内所有的青玉米割下；称重，分测穗重、植株重；丈量，丈量植株总高度、穗位高度、植株茎围。

计算产量　666.7米^{2}为1亩。

第一步计算50米^{2}内的重量（千克）。

第二步计算666.7米^{2}的理论产量（千克）：

50∶实测重（千克）＝666.7∶X

实测重量×666.7/50＝预计亩产量（千克）

第三步计算实际亩产量（千克）：

预计亩产量×85%=实际亩产量（千克）

分别计算植株重、穗重并计算两者比例。

成熟期生物产量　测定方法与青贮期生物产量相同。

经济产量（籽实产量）测定

测定方法　测定面积同青贮时测定方法；籽实产量测定：在测定面积内，记录所有的穗数；计算每穗的籽粒数；计算每亩的穗数；测定千粒重（克）。

计算产量

第一步计算每穗粒数（实测）。

第二步计算每亩籽粒数　每穗粒数乘以每亩穗数。

第三步计算每亩籽粒重　每穗籽粒重（克）乘以每亩穗数。

第四步计算每亩籽粒预计产量重（千克）

1 000 粒∶千粒重（克）=每亩籽粒数∶X

[千粒重（克）×每亩籽粒数除 1 000] ÷1 000

第五步计算实际产量：预计产量重（千克）乘系数（0.85）

4）肉牛场全年青贮饲料需要量估算　育肥牛 10 千克/(头·日)；母牛 15 千克/(头·日)。

5）估算青贮壕（窖）贮存量估算　①压实非常充分、原料水分 75%～77%，每立方米 720 千克；②压实充分、原料水分 65%～70%，每立方米 660 千克。

（2）收获期　在玉米生长期的乳熟后期、腊熟前期。中原地区、华北地区春播玉米每年的 8 月初即可收割，制作青贮饲料；麦茬玉米则在 9 月初至 9 月末。此时青贮原料的含水量大约 70%～75%，正是制作青贮饲料最好的含水量标准，如果含水量高于 80%，制作青贮饲料时要在青贮原料中添加含水量低的干粗饲料，添加干粗饲料的多少由青贮原料实际含水量而定；如果含水量低于 65%时，则应该在青贮原料中加水，加水量的多少由青贮原料实际含水量而定。用作育肥牛的青贮玉米收获期与用作奶牛青贮玉米收获期有些差别，前者要求能量多一些。

收获方式：有条件的肉牛场应采用牵引式或自走式青贮玉米专用收割机械收获，青贮原料切细长度1～2厘米，成本低、速度快；在个体或规模较小的育肥牛场，购买青贮饲料专用收割机械有一定的困难，可以购置小型青贮饲料切碎机，将整株玉米收割、运输到青贮窖边，切碎后制作青贮饲料。

（3）运输　青贮玉米收割机收获的青贮原料由辅助车辆（自卸式拖拉机）运输到青贮窖（壕），卸入青贮窖（壕）。

（4）称重　为了计算青贮饲料成本和支付青贮原料费，在青贮原料入窖前应该进行称重。

（5）青贮玉米饲料贮藏　①压实：用履带拖拉机充分压实，尽量减少青贮原料间的空气生物产量。②添加添加剂助乳酸菌发酵，改善饲料品质等。③密封：当青贮窖（壕、沟）装满、压实、铺平后，立即用塑料薄膜将青贮窖（壕、沟）密封，塑料薄膜上可再压些碎土、废轮胎或秸秆。

2. 玉米穗青贮饲料制作　此法和全株玉米青贮的不同处是，仅贮存玉米穗，不贮存玉米植株，其他制作工艺与全株玉米青贮一样。

3. 青贮原料来源　经与当地县（市）乡（镇）村农民协商，由农民种植玉米，企业收购，具体办法：

（1）制作青贮饲料前，由县（市）科技部门和乡（镇）村科技人员及企业派出人员组成测产小组，测定产量；

（2）制定玉米价，以质定价*，以产量计价；

（3）订单农业　订单农业的主要内容有：①定玉米品种；②定玉米播种面积；③定播种时间；④定收获时间；⑤不定产量（为鼓励高产）；⑥玉米价格随行就市；⑦定付款时间；⑧定违约处理条款：由企业派出收获机械收获，收获费用由企业承担；收

---

* 玉米定价，可参考当时当地玉米价，随行就市，每年定价，以质定价，以产计价。鼓励农民种植和生产高产玉米，产量越高，收入越高。

获完毕，付款。青贮饲料由育肥场采购。

4. 青贮原料（玉米） 玉米青贮原料可以分为全株玉米、青玉米穗、青玉米植株等，选择何种原料制作青贮饲料，要对当地青贮原料生产情况、社会环境进行详细的了解后再作决策。

5. 青贮饲料（玉米）**成本估算**

项目	估产	元/千克	金额(元)	元/千克(青贮玉米)
玉米	500 千克/亩	1.0	500.0	0.192 31
玉米秸	2 100 千克/亩		（玉米秸卖价包括在玉米价之内）	
主机折旧[①]				0.006 67
主机燃料费[②]				0.000 98
租用辅助车辆费[③]				0.004 00
租用履带车费[④]				0.000 22
人工费[⑤]				0.000 15
司机工资[⑥]				0.000 21
添加剂[⑦]				0.005 00
主机维修费[⑧]				0.002 22
青贮窖（壕）折旧[⑨]				0.001 86
合计				0.213 62

注[①]主机折旧 购主机 120 万元/台，折旧年数 8 年，平均年折旧费 15 万元，每年使用天数 25 天，每天使用时数 15 小时，每小时收获量 60 吨，每年收获量 22 500 吨（22 500 000 千克），每千克青贮饲料折旧费为 150 000/22 500 000＝0.006 67元。

如果租用主机，其成本估算如下：租用主车费（每亩 60 元）60/2 700＝0.022 22 元，租辅助车辆费 0.004 00 元，玉米（600 千克/亩）0.222 22 元，玉米秸（2 100 千克/亩）（在玉米中），租用履带车费 0.000 22 元，人工费 0.000 15 元，添加剂 0.005 00元，青贮窖（壕）折旧 0.001 86 元，合计 0.255 67 元。

通过上述计算，租用主机较自己购置主机的青贮饲料成本高 0.012 04 元/千克，以每年收获青贮饲料 100 000 000 千克计，自购主机每年要减少支付青贮饲料制作成本费用120.4万元。等于每年购进一台青贮收获机，这就是国外养牛企业自己购买青贮收获机的缘由。

注[②] 收获机耗油 耗油量1.2升/亩，油价2.2元/升，每亩油费2.64元（1.2×2.2=2.64），每千克青贮饲料油费2.64/2 700=0.000 98元。

注[③] 租用辅车费 每一台班租用费400元，每一台班运输青贮饲料100吨，每千克青贮饲料400/100 000=0.004 00元。

注[④] 履带车租用费 每一台班租用费400元，每一台班压实玉米青贮饲料量1 840吨，每千克青贮饲料400/184 000 0=0.000 22元。

注[⑤] 人员工资 每天用人数40人，每人每日工资20元，每日装满青贮窖数3个，3个青贮窖可贮存青贮饲料量1 840/3=5 520 000千克，每千克青贮饲料800/5 520 000=0.000 15元。

注[⑥] 司机工资 司机每日工资100元，每日工作时间8小时，收获青贮饲料量480吨，每千克青贮饲料100/480 000=0.000 21元。

注[⑦] 添加剂 添加剂为尿素，添加量为玉米青贮饲料重量的0.5%，尿素价1.0元/千克，每个青贮窖青贮饲料量1 840吨，尿素用量1 840×0.5%=9.2吨，每个青贮窖用尿素费9.2×1 000=9 200元，每千克青贮饲料9 200/1 840 000=0.005 00元。

注[⑧] 主机维修费 每年维修费5.0万元，每台每年收获青贮饲料量22 500 000千克，每千克青贮饲料50 000/22 500 000=0.002 22元。

注[⑨] 青贮窖（壕）折旧 青贮窖（壕）总投资267.4万元，折旧年限15年，每年折旧费17.9万元，每年存贮青贮饲料量96 000吨，每千克青贮饲料196 000/96 000 000=0.00 186元。

上述数据是作者实地调查资料，供参考。

6. 青贮窖（壕）的管理

（1）装窖　每一个青贮窖装料制作的时间以 24 小时内完成为好；

（2）压实　尽最大限度压实，排挤窖内空气；

（3）添加　在青贮原料中加添加剂或调节物（添加剂种类见下一节），提高青贮饲料的品质；

（4）封闭窖　装料、压实后应立即封闭窖；

（5）严实　封闭窖做到不漏气；

（6）检查　窖封闭后 3～5 天内常检查有无漏气，一旦发现，及时封闭严实；

（7）防雨淋　多雨季节防止雨水冲淋，以免青贮饲料营养的损失；

（8）防晒　夏季防止太阳暴晒，以免二次发酵造成饲料营养的损失，影响牛的采食量。

7. 青贮饲料添加剂　可用作青贮饲料添加剂的种类较多，各种添加剂的名称和特点见常用数据便查表 9。

8. 青贮饲料保管及启用

（1）青贮壕封密以后的管理技术　①青贮壕封密以后 1～10 天内，设专人每天检查有无漏气处。②青贮壕封密以后 10～30 天，设专人不定时检查有无漏气处。③青贮壕封密 30 天以后，设专人经常检查有无漏气处或其他异常。

（2）青贮壕的启用及管理　①从一端开始使用。②将一端的塑料布掀开，除去塑料上的污物。③视用量多少，将塑料布逐渐打开。④取料以后用塑料布遮挡青贮饲料断面，并把塑料布压实。⑤防止雨淋、风吹、太阳晒。⑥地下或半地下青贮壕设地漏，有积水时要及时由地漏处抽走。⑦及时清除变质废用的青贮料，保持壕底清洁。⑧使用中遇特殊情况需要中途停用时，应该将青贮饲料的断面封严，以不漏气为原则，并加盖草帘。

（二）玉米秸秆黄贮

玉米秸的黄贮是指收获玉米穗（玉米轴）后的玉米秸秆采用青贮原理贮存，制作工艺、方法类似全株玉米青贮，但应注意以下几点：①调节水分含量至70%～75%；②尽量切碎（长度为0.5～1.0厘米）；③充分压实；④24小时内必须封窖（壕）；⑤添加发酵剂，帮助发酵。

（三）其他青贮饲料

野生草类常常用来制作青贮饲料。制作工艺、方法类似全株玉米青贮。

四、无公害肉牛常用的糠麸饲料

（一）小麦麸

麦麸是麦类加工面粉后剩余物的通称。在育肥牛日粮中常用的麦麸饲料为小麦麸，俗称麸皮。麦麸是中原地区牛的主要饲料，多利用秸秆、麦麸加水在食槽内搅拌后任牛采食，其实此法并不科学，但是已在当地形成习惯。麦麸饲料有含磷多、具有轻泻性的特点，因此在利用麦麸饲料时要牢牢记住它的特性。

在架子牛经过较长时间的运输到达育肥场时，笔者常在清水中加麦麸（为水量的5%～7%），供牛饮用，一连3天，对恢复架子牛的运输疲劳很有作用；在架子牛经过较长时间的运输到达育肥场后的5～7天，在喂牛的配合饲料中麦麸比例达30%左右，有利于架子牛轻泻去“火”，排除因运输应激产生的污物，并对尽快恢复正常采食量有积极作用。

但是麦麸饲料在架子牛的育肥后期饲喂量不能过大，主要原因是麦麸富含磷及镁元素，当牛进食过量磷及镁元素后，会导致育肥牛尿道结石症。在催肥后期（100天）麦麸饲料在育肥牛日粮中的比例以10%左右为好。

（二）米糠

米糠是碾制大米的副产品，因加工方法不同，米糠可分为细米糠和粗米糠，细米糠为去稻壳的糙米碾制成精白米的副产品，粗米糠则是未去稻壳加工精白米的副产品，并有脱脂米糠和未脱脂米糠之分。在饲喂育肥牛时以脱脂米糠较好，因为未脱脂米糠含脂肪量较多，当育肥牛采食较多量的未脱脂米糠后，会导致育肥牛腹泻、胴体脂肪松软、胴体品质下降。为避免此后果的产生，在配制日粮配方时以5%的比例比较安全。未脱脂米糠还有一个缺点，就是不易长期保存，因为未脱脂米糠极易发酵变质、产生哈喇味，影响适口性。

（三）大豆皮

大豆皮是采用去皮浸提油脂加工大豆的副产品，这是近几年新增加的糠麸饲料。无须加工便可喂牛，育肥牛喜欢采食。

大豆皮的成分：干物质90%，粗蛋白质12%，粗纤维38%。

用大豆皮饲喂育肥牛的效果：据一些试验研究报道，在育肥牛高粗料日粮时的大豆皮饲养效果要好于高精料日粮，但当精饲料含量达到50%时，用大豆皮饲养的育肥牛平均日增重、增重效率就不如高精料。

（四）玉米胚芽饼

玉米胚芽饼是玉米的胚芽榨取玉米油以后的副产品，味香，育肥牛十分喜欢采食。无须加工就可以和其他饲料搅拌均匀后喂牛。

（五）玉米皮

玉米皮是玉米制造淀粉、酒精时的副产品。玉米皮具有较高能量、价格便宜的优点，但是在使用时必须注意去除含铁杂物。

五、无公害肉牛常用的能量饲料

常用于无公害肉牛的能量饲料的特点：一是含淀粉等无氮浸出物多，占饲料含量（干物质为基础）的70%～80%，牛对于能量饲料的消化率较高；二是含蛋白质较少，仅占饲料含量（干物质为基础）的9%～12%；三是含粗纤维少，只占饲料含量（干物质为基础）的2%～8%；四是能量饲料矿物质含量中钙含量少、磷含量多；五是能量饲料中维生素A、维生素D含量极少。常用于无公害肉牛的能量饲料有玉米、大麦、高粱等。

（一）常用于无公害肉牛的能量饲料

1. 玉米 从提供能量的角度比较各种饲料，玉米是育肥牛最好的能量饲料，它富含淀粉、糖类，是一种高能量、低蛋白饲料。饲料玉米依其颜色可分为黄色和白色两种，黄玉米、白玉米的营养成分含量略有差别。黄色玉米含有较多的叶黄素，叶黄素和牛体内脂肪有极强的亲和力，两者一旦结合，就很难分开，将白色脂肪染成黄色，降低了牛肉品质，因此不能长期、大量饲喂黄玉米。

在优质无公害肉牛饲养中如何更好、更有效地利用玉米，过去、当前及今后都是肉牛工作者研究的重点。到目前为止，我国对玉米的利用以粉状玉米喂牛为唯一。在国外有很多成功的经验可供我们借鉴，他们试验研究了很多种利用玉米粒喂牛的形式：玉米粒粉碎、玉米粒压碎、玉米粒磨碎、玉米粒压成片、玉米粒湿磨、带轴玉米粉碎、带轴玉米切碎、全株玉米青贮、整粒玉米、高水分（含水量26%～30%）玉米粒贮存等，在不同条件（玉米粒价格、人员工资水平、育肥牛生产目的等）下都取得了实效。以下就今后我国育肥牛利用玉米粒的有效方法提出本人的意见，仅供参考。

国内国外玉米的使用、肉牛利用玉米粒，大概有以下几种形式：

据报道我国年产玉米、8 000 多万吨，60%以上用于畜禽饲料。这 8 000 多万吨玉米有很多品种，营养成分亦有较大的差别，据中国农业大学宋同明报道农大高油玉米品种和其他普通玉米品种的成分含量见表 5-2 和表 5-3。

表 5-2　高油玉米和普通玉米的成分

玉米品种	含油量（%）	蛋白质含量（%）	赖氨酸含量（%）
普通玉米（农大 60）	3.83	9.13	0.26
高油 1 号	8.20	11.14	0.32
高油 2 号	8.62	11.50	0.31
高油 4 号	8.07	9.72	0.31
高油 7 号	7.95	9.54	0.31
高油 8 号	9.50	9.64	0.32

资料来源：蒋洪茂，《肉牛高效育肥饲养与管理技术》，2003。

表 5-3　普通玉米和高油玉米成分的比较

玉米品种	含油量（%）	蛋白质（%）	赖氨酸（%）	粗能（兆焦/千克）	胡萝卜素（毫克/千克）
普通玉米	4.3	8.6	0.24	16.723 4	26.3
高油 1 号	6.0	9.6	0.26	17.664 8	26.7
高油 2 号	8.5	8.9	0.25	18.091 6	28.5
高油 3 号	11.3	10.3	0.28	18.752 7	34.0
高油 4 号	13.0	11.4	0.30	19.535 1	31.5

资料来源：蒋洪茂，《肉牛高效育肥饲养与管理技术》，2003。

从表 5-2 和表 5-3 的资料可以看到玉米的品种不同，所含营养成分的差别极大，尤其是油分的含量，差别高达 1 倍以上。用于养牛的玉米含有较多油分，能量就高，饲用价值就高，用同等重量、不同品种的玉米喂牛会有不同的饲养效果及不同的经济效益，因此在采购玉米喂牛时要挑选品种。利用玉米的方法有以下几种。

（1）粉状　目前我国肉牛利用玉米粒以粉碎为主，但是对玉米粒粉碎细度没有标准，普遍认为玉米粉碎越细，牛的消化越高，这是一种误解。玉米粒磨碎的粗细度不仅影响育肥牛的采食量、日增重，也影响玉米本身的利用效率及肉牛饲养总成本。据布瑞瑟氏介绍用辊磨机粉碎（细度为 2.00 毫米、0.30～1.00 毫米两种）和锤片机粉碎（细度为0.50毫米、2.00毫米两种）粉碎同一种饲料喂牛，由于饲料粗细不同，饲喂育肥牛以后得到的效果有较大的差异（表5-4）。

表5-4 不同粉碎细度精饲料喂牛效果

机器类别	辊磨机		锤片机	
粗细度	粗粉碎	细粉碎	粗粉碎	细粉碎
采食量（%）	100	90	100	85
增重（%）	100	100	100	90
饲料转化效率（%）	100	90	100	100

资料来源：蒋洪茂，《肉牛高效育肥饲养与管理技术》，2003。

从表5-4不难看出，玉米粒用辊磨机粉碎，粗粉碎时牛的采食量和饲料转化效率要比细粉碎时提高10个百分点；玉米粒用锤片机粉碎，粗粉碎时牛的采食量和饲料转化效率要比细粉碎时提高10～15个百点。细粉碎后饲料转化效率低的原因是由于精饲料粉碎过细，在瘤胃内被降解的比例提高了，被牛利用的比例就低，因而饲料的经济性和牛的增重都受到了不利的影响。

饲料粉碎过细会造成育肥牛采食饲料量的下降，原因是由于饲料的适口性下降。育肥牛采食较粗精饲料量比采食较细粉末饲料量要高一些。因此，在目前条件下我国肉牛饲养场，喂牛的玉米粉碎的细度（粉状料的直径）以2.00毫米为好。

（2）玉米压片　采用压片玉米粒喂牛已在国外广泛利用近30年，近年来有更多的肉牛饲养场采用压片玉米喂牛。压片玉米可分为几种类型：干燥玉米（含水量12%～14%）压片；蒸气（温度100～105℃、含水量20%～22%）压片玉米。

1）育肥牛饲喂蒸汽压片玉米时的好处

①玉米结构中所含有的淀粉受高温高压作用而发生糊化作用，玉米淀粉糊化作用致使糊精和糖的形成，使玉米变得芳香有味，因而提高了适口性。

②玉米淀粉糊作用，使淀粉颗粒物质结构发生了变化，消化过程中酶反应更容易，可提高玉米饲料的转化率7%～10%。

2002年12月我们进行了玉米压片试验：

试验条件　第一次：蒸汽温度80～90℃；在玉米进入蒸煮锅处理前1.5～2小时，玉米粒喷水软化；玉米未破碎、热蒸汽隔离接触。

第二次　玉米破碎程度3～5块/粒；整粒玉米热蒸汽直接接触；破碎玉米热蒸汽直接接触。

作者取得的试验结果见表5-5。

表5-5　不同玉米压片方法结果

玉米处理方法	糊化度（%）	备　注
喷水软化　热蒸汽直接接触（整粒）	50.0	处理时间45分钟
喷水软化　热蒸汽直接接触（破碎）	55.1	处理时间45分钟
喷水软化　热蒸汽直接接触（破碎）	58.5	处理时间45分钟
喷水软化　热蒸汽直接接触（破碎）	60.7	烘干
喷水软化　热蒸汽隔离接触（整粒）	26.7	处理时间25分钟
喷水软化　热蒸汽隔离接触（整粒）	27.6	处理时间35分钟
喷水软化　热蒸汽隔离接触（整粒）	27.3	处理时间45分钟
喷水软化　整粒	7.04	未处理
喷水软化　破碎	7.50	未处理

③玉米淀粉糊化作用减少了甲烷的损失，而增加6%～10%的能量滞留，可提高育肥牛的增重5%～10%；同样年龄的牛犊，达到体重300千克，采用磨碎玉米时需要240天，而采用蒸汽压片玉米时可减少30天。

④ 玉米淀粉糊化作用减少了瘤胃酸中毒的概率。

⑤ 蒸汽压片玉米的吸水率提高了5%～8%。

⑥ 玉米用蒸汽压片以后改变了形状，增加了与牛消化液接触面积，可提高饲料的消化率6%。

⑦ 玉米蒸汽压片的生产成本较低。

⑧ 新生牛犊饲喂蒸汽压片玉米后，死亡率减少4～5个百分点。

⑨ 在肉牛的配合饲料中采用蒸汽压片玉米后，兽药费用下降60%。

2）蒸汽压片玉米的厚度　普遍认为0.79～1.0毫米较好。

3）蒸汽压片玉米制作工艺过程

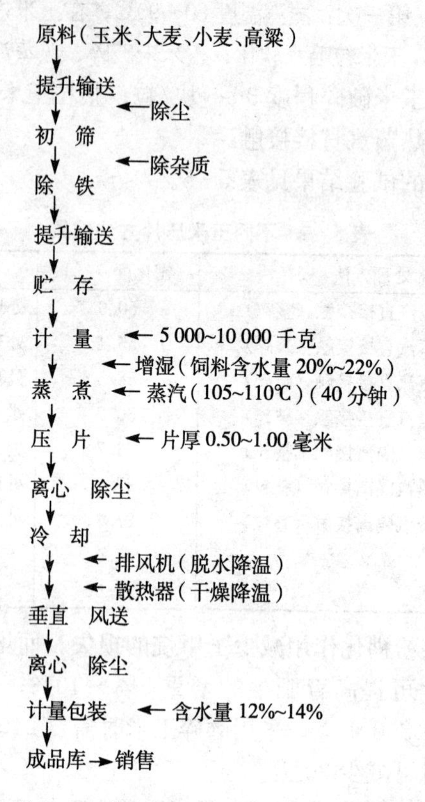

图 5-1 蒸汽压片玉米制作工艺过程图

4）蒸汽压片玉米加工成本

① 设备折旧费：设备成本（国产）50 万元；折旧年限 15 年，每年折旧费 3.33 万元；年生产压片饲料 17 000 吨；每吨饲料折旧费 1.941 2 元。

② 土建（1 000 米）成本 60 万元；折旧年限 15 年，每年折旧费 4.0 万元；年生产压片饲料 17 000 吨，每吨饲料折旧费 2.352 9 元。

③ 工资：40 人（月工资 1 000 元/人），每吨饲料担负

6.666 7元。

④ 电费：50 千瓦×16 小时＝800 千瓦时，800×300（天）＝240 000 千瓦时，240 000 千瓦时×0.65（元/千瓦时）＝156 000元，每吨饲料担负 156 000/17 000＝9.176 5 元。

⑤ 水费：每吨饲料担负 0.100 0 元。

⑥ 银行利息：设备利息每吨饲料担负 7.866 7 元。

⑦ 流动资金利息：每吨饲料担负 6.000 0 元。

总计每吨饲料担负费用 34.104 0 元；每千克饲料的成本费为 0.034 1 元。

5）玉米蒸汽压片的厚薄和喂牛效果　经科学工作者试验研究证明，玉米蒸汽压片的厚度会影响育肥牛的采食量，继而影响育肥牛的增重以及饲料报酬（表 5－6）。用厚度小于 1 毫米的压片玉米喂牛时，育肥牛平均日增重 1 280 克，比厚度 2 毫米玉米片、6 毫米玉米片分别提高增重、4.07%、6.67%；用厚度小于 1 毫米的玉米薄片喂牛时，每增重 1 千克体重的饲料（干物质）需要量为 5.60 千克，比厚度 2 毫米玉米片、6 毫米玉米片提高利用效率分别为 2.78%、3.62%，因此在实际工作时，蒸汽压片玉米的厚度应选择小于 1 毫米。

表 5－6　玉米蒸汽压片饲料的厚度与喂牛效果

项　目	小于 1 毫米	2 毫米	6 毫米
试验牛数	14	14	14
开始体重（千克）	220	219	222
结束体重（千克）	428.6	419.5	417.6
平均日增重（克）	1 280	1 230	1 200
平均头、日采食干物质（千克）	5.60	5.76	5.81
饲料报酬（干物质、千克）	6.10	6.70	6.90

资料来源：蒋洪茂，《肉牛高效育肥饲养与管理技术》，2003。

6）我国应用玉米蒸汽压片概况　①设备：国产主要设备（压辊）已经在江苏省无锡市华圻粮油机械厂成批生产；②饲养效果：见本书第七章第二节。

（3）玉米湿磨　湿磨玉米是玉米在饲料应用中的新成果。

1）湿磨玉米的成分　湿磨玉米成分见表5-7。

表5-7　湿磨玉米的成分

成　分	玉米面筋粉	玉米面筋饲料	玉米胚芽饲料	玉米浸泡液
蛋白质（%）	60.0	21.00	22.00	25.00
脂肪（%）	3.0	3.60	1.00	—
粗纤维（%）	3.0	8.40	12.00	0.00
叶黄素（毫克/千克）	496.0	—	—	—
钙（%）	0.07	1.00	0.04	0.14
磷（%）	0.48	1.00	0.30	1.80
总消化养分	80.00	89.00	67.00	4.00
净能值（干物质基础）				
生长	5.530 4	5.446 7	4.148 0	—
维持	8.203 6	8.203 6	6.452 1	—

资料来源：蒋洪茂，《肉牛高效育肥饲养与管理技术》，2003。

2）湿磨玉米的特性　湿磨玉米饲料分玉米面筋粉、玉米面筋饲料、玉米胚芽饲料、玉米浸泡液几种，各有特点：

① 玉米面筋粉：玉米面筋粉是玉米在湿磨加工过程中被分离的谷蛋白和在分离过程中没有被完全回收的少量淀粉、粗纤维。粗蛋白质含量高达60%，蛋氨酸、叶黄素的含量都较高。在使用玉米面筋粉饲料饲喂育肥牛时，适量添加，尤其是在育肥结束前100天左右应停止饲喂玉米面筋粉或限量饲喂。

② 玉米面筋饲料：玉米粒经过湿磨加工工艺生产玉米淀粉、玉米淀粉衍生物以后的剩余产物。粗蛋白质含量达20%左右。

③ 玉米胚芽饲料：玉米粒经过湿磨加工工艺提取的玉米胚芽、次玉米胚芽榨取油后的剩余物，粗蛋白质含量达20%左右。

④ 玉米浸泡液：玉米浸泡液是浸泡玉米粒的溶液。溶液中含有较多的可溶性物质，如维生素B族、矿物质、一些未确定的促生长物质。溶液浓缩后可形成固形物。玉米浸泡液的干物质含量4%左右。

3）湿磨玉米的喂牛效果　玉米面筋饲料蛋白质的过瘤胃率可达60%，在一次用育肥牛34头饲喂150天的试验结果见表5-8。

表5-8　不同比例湿磨玉米饲料喂牛效果比较

项　目	湿磨玉米面筋饲料（%）					
	10%青贮玉米浓缩液	10%青贮玉米	无玉米青贮	10%青贮玉米	无玉米青贮	无玉米青贮
日增重（克）	1 239	1 339	1 317	1 259	1 326	1 217
干物质采食量（千克）	7.90	8.81	8.54	8.85	8.58	8.08
饲料/增重	6.40	6.57	6.48	7.04	6.47	6.64
屠宰率（%）	63.50	63.60	64.50	63.80	64.10	63.40
胴体质量等级*	9.77	9.52	9.77	9.58	10.31	8.80
胴体产量等级	2.79	1.76	2.77	2.70	3.13	2.49
内脏不适率（%）						

*　9上好；10较好；11好。

资料来源：蒋洪茂，《肉牛高效育肥饲养与管理技术》，2003。

由表5-8显示，用50%的湿磨玉米面筋饲料加10%的青贮饲料饲喂效果较其他湿磨玉米面筋饲料和青贮玉米比例要好。

玉米面筋饲料喂牛的效果在另一个饲养中的结果见表5-9。

表5-9　湿磨玉米饲料和其他饲料喂牛效果比较

项　目	玉米-豆饼	玉米-尿素	湿玉米-湿磨玉米	干玉米-湿磨玉米
开始体重（千克）	327.8	328.7	326.9	327.3
结束体重（千克）	479.0	468.5	484.4	479.9
日增重（克）	1 330	1 267	1 380	1 348
头、日、采食量（千克）	8.14	7.77	8.80	9.47
饲料/增重	6.13	6.37	6.37	7.01
胴体重（千克）	298.7	287.8	304.6	302.8
屠宰率（%）	62.40	62.49	63.05	63.47
胴体产量等级	3.71	3.63	3.50	3.80
胴体质量等级	10.52	10.03	10.36	10.39

资料来源：蒋洪茂，《肉牛高效育肥饲养与管理技术》，2003。

由表5-9看出，湿玉米-湿磨玉米、干玉米-湿磨玉米配合饲料喂牛的效果比玉米-豆饼、玉米-尿素配合饲料好，表现在日增重、头日采食量、屠宰率等项。

4）湿磨玉米的工艺

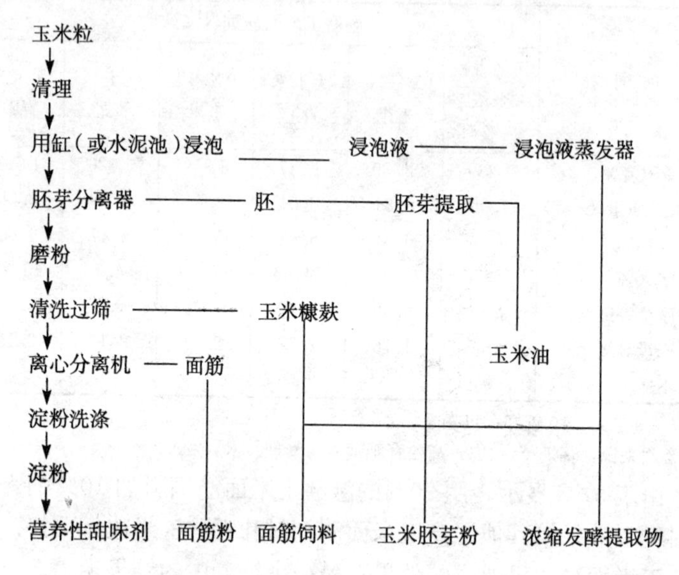

图5-2　湿磨玉米的生产工艺示意图

（4）高水分玉米利用　玉米含水量达30%以上称为高水分玉米。

玉米是育肥牛的优质能量饲料，但是对玉米进行不同的加工后喂牛，会产生不同的饲养结果（表5-10）。以玉米薄片（蒸）的效果最好。用蒸汽压玉米薄片饲喂育肥牛时，比用玉米粒喂牛时平均日增重提高6.43%，每增重1千克体重的饲料干物质需要量减少了0.56千克；比用玉米粒（蒸）喂牛时平均日增重提高1.17%，每增重1千克体重的饲料干物质需要量减少了0.73千克，用蒸汽玉米薄片饲喂育肥牛效果显著。

表 5-10 玉米加工方法和养牛效果

项　　目	玉米粒	蒸玉米粒	蒸玉米薄片
试验牛头数	41	41	40
试验天数	221	221	221
开始体重（千克）	190.0	194.2	192.1
结束体重（千克）	440.9	458.0	459.0
平均日增重（克）	1 135	1 194	1 208
头、日、采食（干物质量、千克）	7.01	7.59	6.71
饲料报酬（干物质、千克）	5.62	5.79	5.06

资料来源：蒋洪茂，《肉牛高效育肥饲养与管理技术》，2003。

玉米是育肥牛的优质能量饲料，但黄玉米由于其含有较多的叶黄素，多量饲喂会导致肉牛体内脂肪变黄而降低牛肉品质和销售价格，因此在育肥后期要控制用量，尤其是高档肉牛育肥时更要注意。

2. 大麦 大麦籽实是生产高档牛肉的极优质能量饲料，在育肥期结束前 120～150 天每头每天饲喂 1.5～2.0 千克会获得极好的效果。大麦籽实与玉米籽实不同，用来作饲料的大麦籽实外面包有一层质地坚硬并且粗纤维含量较高的种子外壳颖苞，整粒大麦饲喂牛时，在牛粪中可以看到较多的整粒大麦。大麦的加工方法有蒸汽压扁法、切割法、粉碎法、蒸煮法多种。我国目前利用大麦的方法为粉碎法、蒸煮法，但以蒸汽压片法、切割法能够获得更好的饲养效果。

(1) 大麦的特性 据分析测定，脂肪含量低、饱和脂肪酸含量高是大麦作为饲料的两大特性，为其他饲料不能替代。在育肥牛的后期饲喂大麦，可以获得洁白而坚挺的牛胴体脂肪。机理是：①大麦成分中脂肪的比例较低，仅为 2%，淀粉的比例却较高，并且此淀粉可以直接变成饱和脂肪酸。②牛瘤胃在代谢大麦过程中能把不饱和脂肪酸加氢变成饱和脂肪酸，饱和脂肪酸颜色洁白且硬度好，因此牛屠宰后胴体脂肪颜色白且坚挺。大麦本身又富含饱和脂肪酸，叶黄素、胡萝卜素的含量都较低。故在育肥牛屠宰前120～150天每头每天饲喂1.5～2.0千克大麦能提高胴体和牛肉品质，为其他饲料所不能取代。

(2) 大麦饲喂肉牛的效果　玉米、大麦、燕麦、小麦等都可以用来作育肥牛的精饲料，但是由于加工方法的差异，饲养和经济效益也不同。将玉米、大麦、燕麦、小麦采用不同加工方法和不同搭配饲喂肉牛，结果见表5-11。

表5-11　大麦和其他饲料喂牛效果比较　　单位：千克、克

饲料种类	加工方法	始重	日增重	日采食谷物量	饲料报酬率
1/3燕麦	整粒燕麦	452.6	876	6.58	7.56
2/3整玉米	粗磨碎燕麦	452.6	935	6.63	7.10
	中磨碎燕麦	450.8	958	6.63	6.95
	细磨燕麦	451.7	885	6.63	7.49
大麦	整粒大麦	314.6	962	6.72	7.00
	细磨大麦	311.9	102 2	5.68	5.54
小麦与玉米混合	整粒小麦	255.1	981	6.54	6.68
	磨碎小麦	251.5	835	4.36	5.23
	磨碎小麦1/2 整粒玉米1/2	252.9	116 7	5.99	5.13

资料来源：蒋洪茂，《肉牛高效育肥饲养与管理技术》，2003。

上面的试验数据表明，大麦细磨碎后喂牛的效果好于整粒大麦喂牛；磨碎小麦与整粒玉米混合后喂牛要比饲喂整粒小麦、磨碎小麦的增重效果好。

3. 高粱　在国外高粱被用作育肥牛饲料的时间已经很长，被利用的品种也很多，但在我国利用高粱喂牛较少，原因：一是高粱亩产水平低，因此种植面积少、总产量少；二是由于酿酒业用量大；三是资源短缺造成价格高；四是高粱含有较多有苦涩味的丹宁，影响了适口性。虽然高粱作育肥牛饲料有些缺陷，但是高粱仍由于其富含能量，为育肥牛的上好饲料。用高粱喂牛时必须要进行加工，不能整粒饲喂，加工方法有碾碎、裂化、粉碎、挤压、蒸汽压片（扁）。为什么高粱必须经加工后才能喂牛，由

于受加工的作用，既破坏了高粱成分中淀粉的结构，也破坏了高粱胚乳中蛋白质与淀粉的结合，使得高粱的适口性得到改善，同时还可以提高营养价值15%。

不能单一用高粱喂牛，必须与其他能量饲料搭配，与其他饲料配合喂牛才会获得较好的效果，如与玉米搭配喂牛效果较好（表5-12）。

表5-12 高粱与玉米配合喂牛效果

项　目	100%高水分玉米	买罗高粱25%，玉米75%	买罗高粱50%，玉米50%	买罗高粱75%，玉米25%	买罗高粱100%,玉米0%
日增重（克）	1 362	1 430	1 430	1 453	1 412
饲料报酬率（%）	2.751	2.546	2.656	2.642	2.878

资料来源：蒋洪茂，《肉牛高效育肥饲养与管理技术》，2003。

买罗高粱75%、玉米25%配合比例喂牛时增重效果较好；买罗高粱25%、玉米75%配合比例喂牛时饲料报酬较好。

（二）能量饲料的加工方法

1. 粉碎法 使用锤片式机械将玉米、大麦、高粱击碎成粉状，这是我国目前养牛场用得最多的方法。

磨碎法 使用辊磨式机械将玉米、大麦、高粱磨、碾碎成粉状。据试验，育肥牛对高粱粒的细度有较强反应（表5-13）。

表5-13 高粱破碎细度与养牛效果

机　　别	辊　磨　机		锤　片　机
粗细度	粗粉碎2毫米	细粉碎0.3毫米	细粉碎0.5毫米
采食量（%）	100	90	85
增重（%）	100	100	90
饲料报酬率（%）	100	90	100

资料来源：蒋洪茂，《肉牛高效育肥饲养与管理技术》，2003。

生产实践证明，能量饲料破碎的细度过细，提高了在瘤胃内的降解率，不到饲料消化吸收部位能量就被耗尽，从而降低了饲料的利用效率。另外，能量饲料破碎粒度过细，还会降低育肥牛的采食量。

2. 膨化法 膨化法是将玉米、大麦、高粱等能量饲料放在一容器内，加热加压，饲料在高温高压下软化膨胀，当其喷出来时饲料松软、芳香可口。这样加工的饲料适口性好，提高了育肥牛的采食量，又因在加热加压过程中饲料中的淀粉被糊化，提高了育肥牛对饲料的消化率。

3. 微波化法 微波化法是将玉米、大麦、高粱等能量饲料放在能够产生由红外线发生器产生的微波，将能量饲料加温达140℃以上，再送入辊轴，压成片状。饲料在红外线微波作用下，内部结构发生变化，可提高育肥牛饲料的消化率。

4. 湿磨法 见本章玉米加工部分。

5. 烘烤法 烘烤法是将玉米、大麦、高粱等能量饲料放在专用的烘烤机器内加温，烘烤温度为135～145℃。经过烘烤的玉米、大麦具有芳香味，育肥牛的采食量有显著的增加。

6. 颗粒化法 颗粒化法是将玉米、大麦、高粱等能量饲料先粉碎，而后通过特制制粒机制成一定直径的颗粒。此法可依据育肥牛的体重大小压制成直径大小不等的颗粒饲料，还可以在压制颗粒过程中添加其他饲料，提高颗粒料的营养价值。育肥牛采食颗粒料量要大于其他饲料量。

7. 压扁法 能量饲料压扁方法，分为干压扁和蒸汽压片。

（1）*干压扁* 干压扁是将玉米、大麦、高粱等能量饲料装入锥状转子的压扁机，被转子强压碾成碎片，压扁机后续工程又将大片状饲料打成小片状饲料。前人用玉米做消化试验，获得如下结果：整粒玉米65%，粉碎玉米71%，碾压片玉米74%。说明碾压片玉米的消化率高于整粒玉米和粉碎玉米。

（2）*蒸汽压扁* 见本章玉米加工部分。

（三）能量饲料料型和喂牛效果

在生产实践中用来喂牛的能量饲料料型有细粉状、压片（扁）状、颗粒状几种，我国目前以细粉料型为主，颗粒料极少，加入WTO以后，压片（扁）状饲料有可能很快替代另两种料型。现汇集多方面资料，试比较各种料型喂牛效果的优缺点，供参考。

1. 细粉料型饲料 细粉料型饲料是我国传统饲料，将能量饲料粉碎而成，生产设备较简单、生产成本较低是其优点。细粉状饲料的缺点是饲料成粉末后，不利于牛采食，易造成牛的厌食而降低牛的采食量，育肥牛采食不到应有量，既影响牛的增重，又增加了牛的饲养成本。

2. 颗粒状饲料 把能量饲料首先粉碎，而后制成颗粒料，颗粒状料的优点如下。

（1）*对饲料加工厂* 便于变更饲料配方；有利于运输和降低运输成本；改善了饲料中一些营养物质的利用率；便于包装和贮存；减少了有毒有害细菌的侵入；更大程度上保证饲料产品的优质；便于在饲料内添加微量元素、维生素、保健剂、抗氧化剂；减少尘埃。

（2）*对肉牛饲养场* 便于运送、贮存、保存；减少了饲料的损耗量；有利于饲料的分配；改善了牛场的卫生条件。

（3）*对育肥牛* 提高了育肥牛采食量；杜绝了牛挑剔饲料的毛病：提高了饲料的消化率、转化率；提高了增重速度。

（4）*颗粒饲料也有缺点，主要表现在* 制作颗粒饲料的设备成本要比制作粉状饲料设备的成本高18%～20%；制作颗粒饲料的成本要比制作粉状饲料的成本高8%～9%；育肥牛饲喂颗粒饲料后，提高育肥牛的增重不多，仅为0.5%～1.7%；制造颗粒饲料消耗能源（电）量大；造粒模型易损坏。

3. 蒸汽压片饲料

（1）*蒸汽压片饲料的优点*　育肥牛对蒸汽压片（扁）饲料的消化率提高6%；饲喂蒸汽压片饲料提高育肥牛的增重5%～10%；育肥牛对蒸汽压片饲料的转化率提高7%～10%；饲喂蒸汽压扁饲料降低育肥牛的饲料成本8%～10%。

（2）*蒸汽压片饲料的缺点*　蒸汽压片饲料的最大缺点是一次性投资量大，年产10万吨压片（扁）饲料的设备50万～60万元，规模经营的牛场才能采用，但它却是今后肉牛饲料的主体。

六、无公害肉牛常用的蛋白质饲料

（一）棉籽饼

棉籽饼是带壳棉籽经过榨油后的产品。笔者在以往的饲养实践中体会到棉籽饼既具有蛋白质饲料的特性（含粗蛋白质24.5%），又具有能量饲料的特性（代谢能8.45兆焦、维持净能4.98兆焦、增重净能2.09兆焦），它还具有粗饲料的特性（含粗纤维23.6%）。由于棉籽饼含有较高的粗纤维，故在养猪生产中不可能较多利用（在日粮配方中只占5%～7%），在养鸡生产中用量更低（3%以下），但是棉籽饼却是育肥牛的优质蛋白质饲料，而且在育肥牛的日粮中可以大量搭配，因此在养殖业中棉籽饼是一种非竞争性饲料。

1. 棉籽饼的使用方法　棉籽饼的使用方法，有浸泡法、粉碎法，各地方法不一。

（1）*浸泡法*　用棉籽饼喂牛，先将棉籽饼用水淹没浸泡4小时以上，喂牛时把水溶液倒掉，使用此法者认为通过浸泡可以去掉棉籽饼中的毒素，其实此法并不可取：其一，棉籽饼用水淹没浸泡时会有一部分水溶性营养物质溶解到水中，废弃水溶液，等于废弃了棉籽饼的部分营养物质，降低了棉籽饼的使用价值，致使育肥牛的饲料成本增加；其二，浸泡后的棉籽饼再与其他饲料搅拌混匀难度很大；其三，在温度较高时浸泡棉籽饼易发酵变酸，降低牛的采食量，延长了牛的育肥期。

（2）*粉碎法* 将棉籽饼用粉碎机械粉碎。此法也有不可取之处：其一，因棉籽饼带有部分棉絮（棉籽上带的），经粉碎后，棉籽饼变得体积松散、松软成团，很难与其他饲料搅拌均匀，往往浮在配合饲料的表面；其二，部分棉絮会侵害牛鼻孔，诱发牛的呼吸系统疾病。

笔者使用棉籽饼时既不浸泡，也不粉碎，而是直接将棉籽饼与其他饲料混合制成配合饲料喂牛，曾在北京、山东、吉林、新疆、河北、安徽、山西等省（自治区）广泛使用，取得很好的效果。

2. 对育肥牛使用棉籽饼的误解 育肥牛使用棉籽饼，以前曾有两点主要的担心：一是棉籽饼中的棉酚对育肥牛的毒害；二是育肥牛饲喂棉籽饼后，牛肉中会不会累积棉酚而影响人的健康。为此笔者做了一些有关工作。

（1）*棉籽饼喂牛实践证明效果极好*

1）1984 年 7—8 月份间 在北京市窦店村第一农场养牛场，养牛 35 头，当时的棉籽饼价格只有玉米价格的 1/5，为了养牛赢利，少用或不用玉米饲料，仅用棉籽饼及小麦秸，每日每头饲喂棉籽饼 7～8 千克，饲养期接近 2 个月，在饲养期内不仅没有发现病牛，牛出栏时膘肥体壮，毛色光亮。

1983—1990 年窦店村用棉籽饼作为蛋白质饲料育肥架子牛 15 000 余头，没有发现一头棉籽饼中毒病牛。

2）1990—1991 年 在北京市望楚村农场肉牛育肥场，养牛 121 头，由体重 180 千克开始育肥，育肥牛体重育肥期长达 16 个月，当育肥牛体重达 580 千克时结束，育肥期内肉牛的饲料配合比例中棉籽饼的比例为 25%～35%（棉籽饼价格低于玉米），在长达 16 个月中没有发现中毒病牛，121 头牛都屠宰，逐头检查心脏、肝脏、肺脏、脾脏、胃、肠、肾脏、膀胱，都正常，没有发现异常。

3）1995 年 9—10 月份　在北京通县一育肥牛场，该育肥牛场养牛 200 头，体重 280 千克左右，育肥期没有玉米饲料，笔者以棉籽饼为主，编制配合饲料配合比例表，配方如下（干物质为基础）：棉籽饼 58.0%、青贮玉米 22.3%、醋糟 19.7%、外加石粉 0.1%、食盐 0.2%。

经过 40 天的饲养，无一头牛发生棉酚中毒，并获得较好的饲养效果。

增重情况：饲养初期牛体重为（281.28±34.47）千克，40 天后体重为 307.88 千克，净增重 26.6 千克，平均日增重为 715 克。

饲料消耗：在 40 天饲养期内，共消耗棉籽饼（自然重，下同）31 780 千克、青贮玉米料 41 120 千克、醋糟 36 400 千克、食盐 266 千克、石粉 120 千克。平均每头牛每天采食棉籽饼 3.972 5 千克、青贮玉米料 5.14 千克、醋糟 4.55 千克。

饲料采食量：以饲料干物质为基础：7.05 千克，占育肥牛活重的 2.51%。

以饲料自然重为基础：13.71 千克，占育肥牛活重的 4.88%。

饲料报酬：200 头牛在 40 天饲养期里，每增重 1 千克活重，饲料消耗量（自然重，下同），棉籽饼 5.56 千克，青贮玉米料 7.19 千克，醋糟 6.36 千克。

育肥牛增重的饲料成本：育肥牛增重 1 千克体重的饲料费用为 10.84 元（棉籽饼 1.30 元/千克、青贮玉米料 0.43 元/千克，醋糟 0.08 元/千克、食盐 0.16 元/千克、石粉 0.20 元/千克）。

4）1997 年 10 月至 1998 年 8 月在山东泗水县用棉籽饼为蛋白质饲料（20%）饲喂育肥牛 121 头，全部屠宰未发现一例病牛。

5）2000年7月至2001年8月北京市郊区一牛场用15%～20%比例的棉籽饼喂养育肥牛821头，饲养期没有发现棉籽饼中毒现象，屠宰后内脏也无病变。

从以上的资料可以证明，棉籽饼无须处理即可饲喂育肥牛，安全可靠，对牛也不会产生毒害。

（2）牛肉中的棉酚含量　棉酚危及人的健康，人人害怕，虽然从以上养牛的实践资料已证明活牛或屠宰后脏器视觉检查未发现有棉酚中毒病变，但牛肉和脏器是否累积棉酚，棉酚量有多少，使人们食用放心牛肉，进一步测定牛肉和脏器中的棉酚含量很有必要，为此我们采用任意法采样取牛肉和脏器样品，送到有关单位进行检测。检测到的棉酚含量为0.003 5%～0.005 1%。此含量远远低于我国1985年卫生部规定的棉籽油中棉酚的允许含量（≤0.02%）。从上述测定结果，大家无须担心食用用棉籽饼喂养的牛肉会发生棉酚中毒。

（二）葵花子饼

葵花子饼是葵花子实经过榨油后的剩余物。葵花子盛产在北方，因此北方地区葵花子饼产量较多。葵花子饼也是育肥牛较好的蛋白质饲料，葵花子饼价格较棉籽饼、大豆饼便宜；饲喂前无须做任何再加工就可以与其他饲料搅拌混匀；牛喜欢采食是葵花子饼的优点。在生产实践中使用葵花子饼时需要注意两点：①由于葵花子饼在制作过程中残留的脂肪量较多，并且燃点低，故在存贮过程中极易自燃，因此在堆放葵花子饼时要采取防火措施，通风良好，堆码不能太厚，并经常检查；②葵花子饼含蛋白质量较多，但是葵花子饼含有增重净能值只有0.04兆焦，在配制育肥牛饲料时必须和含有增重净能值高的饲料配合使用，才能获得较为满意的增重效果。

（三）菜籽饼

菜籽饼是用菜籽榨油后的残留物。菜籽饼因含毒素较高，由于芥子苷或称含硫苷毒素（含量6%于上）而未能在养殖业上得到广泛利用，在育肥牛的饲养中也因需要浸泡去除毒素、浸泡后的菜籽饼与其他饲料搅匀较难等原因未被充分利用。笔者认为菜籽饼最有效的利用办法是与青贮饲料混贮，在制作青贮饲料时将菜籽饼按一定比例加到青贮原料中，入窖发酵脱毒。

（四）胡麻饼（亚麻籽饼）

在我国华北北部、东北、西北地区种植较多。胡麻饼是胡麻的籽实榨取油脂以后的副产品，味香，牛喜欢采食。由于胡麻籽实加热榨取油脂过程中一些耐热较差的维生素、氨基酸被破坏，因此在饲料配方中胡麻饼的比例不宜太高，以10%的比例较好。另外，饲喂量太多会使育肥牛的脂肪变软，降低胴体品质。

（五）其他饼类

大豆饼、花生饼、棉仁饼等虽然都是育肥牛的优质蛋白质饲料，但是由于其价格贵，饲养成本高而不被养牛户选用。

七、无公害肉牛常用的矿物质饲料

（一）肉牛体内的矿物质

物质由元素构成。对牛的生长、发育和生产有重要作用的元素至少有20种。科学家把这20种元素分成4组：主要元素；主要的矿物元素：矿物质微量元素：非矿物质微量元素（表5-14）。

表 5-14 反刍家畜体内重要元素

重要元素	主要的矿物质元素		矿物质微量元素		非矿物质微量元素	
	元素	%	元素	毫克/千克*	元素	毫克/千克*
氧	钙	1.50	铁	20～80	氯	1 500
碳	磷	1.00	锌	10～50	碘	0.3～0.6
氢	钾	0.20	硒	1.7	氟	0.01 以下
氮	钠	0.16	铜	1～5		
	硫	0.15	钼	1～4		
	镁	0.04	锰	0.2～0.5		
			钴	0.02～0.1		

* 元素在饲料中的水平

资料来源：蒋洪茂，《肉牛高效育肥饲养与管理技术》，2003。

（二）矿物质对育肥牛的重要性

1. 钙 钙元素是育肥牛骨骼组成的主要元素之一。钙元素在谷物类饲料中的含量较少，育肥牛缺钙时，会出现食欲下降、采食量减少、啃食异物，如砖石、木头、土块等。用石灰石给育肥牛补充钙，经济实惠。

2. 磷 磷元素是育肥牛骨骼组成的主要元素之一。骨骼的80%是由磷酸钙组成，肉牛体内磷的80%在骨骼内，所以，磷元素对于肉牛骨骼乃至整个身体和生长都很重要。磷元素在谷物类饲料中的含量较丰富，尤其在麦麸中。当育肥牛缺乏磷元素时，也会出现缺钙时的食欲下降、采食量减少、啃食异物，如砖石、木头、土块等。用麦麸补充磷和调节钙磷平衡，简单易行。

3. 镁 镁元素是育肥牛骨骼组成的主要元素之一。镁元素在许多酶系统和蛋白质的分解与合成中，是十分重要的活化剂。镁不足会发生低镁血性抽搐症，行走不稳、到处乱撞。补充磷酸镁可以避免镁的不足。

4. 硫　硫元素是一些氨基酸的必需成分，硫元素缺乏时，含硫蛋白质的形成就会受到影响。一般育肥牛不会发生硫的缺乏，但是，给牛饲喂含有尿素的饲料时要补充硫元素。用硫的盐类补充较好。

5. 钠　钠是血浆的重要组成部分，在机体软组织周围有很多分布，钠可以帮助控制肉牛体内的水平衡。育肥牛缺少钠元素时，食欲下降，啃食泥土、砖块，喝尿液。在饲料中添加食盐或在牛舍内放置由多种矿物质制成的肉牛专用添加剂就可补充钠元素。

6. 钾　钾和钠、氯共同完成育肥牛体内水分的平衡，在能量代谢过程中是一种必需元素。饲料中很少发生钾元素的缺乏，但是在较大量利用酿造业的副产品——粉渣类饲料时易发生钾的缺乏，钾缺乏时也会影响能量饲料的消化，最终影响生长。用多种矿物质制成的肉牛专用添加剂就可补充钾元素。

7. 铁　铁元素是育肥牛血液中血红素成分的重要组成部分，也是几种酶的构成物质。饲料中很少发生铁元素的缺乏，只有在用土壤中缺铁地区生长的作物作饲料时会发生铁的缺乏。发生缺铁时，育肥牛会发生贫血症（组织苍白色），生长受阻。补充铁元素的方法：每千克饲料 40 毫克；或用多种矿物质制成的肉牛专用添加剂也可补充铁元素。

8. 碘　碘元素是育肥牛甲状腺体的重要组成部分。育肥犊牛发生碘缺乏时，会引起牛的甲状腺肿大，体质虚弱，严重时导致牛的死亡。用多种矿物质制成的肉牛专用添加剂就可补充碘元素。

9. 铜　铜元素是能量代谢酶的一个重要组成部分，它对牛骨骼的形成、血红蛋白的产生、皮肤色素的沉着、毛发的生长都很重要。育肥牛发生铜元素缺乏时，皮毛变得干燥、粗糙、易脱落，严重时会发生痢疾，出现贫血症状，食欲下降。补充铜元素的方法：每千克饲料 4 毫克；或用多种矿物质制成的肉牛专用添加剂就可补充铜元素。

10. 锰 锰元素对育肥牛骨骼的形成和肌肉的发育有重要作用。多数种类饲料中锰元素的含量能够满足育肥牛的需要，当饲喂青贮饲料（特别是玉米青贮料）的量较大时会发生锰元素的缺乏。育肥牛日粮中锰元素含量影响育肥牛的屠宰成绩，据报道，用3种含锰水平的日粮饲养育肥牛（一组39.2～40.9毫克；二组189.4～375.1毫克；三组339.2～708.9毫克），从6月龄开始，18月龄结束，三组育肥牛的屠宰成绩见表5-15。

表5-15 日粮中锰元素水平和育肥牛屠宰成绩

指　标	1组	2组	以1组为100%	3组	以1组为100%
育肥结束时体重（千克）	483.0	461.0		450.0	
宰前活重（千克）	431.0	453.0		440.0	
胴体重（千克）	239.0	259.0		246.0	
屠宰率（%）	55.45	57.17	103.10	55.91	102.25
肾脂肪（内脂）重（千克）	15.0	16.5		15.8	
肾脂肪率（%）	3.48	3.64	104.60	3.59	101.39
含肾脂肪胴体重（千克）	254.0	275.0		262.0	
屠宰率（%）（含肾脂肪）	58.93	60.71	103.21	59.55	101.95

资料来源：蒋洪茂，《肉牛高效育肥饲养与管理技术》，2003。

本试验结果显示，育肥牛日粮中锰元素含量189.4～375.1毫克，可以提高育肥牛的屠宰率、肾脂肪重。

在饲养实践中采用多种矿物质制成的肉牛专用添加剂就可以弥补锰元素的不足。

11. 锌 锌元素在育肥牛体内有广泛的分布，它是育肥牛皮毛和骨骼生长发育的必需物质。缺少锌元素会使育肥牛出现皮肤角质化、皮毛粗糙、口鼻发生炎症、关节僵硬等症状。补充锌元素的方法：每千克饲料添加锌30～40毫克；或用多种矿物质制成的肉牛专用添加剂也可补充锌元素。

12. 钴 钴元素对牛胃肠中利用微生物形成维生素B_{12}起关

键作用。育肥牛缺乏钴元素时，使已进入牛体内的维生素A、维生素C、维生素D、维生素E的消化率下降；影响蛋白质的合成；影响铜元素的利用。补充钴元素的方法：每头牛每天0.3～1.0毫克；或用多种矿物质制成的肉牛专用添加剂按说明书要求添加在饲料中；或用多种矿物质制成的肉牛专用添加剂制成的舔砖，放在饮水槽边任牛自由舔食。

13. 硒 硒元素具有抗氧化作用，它能阻碍氧化强度；硒对生物氧化酶系统起催化作用；硒元素与育肥牛体内细胞壁、细胞膜的有效生长有关。硒缺乏时育肥牛生长缓慢或停止，体重下降。补充硒元素要谨慎，因为硒元素有毒性，皮下注射长效硒酸钡安全可靠，注射剂量为每千克体重1毫升，一次注射可以持续有效4个月。但是即将屠宰的牛不要注射；注射过的牛屠宰后要将注射点去掉。

14. 氯 氯元素和其他元素结合形成氯化物，最有代表性的为氯化钠。缺少氯元素会造成牛的不健康、食欲下降和体重下降。饲料中添加食盐就可以补充氯元素。

（三）育肥牛的矿物质需要量

育肥牛不同体重阶段、不同增重速度对矿物质有不同的需求量，参考表5-16。

表5-16 育肥牛日粮中矿物质元素供应量

矿物质元素名称	每千克日粮（干物质为基础）中的含量
锌	30～40毫克
铁	80～100毫克
锰	1～10毫克
铜	4毫克
钼	0.01毫克
碘	0.08毫克
钴	0.30～0.10毫克
硒	0.1毫克

（续）

矿物质元素名称	每千克日粮（干物质为基础）中的含量
钾	0.6%～0.8%
食盐	0.2%～0.3%
钙	0.44%～0.36%
磷	0.22%～0.18%
镁	0.18%
硫	0.10%

资料来源：蒋洪茂，《肉牛高效育肥饲养与管理技术》，2003。

(四) 矿物质的相互作用

育肥牛体内的矿物质不是孤独的，因为，一种矿物质量的多少对另一种矿物质的作用会产生增大或缩小的效果，例如钙和磷，它们之间的比例为1～2∶1，钙的比例超出或不足时就会影响牛对钙或磷的吸收利用。又如育肥牛体内水的平衡是由磷、钙、镁协同作用的结果，哪一种元素不足，都会影响育肥牛体内水的平衡；而钴不足，会引起肉牛体内铜元素缺乏等。

(五) 几种钙、磷饲料成分

见表5-17。

表5-17　几种钙磷饲料成分

钙、磷饲料	含钙（%）	含磷（%）	含钠（%）	含氟（毫克/千克）
石粉	36～38			
蛋壳粉	24.4～26.5			
贝壳粉	38.6			
碳酸氢钙（商业用）	24.32	18.97		816.67
碳酸氢钙	29.46	22.79		
过磷酸钙	17.12	26.45		
磷酸氢二钠		21.81	32.38	
磷酸氢钠		25.80	19.15	

资料来源：蒋洪茂，《肉牛高效育肥饲养与管理技术》，2003。

（六）动物体内必需矿物质浓度

动物体内的矿物质元素多达55种，其中15种为动物体内必需矿物质。在这15种矿物质中又可依动物需求量的大小分为必需“大量”矿物质元素和必需“微量”矿物质元素，见表5-18。

表5-18 动物体内必需矿物质元素的浓度

“大量”矿物质元素		“微量”矿物质元素	
元素名称	体内浓度（%）	元素名称	体内浓度（%）
钙	1.50	钴	0.02～0.10
磷	1.00	铁	20～80
钠	0.16	锌	10～50
钾	0.20	锰	0.20～0.50
氯	0.11	铜	1～5
镁	0.04	碘	0.30～0.60
硫	0.15	硒	
		钼	1～4

资料来源：蒋洪茂，《肉牛高效育肥饲养与管理技术》，2003。

（七）矿物质的中毒量

在育肥牛饲养中利用矿物质饲料得当，能获得较好的效益，利用不当时会造成牛的矿物质中毒。美国、日本、前苏联对此进行了较多的研究，并提出了中毒的标准，现介绍于下供参考（表5-19）。

表5-19 育肥牛矿物质需求量及中毒界限量

矿物质	需求量（毫克/千克饲料）			中毒量（毫克/千克饲料）	
	日本标准	美国标准	前苏联标准	日本	美国
铜	4（育肥期）	5～7	7～10	100	115
钴	0.05～0.10	0.05～0.07	0.05～0.07	10	60

（续）

矿物质	需求量（毫克/千克饲料）			中毒量（毫克/千克饲料）	
	日本标准	美国标准	前苏联标准	日本	美国
碘	0.10	0.50	0.25～0.30		
锰	1～10	16～25	35～40		2 000
锌	10～30（育肥期）	9	40～45	1 000（生长期）	1 200
硒	0.05～0.10	0.10	0.10～0.40	5	3～4
铁		30～40	53～60		1 000
钼			0.50～0.10		6
钾			7.0～7.5（g）		
钙			5.0（g）		
磷			2.60～2.70（g）		
镁			1.40～2.20（g）		
硫			3.0（g）		
铝					
食盐			4.0～5.0（g）		
氟			15～30		20～100

资料来源：蒋洪茂，《肉牛高效育肥饲养与管理技术》，2003。

八、无公害肉牛常用的维生素饲料

有人称维生素为维持生命之素，需要量虽少，但不能缺少，因此在育肥牛的营养中有十分重要的作用。维生素可以分为脂溶性维生素（A、D、E、K等）和水溶性维生素（C和B族等）两大类。也有把维生素A、维生素D、维生素E称为必需维生素，由饲料中补充，维生素K、维生素C和B族在牛的瘤胃中能够合成。

育肥牛很少发生维生素缺乏症，因为育肥牛从采食的粗饲料、青饲料、青贮饲料中很容易获得必需维生素A、维生素D、维生素E。表5-20是部分饲料的维生素含量。

表 5-20　部分饲料的维生素含量表　　单位：毫克/千克

饲料名称	胡萝卜素	维生素 E	维生素 B 族	维生素 B_1	胆　碱
小麦	—	15.8	5.0	—	859
大麦	0.4	6.2	5.2	—	1 050
燕麦	—	6.0	6.4	—	1 100
玉米	4.0	0.4	4.2	—	570
大豆饼粉	0.2	3.0	6.6	—	2 743
棉籽饼粉	—	1～6	0.7	—	920
乳清	—	—	3.7	0.015	900
干酵母	—	—	6.2	—	1 310

资料来源：蒋洪茂，《肉牛高效育肥饲养与管理技术》，2003。

但是必须记住以下几点：①当育肥牛长期、采食大量白酒糟时必须补充维生素 A。②在组织生产高档牛肉、优质牛肉或要求牛肉的颜色更鲜红，补充维生素 E 会使养牛户和屠宰户都能获得满意的结果。补充量：每头每日 300 万～500 万国际单位。③用高精饲料育肥牛时，饲料中胡萝卜素含量很少，要注意补充维生素 A。④黄玉米贮存时间过长，胡萝卜素几乎全部损失，要注意补充维生素 A。⑤强度育肥时，育肥牛增长迅速，极易发生维生素 A 的缺乏。⑥当前农作物使用氮肥较多，使植物中硝酸盐（亚硝酸盐）含量增多，影响维生素 A 的利用。补充方法：口服，每头每日 5 万～10 万国际单位；注射液，每月每头 150 万～200 万国际单位。

九、无公害肉牛常用的添加剂饲料

（一）矿物质添加剂

矿物质添加剂的种类和规格较多，今后还有增加的趋势。各饲养用户在使用矿物质添加剂时必须看清楚规格、型号、使用量等。现将部分矿物质添加剂的含量、重金属的含量以及有毒物质的含量归纳于表 5 - 21。

表 5 - 21　矿物质添加剂种类

矿物质添加剂名称	矿物质或添加物的含量（%）	重金属含量（毫克/千克）	砷含量（毫克/千克）
乳酸钙	98.0 以上	20	4
碳酸钙	95.0 以上	10	5
磷酸一氢钾（干燥）	98.0 以上	20	2
磷酸一氢钠（干燥）	18.0～22.0	50	12
磷酸二氢钾（干燥）	27.0～32.5	20	2
磷酸二氢钠（干燥）	98.0 以上	20	2
磷酸二氢钠（结晶）	98～102	20	2
碘化钾	98.0 以上	10	5
碘酸钾	99.0 以上	10	
碳酸镁	40.0～43.5	30	5
氯化钾	99.0 以上	5	2
碳酸氢钠	99.0 以上	10	2.8
硫酸钠（干燥）	99.0 以上	10	2
硫酸镁（结晶）	99.0 以上	10	4
硫酸镁（干燥）	99.0 以上	10（铝）	5
碳酸钴	47～52	30（铝）	5
柠檬酸铁	16.5～18.5	20（铝）	4
琥珀酸柠檬酸钠	10.0～11.0	10（铝）	2
DC-苏氨酸铁	58.0～67.0	20（铝）	5
延胡索酸亚铁	13.6～15.7	10（铝）	5
碳酸锌	96.5 以上	30	5
硫酸铁（干燥）	57.0～60.0	40	3.3
硫酸锌（干燥）	80.0 以上	20	10
硫酸锌（结晶）	99～102	10	5
硫酸锰	95.0 以上	10	4
碳酸锰	42.8～44.7	20（铝）	5
硫酸铜（干燥）	85.0 以上	20（铝）	10
硫酸铜（结晶）	98.5 以上	10（铝）	5
硫酸钴（干燥）	87.0 以上	20（铝）	10

（续）

矿物质添加剂名称	矿物质或添加物的含量（%）	重金属含量（毫克/千克）	砷含量（毫克/千克）
硫酸钴（结晶）	98.0～103.0	10（铅）	5
氢氧化铝	33.0～36.0	10	10
磷酸二钙（饲用）	CA28P9.5S 1.5～2.0		
磷酸二钙	CA29 P20.3		
氯化铜	47.3		
碳酸铜	51.4		
乙酸铜	35.2		
氧化铜	79.9		
无水硫酸亚铁	36.8		
饲料级硫酸亚铁	36.8		
碳酸亚铁	48.2		
氧化铁	69.9		
氯化铁	34.4		
氯化锌	48.0		
乙酸锌	35.8		
氧化锌	80.3		
碳酸钴	49.6		
氯化钴	45.4		
乙酸钴	33.5		
氧化钴	78.6		
一氧化锰	73.0		
二氧化锰	50.7		
亚硒酸钠	45.7		
硒酸钠	41.8		
硒化钠	63.2		
元素硒	79.0		
亚硒酸钙	47.3		

资料来源：蒋洪茂，《肉牛高效育肥饲养与管理技术》，2003。

（二）维生素添加剂

常用的维生素添加剂有维生素 A、B 族维生素和维生素 E。

（三）缓冲剂

缓冲添加剂是保持瘤胃环境 pH 稳定的添加物。目前用于育肥牛的缓冲添加剂有碳酸氢钠、倍半碳酸钠、天然碱、氧化镁、斑脱钠、碳酸氢钠—氧化镁复合物、丙酸钠、碳酸氢钠—磷酸二氢钾、石灰石等（表 5－22）。

表 5－22　常用缓冲剂的使用量

缓冲剂名称	占混合精饲料（%）	每头每日用量［5 千克精饲料/(头・日)］
碳酸氢钠	0.7～1.0	35～50 克
碳酸氢钠—氧化镁（1∶0.3）	0.5～1.0	25～50 克
碳酸氢钠—磷酸二氢钾（2∶1）	0.5～1.36	25～70 克
丙酸钠	0.5	25 克

第六章

编制无公害育肥牛饲料配方技术

一、编制无公害育肥牛饲料配方时应注意的问题

（一）采用的配方原料必须是无公害饲料

饲料的安全和卫生是确保无公害牛肉生产的前提条件之一，采用的饲料必须符合无公害质量指标。饲料及饲料添加剂的安全卫生指标见常用数据便查表10。

（二）编制无公害育肥牛配合饲料配方时必须具备的条件

1. 无公害育肥肉牛的营养需要标准 无公害育肥肉牛的不同生产目的、育肥肉牛的不同生产水平都要有相应的营养需要量，只有满足了育肥牛的要求，才能获取最大的采食量，获得最大的饲养效益。我们常常借用美国的肉牛饲养标准（NRC），见常用数据便查表13、常用数据便查表14。由于育肥牛、饲料等条件的差别，我国肉牛育肥期不能完全使用NRC标准。正因为这一点，在肉牛的育肥实践中，按美国肉牛饲养标准编制的配合饲料营养水平，往往会出现高于或低于我国肉牛育肥当时的需要量，因此要求饲养技术人员经常深入牛栏了解肉牛采食量和育肥牛的增重量，及时调整配合饲料的营养水平和饲喂量。

我国目前正在试行的肉牛饲养标准（肉牛能量单位、综合净能）也可以采用，参考常用数据便查表11。

2. 肉牛常用饲料成分 肉牛常用饲料成分是编制肉牛饲料配方的必备工具。

（1）NRC标准的饲料成分 详细参阅常用数据便查表12。

（2）肉牛能量单位、综合净能标准的饲料成分 详细参阅常用数据便查表13和表14。

3. 无公害育肥肉牛的育肥目标 育肥目标会导致饲料配方编制的极大差异。无公害育肥肉牛的育肥目标包括高档（价）型肉牛、优质型肉牛、普通型肉牛；脂肪较丰富和非常丰富型育肥牛（适合美国餐饮和日本餐饮）和脂肪不丰富但牛肉嫩度上佳（欧洲共同体餐饮）育肥牛，不同类型肉牛需要设计不同的饲料配方。

4. 无公害育肥牛育肥结束时达到的体重指标 育肥结束时达到的大体重牛和小体重牛要设计和编制符合育肥牛要求的饲料配方，也和育肥时间有密切关系，因此在编制饲料配方时必需十分清楚育肥结束期达到的体重指标。

5. 无公害育肥牛的性别 目前我国肉牛育肥的性别结构，主要是去势公牛（阉公牛）和公牛。去势公牛（阉公牛）和公牛在育肥期的增重有差别（增重速度相差7%左右），因此饲料配方及饲喂量应有不同。

6. 无公害育肥牛的年龄 育肥牛年龄的差别常常需要不同的饲料配方及饲喂量，因此设计饲料配方时必须了解育肥牛的年龄。

7. 无公害育肥牛原有的体膘（肥瘦程度） 育肥牛原有体膘的肥瘦程度是设计饲料配方十分重要的参数，体膘肥的和体膘瘦的不能采用同一饲料配方。体膘瘦的牛以增重为主时，在编制饲料配方时能量、蛋白质指标可高一点，以获得较高的增重（较瘦育肥牛具有补偿生长的潜力）；体质体况好而体膘肥的育肥牛以沉积脂肪为主，在编制饲料配方时能量指标应高一点（尤其在实施高价牛肉生产时）。

（三）编制无公害育肥牛配合饲料配方时必须注意的事项

1. 要严格注意配合饲料原料的品质 配合饲料原料的品质包括外表和内部，外表指颜色、籽粒饱满度、杂质含量；内部指营养物含量、含水量、有无有毒有害物质。

（1）饲料含水量 饲料含水量包含两层意思，其一，含水量高（大于17%）的饲料存在潜在危险，即饲料发霉变质的概率大大上升；其二由于同一种饲料含水量的不同，给养牛者带来两种结果：①营养物质含量的差别，含水量18%饲料的干物质比含水量12%饲料的干物质少6个百分点，100千克饲料少就了6千克干物质，一个年育肥出栏肉牛10 000头的牛场，使用该饲料（每头按750千克计）7 500 000千克（7 500吨），干物质量相差450 000千克（450吨），以每千克售价1元计，牛场将损失450 000元，每头牛的损失为45元。②育肥牛增重的差别：由于饲料含水量的不同，虽然育肥牛饲料的采食量相同，但营养物的量不同造成育肥牛因减少营养物质采食量而影响增重。③饲料成本上的差别：现以笔者试验牛的资料介绍如下。试验肉牛由体重221千克开始，养到517千克结束，每头牛消耗玉米734千克（含干物质88%），如果玉米的含水量增加（干物质减少），要达到相同的饲养效果，消耗玉米的绝对重量将增加（表6-1），饲料成本随之增加。玉米含水量由12%上升到17%时，育肥1头牛（实际净增加活重为517－221＝296千克），按2006年10月玉米价格1.4元计算，多增加饲料费62.86元，一个年育肥出栏肉牛10 000头的育肥牛场，仅玉米饲料费一项就相差628 600元，占销售收入的1.3%左右，因此不可轻视饲料的含水量。现场测定饲料含水量的工具有多种型号，育肥牛场配备水分快速测定仪器很有必要，对每批采购进场的饲料进行水分测定，是降低饲养成本的有效手段之一。

表6-1　饲料含水量差别导致饲料用量的差异

每千克含干物质88%的玉米成本（元）	含水量不同时所需玉米量					
	88%干物质时用玉米734千克	87%干物质时用玉米742.4千克	86%干物质时用玉米751.1千克	85%干物质时用玉米759.9千克	84%干物质时用玉米769.0千克	83%干物质时用玉米778.2千克
0.90	660.60	668.16	675.99	683.91	692.10	700.38
0.94	689.96	697.86	706.03	714.31	722.86	731.51
0.98	719.32	727.55	736.08	744.70	753.62	762.64
1.02	748.68	757.25	766.12	775.10	784.38	793.76
1.06	778.04	786.94	796.17	805.49	815.14	824.89
1.10	807.40	816.64	826.21	835.89	845.90	856.02
1.14	836.76	846.34	856.25	866.29	876.66	887.15
1.18	866.12	876.03	886.30	896.68	907.42	918.28
1.22	895.48	905.73	916.34	927.08	938.18	949.40
1.26	924.84	935.42	946.39	957.47	968.94	980.53
1.30	954.20	965.12	976.43	987.87	999.70	1 011.66
1.34	983.56	994.82	1 006.47	1 018.27	1 030.46	1 042.79
1.38	1 012.92	1 024.51	1 036.52	1 048.66	1 061.22	1 073.92

资料来源：蒋洪茂，《黄牛育肥实用技术》，1998。

青贮饲料、青饲料、酒糟类、粉渣类饲料的含水量大，并且变化也大，在配制配合饲料时应特别小心，为方便读者，现以含水量不同的青贮饲料为例，将青贮饲料换算成为绝干饲料（含水量为0）、风干饲料（含水量10%、12%、13%、14%、15%、16%）时的简便对照表参见常用数据便查表10。

便查表示例：自然状态下含水量75%的饲料100千克，折合成绝干饲料重为25千克；折合成含水量10%的风干饲料应除的倍数为3.6，即100千克含水量75%的饲料折合成含水量10%的风干饲料为100/3.6=27.78千克；折合成含水量11%的风干饲料应除的倍数为3.64，即100千克含水量75%的饲料折合成含水量11%的风干饲料为100/3.64=27.47千克；折合成含水量12%的风干饲料应除的倍数为3.68，即100千克含水量75%的饲料折合成含水量12%的风干饲料为100/3.68=27.17千克；余类推。

（2）饲料中的杂质　饲料中的杂质包括泥土、石块、铁钉、籽实皮和轴（玉米）等，饲料中杂质越多，饲料质量越差。

2. 要注意配合饲料营养的全价性　配合饲料有了较好的适口性、有了较低的成本、适宜的含水量，还应注意配合饲料营养的全价性，营养是否平衡、有无拮抗作用。就目前我国饲料测试手段和普遍性，做不到对使用的饲料先测定、后使用，只能尽量注意饲料的全价性。

3. 要掌握配合饲料原料的消化率（掌握和参考各种饲料的消化率）　育肥牛对各种饲料的消化吸收率有很大的差别，因此要选择肉牛容易消化吸收的饲料。

4. 要注意当地组成配合饲料的原料拥有量　配合饲料原料的运输费是增加饲料成本的主要因素，因此要最大限度地利用当地饲料资源，尤其是粗饲料，体积大、重量轻，给运输带来诸多不便并增加饲养成本。

5. 要注意按配方编制混合饲料的含水量　以50%较好，混合饲料含水量与饲料含水量的涵义不同，前者指经过计算能满足育肥牛生长需要、按比例配制各种饲料的混合物，这种混合物的含水量以50%较好，水分含量高或低都会影响牛的采食量。

6. 配合饲料要做到现场配制，当日使用　由于配合饲料含水量较高，易发酵发热，产生异味，造成肉牛采食量的下降，尤其在夏天应特别注意。

7. 在配制饲喂高档（价）**、优质肉牛的配合饲料时，必须注意饲料原料中叶黄素的含量**　当叶黄素积聚到一定的量时，会使肉牛脂肪颜色变黄，降低牛肉的销售价格，造成育肥户的直接经济损失。因此在高档、优质肉牛的配合饲料配方中，尤其在最后100天左右要减少叶黄素含量高的饲料，如干草、青贮饲料、黄玉米。

8. 对饲料原料产地土壤中各种微量元素的含量进行考察　如有些地区土壤中不含硒元素或者含量极少，这些地区生产的玉米（或大麦、小麦）籽粒及其秸秆中也缺少、甚至不含硒元素。

肉牛在育肥期内对饲料中硒元素含量的多少，反应非常敏感，饲料中硒元素缺少时，育肥牛的生长下降；饲料中硒元素超量时，育肥牛会发生中毒死亡。

9. 掌握我国肉牛的增重速度 根据作者实践经验我国肉牛在300～550千克体重阶段内，在100～120天育肥期的增重速度可达1 000～1 200克；在120～240天育肥期的增重速度可达850～900克；在240～360天育肥期的增重速度可达750～800克。因此，设计和编制饲料配方时切不要盲目追求高增重速度，造成饲料浪费。

10. 要经常注意配合原料价的变动 在育肥牛的实践中，饲料成本占饲养成本的40%以上，因此要降低饲养总成本，饲料费用占有重要地位，随时注意饲料的价格变化，及时调整饲料配方。

11. 要高度重视配合饲料的适口性 无公害育肥肉牛对饲料的色香味反应敏捷，对色香味好的饲料采食量大，牛的采食量大，可以达到多吃多长的目的。

12. 使用饲料添加剂时必须严格遵守添加剂允许使用标准 见常用数据便查表23。

二、饲料配方编制方法

（一）方形法

利用方形法给育肥牛编制饲料配方最大的优点是简单易行，最大的缺点是只适合2～3种饲料、且设计一个配方要经过几个回合，饲料品种较多时很繁琐，但对初学者来说还是有一定的使用价值。方形法编制育肥牛育肥期配合饲料的具体方法如下（NRC标准）。

首先画一个长方形，如要配置配合饲料中的蛋白质百分率，那么先将配合饲料中需要的蛋白质百分数写于方形的中央，把拟选用的蛋白质饲料（如浓缩料）的含蛋白质（常用数据便查表23）百分数写于方形的左上角，再把配合饲料中拟选用的能量饲料（如黄玉米）的蛋白质（常用数据便查表28）百分数写在方形的左下角。用中央的数和左上角、左下角的数字之差（计算时不分正负号）写在右下角和右上角，即左上角和中央数字之差写在右下角，左下角和中央数字之差写在右上角，右上角的数字就表示配合饲料中需要的蛋白质饲料的份数，右下角的数字就表示配合饲料中需要的能量饲料的份数。现举例如下。

给一群300千克体重的育肥牛（无补偿生长）设计育肥期配合饲料的配方，配合饲料要求粗蛋白质水平为13%，能提供的饲料，蛋白质饲料为浓缩料，能量饲料为黄玉米。计算方法如下：

画长方形图，把蛋白质饲料浓缩料含有的粗蛋白质含量写在长方形图的左上方，把能量饲料黄玉米含有的粗蛋白质含量写在长方形图的右上方，把配合饲料设计的蛋白质百分率写在长方形图的中央（图6-1）。

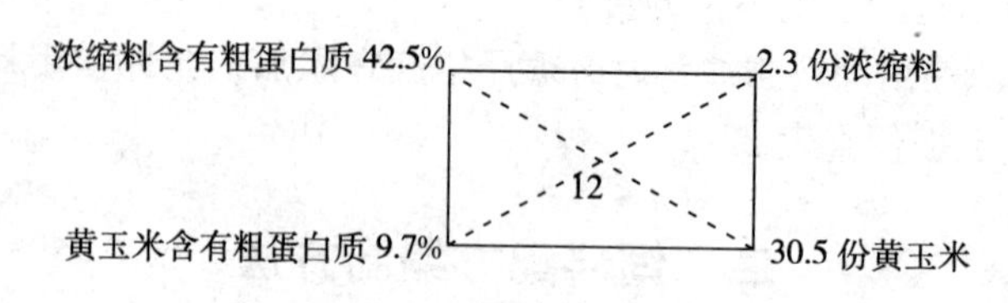

图6-1　长方形图

左上角和中央数之差为30.5，这30.5份代表配合饲料中黄玉米的份数

左下角和中央数之差为2.3，这2.3份代表配合饲料中浓缩料的份数

但是在实际喂牛时不能将2.3份和30.5份直接用于配合饲料的配合，而要把这两种份额计算成百分数。将2.3和30.5换算成为100%时，则浓缩料在配合饲料中占有7.01%[2.3/(2.3+30.5)×100]；黄玉米在配合饲料中占有92.99%[30.5/(2.3+30.5)×100]。用7.01%的浓缩料和92.99%的黄玉米配制的配合饲料，其蛋白质水平即为12%，达到设计要求。用同样的方法也

可以计算配合饲料中粗饲料等的比例，计算如下。

给一群300千克体重的育肥牛（无补偿生长）设计育肥期配合饲料配方，配合饲料要求粗蛋白质水平为11%，能提供的饲料，蛋白质饲料为浓缩料，能量饲料为黄玉米，粗饲料为玉米秸粉和紫花苜蓿的混合物。

第一步：计算紫花苜蓿和玉米秸的混合物的比例，设定混合物的粗蛋白质含量为15%。

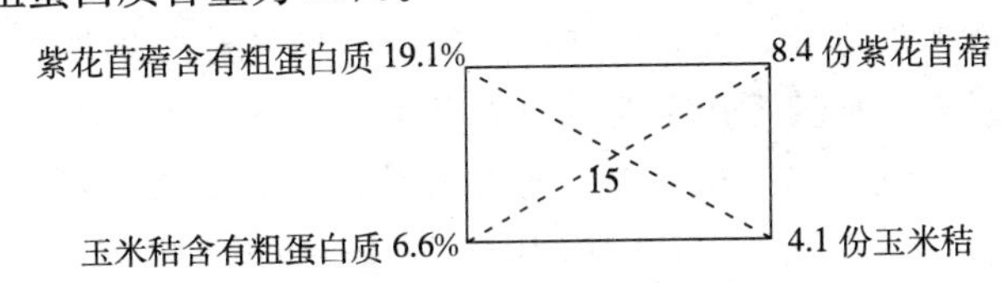

图6-2　长方形图

紫花苜蓿饲料在配合饲料中占67.20%[8.4/(8.4+4.1)×100]；

玉米秸粉在配合饲料中占32.80%[4.1/(8.4+4.1)×100]。

用67.20%的紫花苜蓿饲料和32.80%的玉米秸粉配制的配合粗饲料，其粗蛋白质水平即为15%，达到设计要求。

第二步：画长方形图

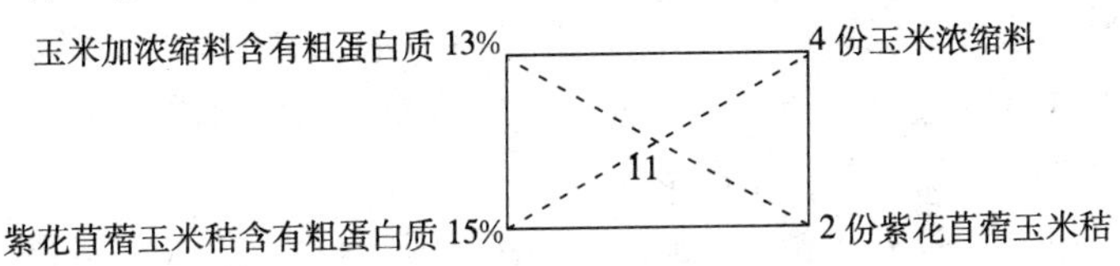

图6-3　长方形图

第三步：计算黄玉米加浓缩料、紫花苜蓿加玉米秸的配合比例

玉米加浓缩料的比例为66.67%[4/(4+2)×100]；

紫花苜蓿加玉米秸的比例为33.33%[2/(4+2)×100]；

紫花苜蓿比例为33.33%×67.20%×100=22.40%；

玉米秸的比例为33.33%×32.80%×100=10.93%。

用精饲料（玉米加浓缩饲料）66.67%和粗饲料紫花苜蓿22.40%、玉米秸10.93%配制的配合饲料，其蛋白质水平即为

11%，达到设计要求。

用相同的方法也可以设计配合饲料中的能量需要量。但是不能同时设计蛋白质和能量两个指标，这是方形法设计饲料配方的不足之处。

（二）营养需要法

采用方形法设计育肥牛配合饲料时只能考虑配合饲料中粗蛋白质或能量的需要，而在实践中，配合饲料中的营养物质除蛋白质、能量外，还要考虑矿物质、微量元素、维生素，在NRC标准中育肥牛饲料的能量需要还分为维持需要和增重需要。因此，方形法设计的育肥牛配合饲料不能完全满足育肥牛的要求，下面介绍的营养需要法设计的育肥肉牛配合饲料就能较全面地考虑育肥牛的营养需要。

1. NRC标准饲料配方的运算

（1）*计算方法之一*　根据下面提供的基础数据，设计育肥牛的配合饲料配方。一群体重400千克左右的育肥牛；育肥牛处在育肥中期（无补偿生长）；要求日增重1 000～1 100克；育肥目标为普通型育肥；配合饲料的粗蛋白质水平为10.9%；饲料以风干（含水量15%）重为基础；配合饲料的代谢能量水平为10.1兆焦/千克重。计算步骤：

第一步：列出拟选择饲料的名称及其营养成分（常用数据便查表28）的演算见表6-2。

表6-2　饲料配方计算

饲料名称	饲料含水量（%）	粗蛋白质（%）	代谢能（兆焦/千克）	钙（%）	磷（%）
黄玉米粉	0	9.7	13.430 6	0.09	0.24
棉籽饼	0	24.5	8.451 7	0.92	0.75
胡麻饼	0	36.0	12.300 0	0.63	0.84
玉米秸	0	6.6	9.939 5		

（续）

饲料名称	饲料含水量（%）	粗蛋白质（%）	代谢能（兆焦/千克）	钙（%）	磷（%）
全株玉米青贮	0	7.1	8.368 0	0.44	0.26
食盐					
石粉				36.00	

第二步：表 6 - 3 中的粗蛋白质、代谢能、钙、磷指标是饲料含水量为 0，而设计饲料配方时的饲料含水量为 13%，因此在设计配方前要把饲料的水分含量都校正到 15%，校正计算见表 6 -3。

表 6 - 3　饲料配方计算

饲料名称	饲料含水量（%）	粗蛋白质（%）	代谢能（兆焦/千克）	钙（%）	磷（%）
黄玉米粉	15	8.25	11.416 0	0.08	0.20
棉籽饼	15	20.83	7.183 9	0.78	0.64
胡麻饼	15	30.60	10.450 0	0.54	0.71
玉米秸	15	5.61	8.448 6		
全株玉米青贮	15	6.04	7.112 8	0.37	0.22
食盐					
石粉				36.00	

第三步：根据经验列出饲料配方的草案，并列成试演算表格逐项计算，见表 6 - 4。

表 6 - 4　饲料配方计算

饲料名称	在日粮中的（%）	粗蛋白质（%）	代谢能（兆焦/千克）	钙（%）	磷（%）
黄玉米粉	55.0	4.537 5*	6.278 8	0.044	0.110
棉籽饼	10.0	2.083 0	0.718 4	0.078	0.064
玉米秸	20.0	1.122 0	1.689 7		
胡麻饼	9.0	2.754 0	0.940 5	0.049	0.064
全株玉米青贮	5.0	0.302 0	0.355 6	0.019	0.011
食盐	0.5				

（续）

饲料名称	在日粮中的（%）	粗蛋白质（%）	代谢能（兆焦/千克）	钙（%）	磷（%）
石粉	0.5			0.18	
合计	100.00	10.796 7	9.983 0	0.37	0.249

* 4.535 7 的由来：4.535 7 由黄玉米粉每千克含有蛋白质 8.25 和配合饲料配方中黄玉米的百分数相乘而得，即 8.25×55.0%=4.535 7；6.278 6 是由黄玉米代谢能含量和配合饲料配方中黄玉米的百分数相乘而得，11.416 0×55.0%而得，其余类推。

经过第一次试算，粗蛋白质水平均超出原设计要求 0.8%，而代谢能比设计要求低 0.817，钙、磷的比例尚可，因此要进行适当的调整，降低蛋白质水平，提高代谢能水平，再进行第二次演算，见表 6-5。

表 6-5　饲料配方计算

饲料名称	在日粮中的（%）	粗蛋白质（%）	代谢能（兆焦/千克）	钙（%）	磷（%）
黄玉米粉	59.0	4.867 5	6.735 4	0.047	0.118
棉籽饼	10.0	2.083 0	0.718 4	0.078	0.064
玉米秸	17.0	0.935 7	1.436 3		
胡麻饼	9.0	2.754	0.940 5	0.049	0.064
全株玉米青贮	4.0	0.241 6	0.284 5	0.015	0.009
食盐	0.5				
石粉	0.5			0.18	
合计	100.00	10.881 8	10.11	0.369	0.255

经过第二次试算，每千克配合饲料中含有代谢能 10.11 兆焦；粗蛋白质水平 10.88%；钙、磷比例为 1.45∶1，基本符合设计要求，如果还未达到设计要求，则要进行第三次、第四次计算，直到达到设计指标要求。

第四步：上述计算时饲料的水分含量都校正为 15%，但是实际喂牛时饲料的水分不会都是 15%，因此要把“在日粮中的%”（份额）换算成饲料自然状态时的百分数，计算见表 6-6。

表 6-6 饲料配方计算

饲料名称	饲料干物含量（%）	在日粮中的（%）	份额	实际饲喂的（%）
黄玉米粉	88.4	59.0	66.74	53.02
棉籽饼	84.4	10.0	11.85	9.41
玉米秸	90.0	17.0	18.89	15.00
胡麻饼	92.0	9.0	9.78	7.77
全株玉米青贮	22.7	4.0	17.62	14.00
食盐		0.5	0.5	0.4
石粉		0.5	0.5	0.4
合计		100.00	125.88	100.00

（2）*计算方法之二*　根据下面提供的基础数据，编制育肥牛配合饲料配方。一群体重 270 千克左右的阉公牛；阉公牛处在育肥初期（无补偿生长）；要求日增重 450～500 克；普通型育肥；配合饲料的粗蛋白质水平为 10.2%；饲料以干物质（含水量 0%）重为基础；混合精料的能量水平为 9.3 兆焦/千克重；精饲料有黄玉米粉、棉仁饼，粗饲料有玉米秸；矿物质饲料有石粉、食盐、骨粉；粗饲料在配合饲料中的比例设定为 70%。计算步骤：

第一步：查出体重 270 千克阉公牛在日增重 450 克生产水平时的营养需要（常用数据便查表 11 至表 13），以及各种饲料的成分（常用数据便查表 28）。列演算表 6-7。

表 6-7 饲料配方计算

营养需要				
干物质采食量［千克/（头·日）］	代谢能（兆焦/千克）	粗蛋白质（%）	钙（%）	磷（%）
6.4	9.204 8	10.2	0.38	0.24

饲料名称	干物质含量（%）	干物质中			
		代谢能（兆焦/千克）	粗蛋白质（%）	钙（%）	磷（%）
黄玉米粉	88.4	13.89	9.7	0.02	0.24

（续）

饲料名称	干物质含量（%）	饲料成分			
		干物质中			
		代谢能（兆焦/千克）	粗蛋白质（%）	钙（%）	磷（%）
棉籽饼	84.4	8.46	24.5	0.92	0.75
干玉米秸*	92.3	9.50	9.3	0.43	0.25
干小麦秸	89.6	6.91	6.3	0.06	0.07
石粉	100.0	—	—	36.00	—
食盐	100.0	—	—	—	—

* 和表 6-2 不是同一产地。

第二步：先计算 70%干玉米秸、干小麦秸所含有的营养物质量（假定干玉米秸占 60%、干小麦秸占 40%）。

1）干玉米秸、干小麦秸混合物的营养物质量

	干玉米秸	干小麦秸	混合物的
代谢能	60%×9.5%=5.70	40%×6.91%=2.764	8.464
粗蛋白质	60%×9.3%=5.58%	40%×6.3%=2.520%	8.10%
钙	60%×0.43%=0.258%	40%×0.06%=0.024%	0.282%
磷	60%×0.25%=0.150%	40%×0.07%=0.028%	0.178%

2）代谢能含量为（兆焦/千克）：8.464×70%=5.923；

3）粗蛋白质含量为（%）：8.1×70%=5.67；

4）钙的含量（%）：0.282×70%=0.197；

5）磷的含量（%）：0.178×70%=0.125。

第三步：再计算要达到设计要求，应从精饲料中补充的各种营养物质数量。

1）代谢能量为（兆焦/千克）：9.30－5.923=3.377；

2）粗蛋白质量为（%）：10.2－5.67=4.53；

3）钙为（%）：0.38－0.197=0.183；

4）磷为（%）：0.24－0.125=0.115。

由于设计中已规定在配合饲料中粗饲料的含量为 70%，因此配合饲料中精饲料的含量只能占有 30%，这 30%的精饲料要补充到配合饲料中的营养物质中的代谢能为 3.377 兆焦，此时精

饲料的代谢能含量只有达到 11.257 兆焦（3.377/30%）才能满足要求；同理，推算出精饲料的粗蛋白质含量要达到 15.10%（4.53/30%）时才能满足要求；钙、磷的含量也类推，结果如下：

30%的精饲料应含有：代谢能 11.257 兆焦/千克、粗蛋白质 15.10%、钙 0.61%、磷 0.38%。

第四步：先求出黄玉米粉和棉籽饼在精饲料部分的比例，可用方形法求出。

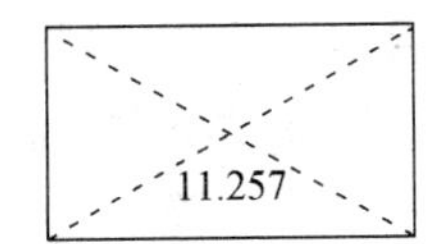

黄玉米粉在黄玉米和棉籽饼中的比例为：

黄玉米粉（%）＝2.797/(2.797＋2.633)×100%＝51.51%；

棉籽饼的比例为 100.00%－51.51%＝48.49%；

在计算黄玉米粉和棉籽饼的比例时，也可以用代数法计算：

$$x+y=1$$

$$13.89x+8.46y=11.257$$

解代数式得：$x=51.51\%$，$y=48.49\%$

第五步：计算精饲料（黄玉米粉、棉籽饼）中的营养物含量，列演算式见表 6-8。

表 6-8　饲料配方计算

饲　料	代谢能(兆焦/千克)	粗蛋白质（%）	钙（%）	磷（%）
黄玉米粉	13.89×51.51%＝7.15	9.7×51.51%＝5.0	0.02×51.51%＝0.010	0.24×51.51%＝0.124
棉籽饼	8.46×48.49%＝4.10	24.5×48.49%＝11.88	0.92×48.49%＝0.446	0.75×48.49%＝0.364
合计	11.25	16.88	0.456	0.488

第六步：与原设计要求进行比较，也列成演算式，见表 6-9。

表 6-9　饲料配方计算

饲　料	代谢能(兆焦/千克)	粗蛋白质（%）	钙（%）	磷（%）
70%粗饲料中	5.923	5.67	0.197	0.125
30%精饲料中	11.25×30%=3.375	16.88×30%=5.06	0.456×30%=0.137	0.488×30%=0.146
合计	9.298	10.73	0.334	0.271
设计要求	9.300	10.20	0.38	0.24
＋ －	−0.002	+0.53	−0.046	+0.031

第七步：第六步计算结果表明，粗蛋白质数量超过设计要求5.20%，代谢能基本符合设计要求，钙、磷基本符合设计要求。因此，要在基本保持代谢能变动不大的前提下，降低粗蛋白质比例，因为棉籽饼含有粗蛋白质量较高，而干玉米秸、干小麦秸含有粗蛋白质较少，用干玉米秸、小麦秸替代棉籽饼可以达到降低粗蛋白质含量的要求。但是粗饲料的比例已经确定为70%，因此不能用干玉米秸、干小麦秸替代棉籽饼，只有在粗饲料的比例或精饲料的比例中进行调整。每用1%的干小麦秸替代干玉米秸，便能降低粗蛋白质0.03%（9.3−6.3/100），同时要调整玉米、棉籽饼的比例，才能达到设计要求，再列出粗料演算式，见表6-10。

表 6-10　饲料配方计算

饲　料		代谢能(兆焦/千克)	粗蛋白质（96）	钙（%）	磷（%）
粗饲料	干玉米秸 60−5.67=54.33	5.16	5.16	0.234	0.136
	干小麦秸 40+5.67=45.67	3.16	2.88	0.025	0.032
	合计计算值	8.32	8.04	0.259	0.166
精饲料	黄玉米粉 51.51+7=58.51	8.13	5.68	0.012	0.140
	棉籽饼 48.49−7=41.49	3.51	10.16	0.382	0.031
	合计计算值	11.64	15.84	0.394	0.171

第八步：从第七步调整粗饲料比例后再运算，见表6-11，代谢能、粗蛋白质、钙、磷含量在配合饲料配方中的比例达到设计要求。

表6-11 饲料配方计算

饲 料	代谢能（兆焦/千克）	粗蛋白质（%）	钙（%）	磷（%）
黄玉米粉 58.51%×13.89=8.13	2.44	2.78	0.068	0.079
棉籽饼 41.49%×8.46=3.51	1.05	1.97	0.049	0.056
干玉米秸、干小麦秸	5.82	5.63	0.181	0.116
石粉	0.27	0	0.097	0
合计	9.31	10.38	0.395	0.251
设计要求	9.30	10.20	0.380	0.2400
+－	0.01	+0.18	+0.015	+0.011

第九步：从第八步调整后运算结果看，代谢能、粗蛋白质、钙、磷含量在配合饲料配方中的比例基本已经达到设计要求，如再想进一步精确，可以增加食盐（0.20%），由粗饲料中扣除，获得在干物质条件下的饲料配方，见表6-12。

表6-12 饲料配方计算

饲料名称	%	代谢能（兆焦/千克）	粗蛋白质（%）	钙（%）	磷（%）
黄玉米粉	17.55	2.44	1.70	0.035	0.042
棉籽饼	12.44	1.05	3.05	0.114	0.093
玉米秸	38.03	3.61	3.54	0.164	0.095
小麦秸	31.77	2.20	2.00	0.019	0.022
石粉	0.27	0	0	0.097	
食盐	0.20	0	0	0	0
合 计	100	9.30	10.29	0.41	0.252
设计要求		9.3	10.20	0.38	0.24
+ －		0	+0.09	+0.03	+0.012

第十步：在实际的饲料配合工作中不能用干物质重为基础，

而应该将饲料配方以干物质重基础的比例还原到饲料的自然重为基础，这样的比例才能在生产实际中应用，再列出演算见表6-13。

表 6-13 饲料配方计算

饲料名称	干物质重为基础时在配合饲料配方中的份额	自然重为基础时在配合饲料配方中占有的%
黄玉米粉	17.55/88.4=19.85	19.85/103.92=19.10
棉籽饼	12.44/84.4=14.74	14.74/103.92=14.18
玉米秸	30.83/92.3=33.40	33.4/103.92=32.14
小麦秸	31.77/89.6=35.46	35.46/103.92=34.12
石粉	0.27	0.27/103.92=0.26
食盐	0.20	0.20/103.92=0.20
合计	103.92	100.00

最后列出体重270千克阉公牛育肥初期的饲料配方：黄玉米粉19.1%，棉仁饼14.2%，玉米秸32.1%，小麦秸34.1%，石粉0.3%，食盐0.2%，合计100.0%。

（3）*计算方法之三* 在编制肉牛育肥期配合饲料配方时，肯定会遇到各种饲料的含水量不一致的问题，如青饲料含水量80%以上、青贮饲料含水量60%以上、酒糟含水量60%以上、啤酒糟的含水量80%以上、精饲料的含水量14%左右，如此含水量悬殊的饲料在设计饲料配方时的运算非常繁琐复杂。为了简化运算，可以先将各种饲料的含水量校正到同一水平条件下再进行运算，当运算结束后再还原到自然含水量时的饲料比例。现举例说明如下。

某肉牛育肥牛场有一群体重300千克的阉公牛即将开始育肥，需要设计饲料配方，能提供的饲料品种有玉米全株青贮饲料、黄玉米粉、棉籽饼、白酒糟、小麦秸、食盐、石粉。要求设计的配合饲料配方的标准是：每千克配合饲料中含有维持净能7.02兆焦，每千克配合饲料中含有增重净能4.04兆焦，每千克配合饲料中含有钙0.23%，每千克配合饲料中含有磷0.17%，配合饲料的蛋白质水平为13.3%（当时棉籽饼价格低廉，可用它替代部分黄玉米，故蛋白质水平较高），育肥肉牛每日增重1 000克。

第一步：在常用数据便查表28中查出玉米全株青贮饲料、黄玉米粉、棉籽饼、白酒糟、小麦秸、食盐、石粉的营养成分，并列出演算见表6-14。

表6-14 饲料配方计算

饲料名称	饲料中干物质（%）	饲料中营养物质含量					
		粗蛋白质（%）	代谢能(兆焦/千克)	维持净能(兆焦/千克)	增重净能(兆焦/千克)	钙(%)	磷(%)
玉米全株青贮	22.7.0	7.1	8.37	4.94	2.01	0.44	0.26
黄玉米	88.4	9.7	13.44	9.12	5.98	0.09	0.24
棉籽饼	84.4	24.5	8.46	4.98	2.09	0.92	0.75
白酒糟	20.7	24.7	12.73	8.37	5.56	—	—
小麦秸	89.6	6.3	6.91	4.14	0.38	0.06	0.07
石粉	100.0	—	—	—	—	36.00	—
食盐	100.0	—	—	—	—	—	—

第二步：依据自己的实践经验，提出上述饲料在配合饲料中的比例方案，并列出演算见表6-15。

表6-15 饲料配方计算

饲料名称	饲料中的干物质（%）	配合饲料配比的量（干物质为基础）			实际饲喂时	
		%	维持净能（兆焦/千克）	增重净能（兆焦/千克）	份额	%
玉米青贮	22.7	30	1.482*	0.603		
黄玉米粉	88.4	27	2.462	1.615		
棉籽饼	84.4	15	0.747	0.314		
白酒糟	20.7	23	1.925	1.280		
小麦秸	89.6	5	0.207	0.019		

（续）

饲料名称	饲料中的干物质（%）	配合饲料配比的量（干物质为基础）			实际饲喂时	
		%	维持净能（兆焦/千克）	增重净能（兆焦/千克）	份额	%
石粉	100.0		—	—		
食盐	100.0		—	—		
合计		100	6.822	3.831		

* 1.482 由全株青贮玉米料在拟定中的比例（30%）乘该饲料绝干重时的维持净能的含量，即 30%×4.94=1.482；同理 0.603 由 30%×2.01 而得，其余类推。

第三步：经过第一次计算后可以看到，依据经验列出的配合饲料配方比例没有达到设计要求，因此要调整各种饲料的比例，同时也看到维持净能量和增重净能量离设计要求的数量有较大距离，因此要设法提高维持净能和增重净能，较简单的办法可在黄玉米粉、小麦秸、棉籽饼 3 种饲料中进行增减，再列出演算见表 6-16。

表 6-16 饲料配方计算

饲料名称	饲料中的干物质（%）	配合饲料配比的量（干物质为基础）			实际饲喂时	
		%	维持净能（兆焦/千克）	增重净能（兆焦/千克）	份额	%
青贮玉米	22.7.0	30.0	1.482	0.603	132.16	44.7
黄玉米粉	88.4	32.0	2.918	1.914	36.20	12.3
棉籽饼	84.4	12.0	0.600	0.251	14.22	4.8
白酒糟	20.7	22.7	1.900	1.263	109.66	37.1
小麦秸	89.6	3.0	0.124	0.011	3.35	1.1
石粉	100.0		—	—	—	—
食盐	100.0		—	—	—	—
合计		100	7.022	4.074	295.59	100.00
标准			7.023	4.04		

* 120.00 的由来是全株玉米青贮饲料在日粮中的比例和该饲料单物质%相除而得，即 30%/25%=120.00，其余类推。

经过第二次演算，维持净能和增重净能在饲料配方中的比例已接近设计要求。如果要进一步精细计算，可以再调整各种饲料的比例，直到满意为止。

第四步：在原演算表中增加粗蛋白质、钙、磷在饲料配方中的比例及实际饲喂时的饲料比例等项目，增加这些项目经过计算后，看看各项目的指标是否符合设计要求，如高或低于设计要求，再进行调整，直至符合设计要求为止，列演算见表6-17。

表6-17 饲料配方计算

饲料名称	饲料中干物质（%）	配合饲料中的量（以干物质为基础）						实际饲喂时	
		%	维持净能（兆焦/千克）	增重净能（兆焦/千克）	粗蛋白质（%）	钙（%）	磷（%）	份额	%
玉米青贮	22.7	30.0	1.482	0.603	1.800	—	—	132.16	42.3
黄玉米粉	88.4	32.0	2.918	1.914	3.104	0.006 4	0.076 8	36.20	12.8
棉籽饼	84.4	12.0	0.597 5	0.251 0	2.940	0.144 0	0.090 0	14.22	5.0
白酒糟	20.7	22.6	1.891 2	1.257 7	5.582	—	—	109.10	38.3
小麦秸	89.6	3.0	0.124 3	0.011 3	0.001	0.001 8	0.002 1	3.35	1.2
石粉	100.0	0.3	—	—	—	0.108 0	—	0.10	0.3
食盐	100.0	0.1	—	—	—	—	—	—	0.1
合计	—	100.0	7.022	4.074	13.43	0.226 6	0.168 9	295.59	100
标准	—	—	7.023	4.04	13.3	0.23	0.17	—	—
比较	—	—	+0.001	+0.034	+0.13	−0.003 4	−0.001 1	—	—

份额计算：玉米青贮饲料的份额计算为30/22.7×100＝132.16；黄玉米粉的份额计算为32/88.4×100＝36.20，其余类推。

经过上述一系列的运算，配合饲料配方比例已经确定，但是能否达到设计要求（主要指育肥牛的增重），可以用以下方法来检查。

体重300千克的阉公牛要达到日增重1 000克时，每天采食的饲料干物质量为7.8千克（饲料自然重为22千克），此时育肥牛每日用于维持需要的维持净能为 23.221 2 兆焦，需要上述配比配合饲料的饲料量为：

23.221 3/7.022=3.31 千克

剩余的饲料用于增重：

7.8−3.31=4.49 千克

上述配比的配合饲料，每千克含有增重净能 4.074 兆焦，则育肥牛每天能获得的增重净能量为：4.074×4.49=18.36 兆焦。

18.36 兆焦能不能满足 300 千克体重阉公牛日增重 1 000 克时的营养需要量？查常用数据便查表 11 至 13 表明，300 千克体重阉公牛日增重 1 000 克时的营养需要量为 17.95 兆焦，18.36 兆焦大于17.949 4兆焦，因此，育肥牛在上述配合饲料配比条件下日增重达到1 000克是有保证的。当 300 千克体重阉公牛日增重达到1 100克时的营养需要量为 19.999 5 兆焦，18.36 兆焦为 19.999 5兆焦的 91.8%，因而可以估测，育肥牛群每天采食量达到 7.8 千克时，该育肥牛群的平均日增重可望达到 1 000～1 100克。

最后列出体重 300 千克阉公牛育肥初期的饲料配方（%）：玉米青贮 42.3、黄玉米粉 12.8、棉籽饼 5.0、白酒糟 38.3、小麦秸 1.2、石粉 0.3、食盐 0.1、合计 100.0。

2. 综合净能标准设计育肥牛配合饲料配方的运算过程

（1）*以饲料自然重设计饲料配方* 以饲料自然重设计综合净能标准饲料配方时计算繁琐复杂，不作介绍。

（2）*以饲料干物质重设计饲料配方* 根据育肥牛场的饲料种类（黄玉米、全株玉米青贮饲料、棉籽饼、苜蓿干草、小麦秸、食盐、石粉），设计育肥牛配合饲料配方。一群体重 400 千克左右的育肥牛，育肥牛处在育肥中期（无补偿生长），要求日增重 1 000 克，育肥目标为普通型育肥，饲料以干物质为基础，计算步骤如下。

第一步：在常用数据便查表 28 中查出玉米全株青贮饲料、

黄玉米粉、棉籽饼、苜蓿干草、小麦秸、食盐、石粉的营养成分（干物质为基础），并列出演算见表6-18。

表6-18 饲料配方计算

饲料名称	干物质	粗蛋白质	综合净能	钙	磷
青贮饲料	22.7	7.0	4.4	0.40	0.26
黄玉米粉	88.4	8.7	9.12	0.09	0.24
棉籽饼	89.6	36.3	7.39	0.30	0.90
苜蓿干草	92.4	18.2	4.89	2.11	0.30
小麦秸	43.5	10.1	2.11	—	—
食盐					
石粉	92.1			33.98	

第二步：列出日增重1 000克育肥牛每日采食干物质饲料量为8.56千克，每日配合饲料提供综合净能、粗蛋白质、钙、磷的量为（常用数据便查表14）：综合净能50.63兆焦、粗蛋白质866克、钙30克、磷20克。

第三步：把每日饲料营养物需要量换算为每千克配合饲料应含有的营养物质：

综合净能50.63兆焦/8.56克=5.92兆焦/千克，

粗蛋白质866克/8.56千克×100=10.60%，

钙33克/8.56千克×100=0.40%，

磷20克/8.56千克×100=0.29%。

第四步：列出演算式见表6-19。

表6-19 饲料配方计算

饲料名称	饲料中干物质（%）	配合饲料配比的量（干物质为基础）								
		假定配方（%）	综合净能	计算值*	粗蛋白质	计算值	钙	计算值	磷	计算值
青贮饲料	22.7	15.4	4.4	0.660	7.0	1.08	0.40	0.006	0.26	0.040
黄玉米粉	88.4	54	9.12	4.925	8.7	4.70	0.09	0.049	0.24	0.130
棉籽饼	89.6	10	7.39	0.739	36.3	3.63	0.30	0.030	0.90	0.090
苜蓿干草	92.4	10	4.89	0.489	18.2	1.82	2.11	0.211	0.30	0.030

（续）

饲料名称	饲料中干物质(%)	配合饲料配比的量（干物质为基础）								
		假定配方（%）	综合净能	计算值*	粗蛋白质	计算值	钙	计算值	磷	计算值
小麦秸	43.5	10	2.11	0.211	10.1	1.01	—	—	—	—
食盐		0.3								
石粉	92.1	0.3					33.9	0.101		—
标准				5.92		10.60		0.40		0.29
合计		100		7.02		12.24		0.397		0.29
比较				+1.10		+2.13		−0.003		0

* 计算值 0.660 由 15.4%×4.4 而得，4.925 由 54%×9.12 而得，其余类推。

第五步：经过第四步的运算，综合净能、粗蛋白质超过标准，钙、磷符合要求，因此要设法降低综合净能、粗蛋白质，再计算见表 6-20。

表 6-20 饲料配方计算

饲料名称	饲料中干物质(%)	配合饲料配比的量（干物质为基础）								
		假定配方（%）	综合净能	计算值*	粗蛋白质	计算值	钙	计算值	磷	计算值
青贮饲料	22.7	15.4	4.4	0.660	7.0	1.08	0.40	0.006	0.26	0.040
黄玉米粉	88.4	44	9.12	4.013	8.7	3.83	0.09	0.040	0.24	0.106
棉籽饼	89.6	5	7.39	0.370	36.3	1.82	0.30	0.015	0.90	0.045
苜蓿干草	92.4	5	4.89	0.245	18.2	0.91	2.11	0.106	0.30	0.015
小麦秸	43.5	29.9	2.11	0.633	10.1	3.02	—	—	—	—
食盐		0.3								
石粉	92.1	0.4					33.9	0.136		—
标准				5.92		10.60		0.30		0.20
合计		100		5.92		10.66		0.303		0.206
比较				+0		+0.06		+0.003		+0.006

第六步：经过第五步的运算，综合净能、粗蛋白质、钙、磷符合标准要求。在运算时是以干物质为基础，而在实际喂料时是

以饲料的自然重为基础，因此要将配方中的饲料都调整为自然重，并可计算配合饲料价格、配合饲料含水量等。列演算式见表6-21。

表 6-21　饲料配方计算

饲料名称	饲料中干物质（%）	配合饲料配比的量（自然重为基础）								
		假定配方（%）	综合净能	粗蛋白质	钙	磷	份额*	配方比例	饲料单价	配合饲料单价
青贮饲料	22.7	15.4	4.4	7.0	0.40	0.26	67.84	34.2		
黄玉米粉	88.4	44	9.12	8.7	0.09	0.24	49.77	25.1		
棉籽饼	89.6	5	7.39	36.3	0.30	0.90	5.58	2.8		
苜蓿干草	92.4	5	4.89	18.2	2.11	0.30	5.41	2.7		
小麦秸	43.5	29.9	2.11	10.1	—	—	68.74	34.5		
食盐	100	0.3					0.03	0.3		
石粉	92.1	0.4			33.9		0.04	0.4		
标准			5.92	10.60	0.30	0.20				
合计		100	5.92	10.66	0.303	0.206	198.31	100		
比较			0	+0.06	+0.003	+0.006				

* 份额67.84是由15.4/22.7而得；49.77是由44/88.4而得，其余类推。配方比例34.2由67.84/198.31而得。

第七步：列出设计的饲料（自然重）配方。

饲料名称	含量（%）	饲料名称	含量（%）
青贮饲料	34.2	小麦秸	34.5
黄玉米粉	25.1	食盐	0.3
棉籽饼	2.8	石粉	0.4
苜蓿干草	2.7	合计	100.0

3. 肉牛能量单位标准设计育肥牛配合饲料配方的运算过程

（1）利用饲料自然重设计饲料配方　以饲料自然重设计肉牛能量单位标准饲料配方时计算繁琐复杂，不作介绍。

（2）以饲料干物质重设计饲料配方　根据育肥牛场的饲料种类（黄玉米、全株玉米青贮饲料、棉籽饼、苜蓿干草、小麦秸、食盐、石粉），设计育肥牛配合饲料配方。一群体重 300 千克左右的育肥牛，育肥牛处在育肥中期（无补偿生长），要求日增重 1 000～1 100 克，育肥目标为普通型育肥。计算步骤：

第一步：在常用数据便查表 21 中查出玉米全株青贮饲料、黄玉米粉、棉籽饼、苜蓿干草、小麦秸、食盐、石粉的营养成分（干物质为基础），并列出演算见表 6－22。

表 6－22　饲料配方计算

饲料名称	干物质	粗蛋白质	肉牛能量单位	钙	磷
青贮饲料	22.7	7.0	0.54	0.40	0.26
黄玉米粉	88.4	8.7	1.13	0.09	0.24
棉籽饼	89.6	36.3	0.92	0.30	0.90
苜蓿干草	92.4	18.2	0.60	2.11	0.30
小麦秸	43.5	10.1	0.26	—	—
食盐					
石粉	92.1			33.98	

第二步：列出日增重 1 000 克育肥牛每日采食干物质饲料量为 8.56 千克，每日配合饲料提供肉牛能量单位、粗蛋白质、钙、磷的量为（常用数据便查表 14）：肉牛能量单位 6.27 兆焦、粗蛋白质 866 克、钙 36 克、磷 20 克。

第三步：把每日饲料营养物需要量换算为每千克配合饲料应含有的营养物质：

肉牛能量单位 6.27 兆焦/8.56 克＝0.73 兆焦/千克，

粗蛋白质 866 克/8.56 千克×100＝10.11％，

钙 33 克/8.56 千克×100＝0.36％，

磷 20 克/8.56 千克×100＝0.20％。

第四步：列出演算式见表 6－23。

表 6-23　饲料配方计算

饲料名称	饲料中干物质（%）	配合饲料配比的量（干物质为基础）								
		假定配方（%）	肉牛单位	计算值*	粗蛋白质	计算值	钙	计算值	磷	计算值
青贮饲料	22.7	15.4	0.54	0.083	7.0	1.08	0.40	0.062	0.26	0.040
黄玉米粉	88.4	44	1.13	0.497	8.7	3.83	0.09	0.040	0.24	0.106
棉籽饼	89.6	5	0.92	0.046	36.3	1.82	0.30	0.015	0.90	0.045
苜蓿干草	92.4	5	0.60	0.030	18.2	0.91	2.11	0.106	0.30	0.015
小麦秸	43.5	30.0	0.26	0.078	10.1	3.03	—	—	—	—
食盐		0.3								
石粉	92.1	0.3					33.9	0.102		—
标准				0.73		10.11		0.360		0.200
合计		100		0.734		10.67		0.325		0.206
比较				+0.004		+0.56		−0.035		+0.006

* 计算值 0.083 由 15.4%×0.54 而得，0.497 由 44%×1.13 而得，其余类推。

第五步：经过第四步的运算，肉牛能量单位、粗蛋白质超过标准，钙、磷接近标准要求，因此要设法降低肉牛能量单位、粗蛋白质，再计算见表 6-24。

表 6-24　饲料配方计算

饲料名称	饲料中干物质（%）	配合饲料配比的量（干物质为基础）								
		假定配方（%）	肉牛单位	计算值*	粗蛋白质	计算值	钙	计算值	磷	计算值
青贮饲料	22.7	20.4	0.54	0.110	7.0	1.43	0.40	0.082	0.26	0.053
黄玉米粉	88.4	43	1.13	0.486	8.7	3.74	0.09	0.039	0.24	0.103
棉籽饼	89.6	3	0.92	0.028	36.3	1.09	0.30	0.009	0.90	0.027
苜蓿干草	92.4	6	0.60	0.036	18.2	1.09	2.11	0.127	0.30	0.018
小麦秸	43.5	27.0	0.26	0.070	10.1	2.73	—	—	—	—
食盐		0.3								

（续）

饲料名称	饲料中干物质（%）	配合饲料配比的量（干物质为基础）								
		假定配方（%）	肉牛单位	计算值*	粗蛋白质	计算值	钙	计算值	磷	计算值
石粉	92.1	0.3					33.9	0.102		—
标准				0.73		10.11		0.36		0.20
合计		100		0.73		10.08		0.359		0.201
比较				0		−0.03		−0.001		+0.001

第六步：经过第五步的运算，肉牛能量单位、粗蛋白质、钙、磷接近标准要求。在运算时是以干物质为基础，而在实际喂料时是以饲料的自然重为基础，因此要将配方中的饲料都调整为自然重，并可计算配合饲料价格、配合饲料含水量等。列演算式见表 6－25。

表 6－25　饲料配方计算

饲料名称	饲料中干物质（%）	配合饲料配比的量（自然重为基础）								
		假定配方（%）	肉牛单位	粗蛋白质	钙	磷	份额*	配方比例	饲料单价	配合饲料单价
青贮饲料	22.7	20.4	0.110	7.0	0.082	0.053	89.87	42.59		
黄玉米粉	88.4	43	0.486	8.7	0.039	0.103	48.64	23.05		
棉籽饼	89.6	3	0.028	36.3	0.009	0.027	3.35	1.58		
苜蓿干草	92.4	6	0.036	18.2	0.127	0.018	6.49	3.08		
小麦秸	43.5	27.0	0.070	10.1	—	—	62.07	29.40		
食盐	100	0.3					0.3	0.15		
石粉	92.1	0.3			0.102	—	0.3	0.15		
标准				0.73	0.36	0.20				
合计		100		0.73	0.359	0.201	211.02	100.0		
比较				0	−0.001	+0.001				

*　份额 89.87 是由 20.4/22.7 而得，48.64 是由 43/88.4 而得，其余类推。配方比例 42.59 由 89.87/211.02 而得，其余类推。

第七步：列出设计的饲料配方（自然重）。

饲料名称	含量（%）	饲料名称	含量（%）
青贮饲料	42.59	小麦秸	29.4
黄玉米粉	23.05	食盐	0.15
棉籽饼	1.58	石粉	0.15
苜蓿干草	3.08	合计	100.0

（三）电脑法

用电脑编制育肥牛的饲料配方，快捷方便，精确可靠，但是它离不开人们的脑力劳动。现介绍较简单的一种用电脑编制育肥牛饲料配方的方法（以 NRC 标准为例）。

某肉牛育肥牛场有一群体重 300 千克的阉公牛即将开始育肥，需要设计饲料配方，能提供的饲料品种有玉米全株青贮饲料、黄玉米粉、小麦麸、米糠、高粱糠、DDGS（玉米酒精蛋白质饲料）、棉籽饼、玉米秸、苜蓿草、秋白草、小麦秸、食盐、石粉（常用数据便查表 28）。要求设计的配合饲料配方的标准是：

每千克配合饲料（干物质为基础）中含有维持净能 7.05 兆焦；

每千克配合饲料（干物质为基础）中含有增重净能 4.20 兆焦；

每千克配合饲料（干物质为基础）中含有钙 0.44%；

每千克配合饲料（干物质为基础）中含有磷 0.42%；

配合饲料的蛋白质水平为 11.0%（干物质为基础）。

育肥肉牛每日增重 1 100 克的营养物质需要量：维持净能 23.22 兆焦；增重净能 20.00 兆焦；粗蛋白质 12%（常用数据便查表 12、表 13）。

由于饲料的含水量差别很大，不同含水量的饲料设计饲料配方时的计算非常复杂，为了计算方便，先把饲料的含水量都校正到同一个水平，即饲料的含水量为 0。因此表 6 - 28 至表 6 - 32 中的维持净能，增重净能，钙、磷指标均为水分含量为 0 时的成分含量。电脑演算饲料配方的操作步骤如下：

第一步：打开电脑，“电脑配置”。

第二步：点击“开始”。

第三步：点击“所有程序”。

第四步：点击“microsoft Excel”，出现见表 6-26。

表 6-26 饲料配方计算表

	A	B	C	D	E	F	G	H	I	J	K	L	M
1													
2													
3													
4													
5													
6													
7													
8													
9													
10													
11													
12													
13													
14													
15													
16													

第五步：在表中填写；A 项为饲料名称、B 项为干物质、C 项为经验配方、D 项为维持净能（常用数据便查表 28）、E 项为计算值、F 项为增重净能（常用数据便查表 28）、G 项为计算值、H 项为蛋白质、I 项为计算值、J 项为钙（常用数据便查表 28）、K 项为计算值、L 项为磷（常用数据便查表 28）、M 项为计算值、N 项为份额、O 项为实际喂料时自然状态下的饲料比例、P 项为实际喂料时自然状态下的饲料干物质含量，还可以增加项目，如饲料价格等。见表 6-27。

表 6-27　饲料配方计算

	A	B	C	D	E	F	G	H	I	J	K	L	M
1	饲料名称	干物质（%）	经验配方（%）	维持净能（兆焦/千克）	计算值	增重净能（兆焦/千克）	计算值	粗蛋白质（%）	计算值	钙	计算值	磷	计算值
2													
3													
4													
5													
6													
7													
8													
9													
10													
11													
12													
13													
14													
15													
16													

第六步：填写饲料、干物质、经验配方（%）、维持净能（兆焦/千克）、增重净能（兆焦/千克）、蛋白质（%）、钙（%）、磷（%），见表6-28。

表 6-28　饲料配方计算

	A	B	C	D	E	F	G	H	I	J	K	L	M
1	饲料名称	干物质（%）	经验配方（%）	维持净能（兆焦/千克）	计算值	增重净能（兆焦/千克）	计算值	粗蛋白质（%）	计算值	钙	计算值	磷	计算值
2	黄玉米	88.4		9.12		5.98		9.7		0.09		0.24	
3	米糠	90.2		8.33		5.56		13.4		0.16		1.15	

（续）

	A	B	C	D	E	F	G	H	I	J	K	L	M
4	大麦	91.9		8.28		5.52		10.5		0.14		0.33	
5	小麦麸	89.9		6.69		4.31		16.3		0.2		0.88	
6	棉籽饼	84.4		4.98		2.09		24.5		0.92		0.75	
7	菜籽饼	92.2		7.74		5.15		39.5		0.79		1.03	
8	苜蓿草	87.7		5.31		2.68		20.9		1.68		0.22	
9	玉米秸	90.0		5.69		3.18		6.6		0.43		0.25	
10	小麦秸	89.6		4.14		0.38		6.3		0.06		0.07	
11	秋白草	85.2		4.31		0.84		8.0		0.49		0.08	
12	稻草	85.0		4.18		0.50		3.4		0.11		0.05	
13	青贮*	22.7		4.94		2.01		7.1		0.44		0.26	
14	食盐												
15	石粉												
16	合计												
17	计算值												
18	标准值												

第七步：列出经验配方、饲料配方标准（每千克饲料中维持净能、增重净能、蛋白质、钙、磷），见表 6－29。

表 6－29　饲料配方计算

	A	B	C	D	E	F	G	H	I	J	K	L	M
1	饲料名称	干物质（%）	经验配方（%）	维持净能（兆焦/千克）	计算值	增重净能（兆焦/千克）	计算值	粗蛋白质（%）	计算值	钙	计算值	磷	计算值
2	黄玉米	88.4	15	9.12		5.98		9.7		0.09		0.24	
3	米糠	90.2	10	8.33		5.56		13.4		0.16		1.15	
4	大麦	91.9	5	8.28		5.52		10.5		0.14		0.33	
5	小麦麸	89.9	5	6.69		4.31		16.3		0.2		0.88	

（续）

	A	B	C	D	E	F	G	H	I	J	K	L	M
6	棉籽饼	84.4	5	4.98		2.09		24.5		0.92		0.75	
7	菜籽饼	92.2	5	7.74		5.15		39.5		0.79		1.03	
8	苜蓿草	87.7	5	5.31		2.68		20.9		1.68		0.22	
9	玉米秸	90.0	19.4	5.69		3.18		6.6		0.43		0.25	
10	小麦秸	89.6	10	4.14		0.38		6.3		0.06		0.07	
11	秋白草	85.2	5	4.31		0.84		8.0		0.49		0.08	
12	稻草	85.0		4.18		0.50		3.4		0.11		0.05	
13	青贮*	22.7	15	4.94		2.01		7.1		0.44		0.26	
14	食盐		0.3										
15	石粉		0.3										
	合计		100										
16	计算值												
17	标准值		7.05			4.20		11.70		0.44		0.41	

第八步：计算方法　1）玉米维持净能计算；把鼠标点入E列2行，此时表的左上方出现“▼f_x”，点击键盘上“＝”键，左上方出现“▼×√．f_x”＝，在E列2行输入C2＊D2/100，点击“√”，E列2行出现计算值；把鼠标点入E列3行，点击键盘上“＝”键，输入C3＊D3/100，点击“√”，E列3行出现计算值；（有的电脑把鼠标点入E列2行左上方出现“E2▼＝”，在E2行输入C2＊D2/100时，左上方出现“E2▼x√＝”C2＊D2/100，点击√，右下方出现“输入”　“▼＝”C2＊D2/100，点击“＝”键，下方出现“编辑程序”，左上方出现“▼x√＝”C2＊D2/100，计算结果：确定取消，点击确定，E2行出现计算结果）。计算值见表6－30；2）玉米增重净能计算步骤同玉米维

持净能的计算一样。

其余各项计算以此类推。

表 6-30 饲料配方计算

	A	B	C	D	E	F	G	H	I	J	K	L	M
1	饲料名称	干物质（%）	经验配方（%）	维持净能（兆焦/千克）	计算值	增重净能（兆焦/千克）	计算值	粗蛋白质（%）	计算值	钙	计算值	磷	计算值
2	黄玉米	88.4	15	9.12	1.368	5.98	0.897	9.7	1.455	0.09	0.014	0.24	0.036
3	米糠	90.2	10	8.33	0.833	5.56	0.556	13.4	1.340	0.16	0.016	1.15	0.115
4	大麦	91.9	5	8.28	0.399	5.52	0.266	10.5	0.610	0.14	0.007	0.33	0.017
5	小麦麸	89.9	5	6.69	0.335	4.31	0.216	16.3	0.815	0.2	0.010	0.88	0.044
6	棉籽饼	84.4	5	4.98	0.249	2.09	0.105	24.5	1.225	0.92	0.046	0.75	0.038
7	菜籽饼	92.2	5	7.74	0.387	5.15	0.257	39.5	1.975	0.79	0.040	1.03	0.052
8	苜蓿草	87.7	5	5.31	0.266	2.68	0.134	20.9	1.045	1.68	0.084	0.22	0.011
9	玉米秸	90.0	19.4	5.69	1.096	3.18	0.609	6.6	1.804	0.43	0.083	0.25	0.049
10	小麦秸	89.6	10	4.14	0.414	0.38	0.038	6.3	0.630	0.06	0.006	0.07	0.007
11	野干草	85.2	5	4.31	0.214	0.84	0.036	8.0	0.415	0.49	0.025	0.08	0.004
12	稻草	85.0		4.18	0	0.50	0	3.4	0	0.11	0	0.05	0
13	青贮*	22.7	15	4.94	0.741	2.01	0.302	7.1	1.065	0.44	0.066	0.26	0.039
14	食盐		0.3								0.108		
15	石粉		0.3										
16	合计计算值		100		6.301		3.414		12.379		0.504		0.41
17	标准值			7.06		4.20		11.70		0.44		0.41	

第九步：经过维持净能、增重净能、粗蛋白质的计算，三项指标中维持净能、增重净能没有达到设计要求，粗蛋白质高于设计要求，因此其他项就不必计算（调整配方比例后再计算），见表 6-31。调整配方比例时要提高维持净能、增重净能水平，降

低粗蛋白质水平。

表 6-31　饲料配方计算

	A	B	C	D	E	F	G	H	I	J	K	L	M
1	饲料名称	干物质（%）	经验配方（%）	维持净能（兆焦/千克）	计算值	增重净能（兆焦/千克）	计算值	粗蛋白质（%）	计算值	钙	计算值	磷	计算值
2	黄玉米	88.4	15	9.12	1.368	5.98	0.897	9.7	1.455	0.09	0.014	0.24	0.036
3	米糠	90.2	10	8.33	0.833	5.56	0.556	13.4	1.340	0.16	0.016	1.15	0.115
4	大麦	91.9	5	8.28	0.399	5.52	0.266	10.5	0.610	0.14	0.007	0.33	0.017
5	小麦麸	89.9	5	6.69	0.335	4.31	0.216	16.3	0.815	0.2	0.010	0.88	0.044
6	棉籽饼	84.4	5	4.98	0.249	2.09	0.105	24.5	1.225	0.92	0.046	0.75	0.038
7	菜籽饼	92.2	5	7.74	0.387	5.15	0.257	39.5	1.975	0.79	0.040	1.03	0.052
8	苜蓿草	87.7	5	5.31	0.266	2.68	0.134	20.9	1.045	1.68	0.084	0.22	0.011
9	玉米秸	90.0	19.4	5.69	1.096	3.18	0.609	6.6	1.804	0.43	0.083	0.25	0.049
10	小麦秸	89.6	10	4.14	0.414	0.38	0.038	6.3	0.630	0.06	0.006	0.07	0.007
11	野干草	85.2	5	4.31	0.214	0.84	0.036	8.0	0.415	0.49	0.025	0.08	0.004
12	稻草	85.0		4.18	0	0.50	0	3.4	0	0.11	0	0.05	0
13	青贮*	22.7	15	4.94	0.741	2.01	0.302	7.1	1.065	0.44	0.066	0.26	0.039
14	食盐		0.3								0.108		
15	石粉		0.3										
	合计		100										
16	计算值				6.301		3.414		12.379		0.504		0.41
17	标准值				7.05		4.20		11.70		0.44		0.41
18	比较				−0.75		−0.79		+0.68		+0.06		0

第十步：经过第二次调整维持净能、增重净能比例指标后仍未达到设计要求，粗蛋白质指标超出设计要求，因此要再次调整配方比例后重新计算（提高维持净能、增重净能、降低粗蛋白质水平），在调整饲料比例时，从饲料成分中可以看到，小麦秸和

玉米秸、玉米青贮饲料粗蛋白质含量相差小，维持净能、增重净能相差较大，减少小麦秸和玉米青贮饲料、增加玉米秸，减少棉籽饼、增加玉米再计算见表 6 - 32。

表 6 - 32　饲料配方计算

	A	B	C	D	E	F	G	H	I	J	K	L	M
1	饲料名称	干物质(%)	经验配方(%)	维持净能(兆焦/千克)	计算值	增重净能(兆焦/千克)	计算值	粗蛋白质(%)	计算值	钙(%)	计算值	磷(%)	计算值
2	黄玉米	88.4	34.2	9.12	3.119	5.98	2.045	9.7	3.317	0.09	0.031	0.24	0.082
3	米糠	90.2	10	8.33	0.833	5.56	0.556	13.4	1.340	0.16	0.016	1.15	0.115
4	大麦	91.9	3	8.28	0.240	5.52	0.159	10.5	0.366	0.14	0.004	0.33	0.010
5	小麦麸	89.9	6	6.69	0.401	4.31	0.259	16.3	0.978	0.2	0.012	0.88	0.053
6	棉籽饼	84.4	3	4.98	0.149	2.09	0.063	24.5	0.735	0.92	0.028	0.75	0.023
7	菜籽饼	92.2	3.8	7.74	0.294	5.15	0.196	39.5	1.501	0.79	0.030	1.03	0.039
8	苜蓿草	87.7	1.5	5.31	0.080	2.68	0.040	20.9	0.314	1.68	0.025	0.22	0.003
9	玉米秸	90.0	20.1	5.69	1.136	3.18	0.631	6.6	1.869	0.43	0.086	0.25	0.050
10	小麦秸	89.6	4.5	4.14	0.186	0.38	0.017	6.3	0.284	0.06	0.003	0.07	0.003
11	野干草	85.2	3	4.31	0.128	0.84	0.021	8.0	0.249	0.49	0.015	0.08	0.002
12	稻草	85.0	0	4.18	0	0.50	0	3.4	0	0.11	0	0.05	0
13	青贮*	22.7	10.3	4.94	0.509	2.01	0.207	7.1	0.731	0.44	0.045	0.26	0.027
14	食盐		0.2										
15	石粉		0.4								0.144		
	合计		100										
16	计算值				7.075		4.194		11.684		0.439		0.407
17	标准值			7.05		4.20		11.70		0.44		0.41	
18	比较				+0.025		−0.006		−0.016		−0.001		−0.003

第十一步：经过几次调整比例后计算，维持净能、增重净能、粗蛋白质、钙、磷的指标都达到设计要求，此时要进行实际

饲喂时比例的计算。先计算份额，计算方法：黄玉米份额，将鼠标点击＝C2（34.2）/B2（88.4）*100，再点击√（C2/B2*100＝38.69）；小麦麸份额 C5（6）/B5（89.9）*100＝6.67；其余类推；见表 6－33。

表 6－33　饲料配方计算

	A	B	C	D	E	F	G	H	I	J	K
1	饲料名称	干物质（%）	经验配方（%）	维持净能（兆焦/千克）	计算值	增重净能（兆焦/千克）	计算值	粗蛋白质（%）	计算值	钙（%）	计算值
2	黄玉米	88.4	34.2	9.12	3.119	5.98	2.045	9.7	3.317	0.09	0.031
3	米糠	90.2	10	8.33	0.833	5.56	0.556	13.4	1.340	0.16	0.016
4	大麦	91.9	3	8.28	0.240	5.52	0.159	10.5	0.366	0.14	0.004
5	小麦麸	89.9	6	6.69	0.401	4.31	0.259	16.3	0.978	0.2	0.012
6	棉籽饼	84.4	3	4.98	0.149	2.09	0.063	24.5	0.735	0.92	0.028
7	菜籽饼	92.2	3.8	7.74	0.294	5.15	0.196	39.5	1.501	0.79	0.030
8	苜蓿草	87.7	1.5	5.31	0.080	2.68	0.040	20.9	0.314	1.68	0.025
9	玉米秸	90.0	20.1	5.69	1.136	3.18	0.631	6.6	1.869	0.43	0.086
10	小麦秸	89.6	4.5	4.14	0.186	0.38	0.017	6.3	0.284	0.06	0.003
11	野干草	85.2	3	4.31	0.128	0.84	0.021	8.0	0.249	0.49	0.015
12	稻草	85.0	0	4.18	0	0.50	0	3.4	0	0.11	0
13	青贮*	22.7	10.3	4.94	0.509	2.01	0.207	7.1	0.731	0.44	0.045
14	食盐		0.2								
15	石粉		0.4								0.144
	合计		100								
16	计算值				7.075		4.194		11.684		0.439
17	标准值			7.05		4.20		11.70		0.44	
18	比较				+0.025		−0.006		−0.016		−0.001

（续）

	A	B	L	M	N	O	P	R	S	T
1	饲料名称	干物质（%）	磷（%）	计算值	份额（%）	饲喂比例（%）	饲料价格（元）	配方饲料价格（元/千克）	配方饲料干物质（%）	备注
2	黄玉米	88.4	0.24	0.062	38.69	26.59	1.4	0.372 3	23.51	饲料价格（元）由山东某肉牛育肥场提供（2006—12—29）
3	米糠	90.2	1.15	0.115	11.09	7.62	1.0	0.076 2	6.87	
4	大麦	91.9	0.33	0.010	3.38	2.32	1.5	0.034 8	2.06	
5	小麦麸	89.9	0.88	0.053	6.67	4.59	1.0	0.045 9	4.12	
6	棉籽饼	84.4	0.75	0.023	3.55	2.44	1.0	0.024 4	2.06	
7	菜籽饼	92.2	1.03	0.039	4.12	2.83	0.9	0.025 5	2.61	
8	苜蓿草	87.7	0.22	0.003	1.71	1.18	0.8	0.009 4	1.03	
9	玉米秸	90.0	0.25	0.050	22.02	15.13	0.2	0.030 3	13.82	
10	小麦秸	89.6	0.07	0.003	5.02	3.45	0.2	0.006 9	3.09	
11	野干草	85.2	0.08	0.002	3.26	2.24	0.2	0.004 5	2.06	
12	稻草	85.0	0.05	0	0	0	0.15	0	0	
13	青贮*	22.7	0.26	0.027	45.37	31.19	0.15	0.046 8	7.08	
14	食盐				0.2	0.20	0.3	0.000 4	0.14	
15	石粉	100			0.4	0.30	0.6	0.001 6	0.27	
16	合计计算值			0.407	145.48	100		0.679 0	68.74	
17	标准值		0.41	0.407	145.48	100		0.679 0	68.74	
18	比较			−0.003						

饲喂比例（%）计算方法（电脑操作）：黄玉米鼠标点击＝N2（38.69）/N16（145.48）＊100＝26.59；小麦麸鼠标点击＝N5（6.67）/N16（145.48）＊100＝4.59，其余类推。

配合饲料配方每千克的价格计算方法（电脑操作）：黄玉米鼠标点击＝02（26.59）＊P2（1.4）/100＝0.372 3；米糠鼠标点击＝03（7.62）＊P3（1.0）/100＝0.076 2……石粉鼠标点击＝015（0.3）＊P15（0.6）＝0.001 6；累加数为0.679 0元。

配合饲料的干物质含量（%）计算方法（电脑操作）：黄玉米鼠标点击＝02（26.59）＊B2（88.4）/100＝23.51；米糠鼠标点击＝03（7.62）＊B3（90.2）/100＝6.87……石粉

鼠标点击＝015（0.3）* B15（100.0）＝0.3；累加数为68.74%。

在表 6-35 中，改动任何一个数据，整个表的数据会发生变化，因此可以设计你所需要的饲料配方。

第十二步：列出饲料配方为：玉米 26.6%，小麦麸 4.6%，米糠 7.6%，大麦 2.3%，棉籽饼 2.4%，菜籽饼 2.8%，全株玉米青贮饲料 31.2%，苜蓿草 1.2%，野干草 2.2%，玉米秸 15.1%，小麦秸 3.5%，食盐 0.2%，石粉 0.3%，合计 100.0%。

第十三步：检验。

饲料配方设计完成后应检验其可考性、实用性。

1. 依据理论检验 体重 300 千克的育肥牛日增重达到1 100 克时，应日采食干物质 8.1 千克，维持净能 23.22 兆焦，增重净能 20.00 兆焦。验算步骤如下：

用于维持净能的饲料量：23.22/7.05＝3.29 千克；

用于增重净能的饲料量：8.1－3.29＝4.81 千克；

用于增重的增重净能值为：4.81 * 4.19＝20.15 兆焦；

检验结果增重净能需求量（20.00 兆焦）和供应量（20.15 兆焦）基本平衡（差异为 0.75%），编制的配方可以使用。

2. 依据实喂效果检验

（1）适口性　考察采食饲料量是否达到要求。

（2）增重速度　通过个体称重检查使用该饲料配方后育肥牛的增重速度，判断饲料配方的可用性。

（3）经济性　从增重速度和饲料消耗量计算增重饲料成本，判断饲料配方的可用性。

3. 提出改进意见 根据检验结果提出改进意见，使饲料配方更合理完善，经济实惠以综合净能、肉牛能量单位标准采用电脑法编制（设计）饲料配方的操作方法和 NRC 标准一样，简便快速。

三、精饲料与粗饲料的比例

肉牛配合饲料中精饲料与粗饲料比例是否合适既影响育肥牛的采食量，又影响育肥牛的增重，以及育肥牛的饲养成本，因此在编制育肥牛的饲料配方时要十分注意精饲料与粗饲料比例。据美国肉牛科学家的研究结果认为，育肥牛饲料配方中精饲料与粗饲料比例（干物质为基础）的禁忌点是精饲料和粗饲料的比例各占50%（饲料转化效率下降），因此在设计育肥牛饲料配方时尽量避开这个禁忌点。

肉牛在育肥期的全程（60—90—180—240天）中，可划分为二或三个阶段，分阶段情况如下（在组织高档牛肉生产时育肥时间不能少于180天，否则达不到目的）。现将不同育肥期内的精饲料、粗饲料比例分列于后。

1. 240天育肥　240天育肥时精饲料、粗饲料比例的设计（作者资料）见表6-34。

表6-34　育肥期180天时精饲料、粗饲料比例

阶　段	天数（天）	精饲料比例（%）	粗饲料比例（%）
过渡期	5	30	70
一般育肥期	130	60～70	40～30
催肥期	105	75～85	25～15

2. 180天育肥　180天育肥时精饲料、粗饲料比例的设计（作者资料）见表6-35。

表6-35　160天育肥期精饲料、粗饲料比例

阶　段	天数（天）	精饲料比例（%）	粗饲料比例（%）
过渡期	5	40	60
一般育肥期	75	70	30
催肥期	100	85	15

3. 90天育肥　90天育肥时精饲料、粗饲料比例的设计（作

者资料）见表 6 - 36。

表 6 - 36　90 天育肥期精饲料、粗饲料比例

阶　段	天数（天）	精饲料比例（%）	粗饲料比例（%）
过渡期	5	40	60
催肥期	85	80	20

4. 60 天育肥　60 天育肥时精饲料、粗饲料比例的设计（作者资料）见表 6 - 37。

表 6 - 37　60 天育肥期精饲料、粗饲料比例

阶　段	天数（天）	精饲料比例（%）	粗饲料比例（%）
过渡期	5	40	60
催肥期	55	85	15

第七章

无公害肉牛安全生产饲养和管理技术

一、无公害牛源基地建设

（一）无公害架子牛基地选址目标

1. 无公害牛源基地选址要求和环境目标

（1）*选址和污染源* 无公害牛源基地选址最好选择在没有污染源（农药厂、造纸厂、皮革厂、化肥厂、有毒有害金属厂、有毒有害气体）的地区；或至少有 2 000 米以上的距离间隔。

（2）*选址的风向* 无公害牛源基地选址在污染源的上风向。

（3）*选址的水源* 无公害牛源基地饮用水、生产用水均采用地下水（水深 100 米以上），并定期检测水质（常用数据便查表 5-1、表 5-2）。

（4）*选址的资源量* 选择粗饲料、精饲料、青饲料、青贮饲料产量多、质量好的地区；牛资源丰富的地区。

（5）*多用农家肥* 选择基地内种植业尽量多用农家肥、生物有机肥，尽量少用化肥；尽量少用农药，采用生物防治的地区。

（6）*定期检测* 无公害牛源基地内严禁使用政府已明令禁用的兽药、添加剂，不定期抽样检测牛肉、内脏的重金属、农药残留、药物残留（常用数据便查表 8）；定期检测粗饲料、精饲料、青饲料、青贮饲料中有毒有害重金属、农药残留量（常用数据便查表 8）。

(7) 综合利用　无公害牛源基地（养牛场）的生活废弃物实施无害化处理，牛粪制成干有机生物肥料；废水实施污水处理，达到排放标准排出。

污染物名称	pH	COD	BOD_5	SS	色度
排放标准	6～9	80毫克/升	20毫克/升	50毫克/升	50°

2. 无公害牛源基地建设肉牛品种目标　无公害牛源基地建设肉牛品种参见本书第二章。

3. 无公害牛源基地建设肉牛数量目标　根据当前我国基本情况，建设无公害牛源基地的规模不宜过大，以每年能获得2万～3万头犊牛为原则，具体设计为：①适龄繁殖母牛数：3万～4万头；②每年获得牛犊数：2.5万～3.3万头（受胎率85%、初生成活率98%计算）；③每年获得可育肥牛数（阉公牛）：1.2万～1.6万头。

4. 无公害牛源基地建设肉牛质量目标

(1) 生长发育指标

1) 公牛犊　初生重32～33千克；180日龄体重180～200千克。

2) 阉公牛　360日龄体重250～260千克；540日龄（18月龄）体重360～380千克。

3) 母牛犊　初生重29～30千克；180日龄体重160千克；360日龄体重240～250千克；540日龄（18月龄）体重340～350千克。

(2) 育肥牛指标　①育肥期：240～300天；②育肥结束体重：500～600千克；③屠宰前体重：480～570千克；④屠宰率：畜牧屠宰率65%，企业屠宰率57%；⑤高价肉块重量：29～30千克。

(二) 无公害牛源基地建设的技术路线

(1) 小群体大规模　以家庭为养殖单位，每个养殖单位饲养量小（1～5头），几百几千户组成规模较大的肉牛基地。

（2）专业化饲养　母牛饲养专业户（养殖小区）、犊牛饲养专业户、肉牛育肥饲养专业户（养殖小区）。

（3）配合饲料　①粗饲料、青贮饲料、农副产品就近供应，大量应用，集中使用精饲料的低中营养育肥技术路线；②青贮饲料、精料、粗饲料中高营养育肥技术路线。

（4）实施冷冻精液配种、胚胎移植技术、杂交繁育路线。

（5）防重于治、肉牛防疫保健技术路线。

（6）一体化生产　肉牛育肥饲养、屠宰加工、销售一体化生产路线。

（7）定期和不定期抽检用于肉牛饲料、饮水的农药残留量，有毒有害物的检测，兽药安全性的检查。

（三）无公害牛源基地建设的经营模式

在牛源基地建设的经营模式的实践证明，“公司＋农户＋基地”的模式运转时往往会遇到一些难以克服的困难，主要来自信任、信誉、守约、利益分配不均，因此有部分地方在总结“公司＋农户＋基地”的经验基础上试行六位一体的经营模式，效果较好，现把六位一体的经营模式介绍于后供参考。“六位”的各自职责：

（1）龙头企业（公司）　肉牛屠宰加工、牛肉商业贸易，把资源优势转化为经济优势；肉牛高效低成本生产研究、牛肉优质高效益研究；支付养牛协会活动经费等。

（2）养牛协会　组织协会会员按龙头企业（公司）需要的产品质量饲养肉牛；为会员提供信息服务（技术、市场价格、牛资源、疫病等）；协调龙头企业（公司）和养牛的矛盾，为养牛户说公道话、办公道事；和龙头企业（公司）共同商定肉牛价格标准等。

（3）保险部门　为养牛户提供养牛伤亡保险，既解除养牛户的后顾之忧，也消除银行怕收不回贷款的顾虑；收取保险费等。

(4) 银行部门　给养牛户提供养牛贷款；为龙头企业（公司）提供流动资金贷款等。

(5) 政府部门　政策引导、政策支持；监督龙头企业（公司）和养牛户履行合同等。

(6) 养牛户　按龙头企业（公司）需要的产品质量饲养肉牛，按时交牛；接受养牛协会的技术指导；为保险公司反担保，按期还贷付息等。

(四) 无公害牛源基地建设的饲料饲草目标

(1) 测算秸秆类粗饲料的年生产量　秸秆类粗饲料的每亩生产量和谷物实际产量的比例为 1∶1，秸秆类粗饲料的收获利用率按 90%计。

(2) 概算各类型牛生产周期内秸秆类粗饲料的需要量、年总需要量。

(3) 按 1 和 2 计算，得出秸秆类粗饲料的年生产量和需要量间的差额，采取相应措施。

(4) 种植优质高产牧草（苜蓿、饲用高粱、饲料玉米、黑麦草等），不仅可以增加农户收入，还可提高养牛效益。

(5) 大力推广全株玉米青贮饲料喂牛。

(6) 在农作物生长过程中尽量少用化肥、农药，多用农家肥。

(7) 定期和不定期抽检作物秸秆农药残留量。

二、无公害肉牛的饲养管理

(一) 无公害种牛的饲养管理

参考附录三无公害食品的肉牛饲养管理准则。

1. 无公害种公牛的饲养管理

(1) 无公害育成公牛的饲养　成年公牛的饲养技术依据公牛

品种、年龄、采精次数（次/周）等而有较大的差异，饲养的原则是不能过肥也不能过于消瘦；饲料应为多精料、少粗料，高蛋白质、高维生素的较平衡日粮。无公害育成公牛正处于牛的生长高峰期，不仅需要的营养物质的量较多，而且要求饲料的质量也较高，仅用牧草为日粮基础不能满足营养要求，需要一定量的精饲料，才能满足其生长发育的营养需要。在配制育成公牛的日粮中，由于青粗饲料的不同而异；粗饲料以青干草为主时，精饲料30%、干草70%（鲜重、日粮含水量50%计）；粗饲料以青草为主时，精饲料27%～28%、干草73%～72%（鲜重、日粮含水量50%计）；粗饲料的选用以苜蓿干草为第一，不用秸秆、糟渣料、多汁料；在日粮的组成中必须含有丰富的维生素A，它对公牛睾丸的发育、精子的活力和密度有极其重要的影响（常在饲料中添加鱼肝油）；

定期和不定期抽检精饲料、粗饲料、青贮饲料及饮水中的农药残留量，有毒有害物质的含量。

（2）无公害育成公牛的管理

1）分群饲养和管理　育成公牛要和育成母牛分群饲养和管理，还要在育成公牛群中分栏饲养和管理，以满足个体要求，获得优秀个体。

2）戴鼻环　戴鼻环的目的是为了便于管理。正确戴鼻环首先要穿鼻，穿鼻用的工具为穿鼻钳，部位在牛鼻中隔软骨最薄处。穿鼻时应将牛保定牢固，用碘酒消毒用具及牛鼻中隔软骨，用穿鼻钳穿过鼻中隔软骨最薄处，立即用麻绳或光滑的木棍穿过伤口，以免伤口愈合，过几天用小鼻环替代麻绳或木棍。以后随年龄增长，更换更大的鼻环。不可直接将缰绳拴系于鼻环，要编制笼头，鼻环和笼头为一体，然后拴系缰绳。

3）刷拭　每天在固定时间内刷拭育成公牛，每日1次，5～10分钟，以保持皮毛清洁干净、促进血液循环、增强体质，并养成良好的生活习性。

4）运动　育成公牛运动的重要性在于提高生活力，增进健康，有了强壮的体格才能生产活力强、密度高、精液量多、质量优的精液。

5）防疫保健　定时注射防疫疫苗；不喝脏水，不喂霉烂变质饲料；保持育成公牛舍干燥、干净、清洁卫生，定期消毒；夏防暑，冬防寒；谢绝参观。

6）训练采精　育成公牛从12～14月龄起训练调教人工采精，每月1～2次；逐渐增加到18月龄时每周1～2次，检查精液量、精子密度、活力、不合格精子比例；试配健康经产母牛，观察其后代有无遗传缺陷、生长发育速度、品种特性等，为继续选留或淘汰提供依据。

7）定期抽检作物秸秆农药残留量。

8）购进兽药时必须严格检查其合格性，拒绝禁用兽药进场。

9）护蹄　种公牛要经常修蹄（春秋季各1次）、护蹄，以保证公牛四肢的健康。经常观察并检查趾蹄有无异常，保持蹄壁和蹄叉的清洁。

2. 无公害种母牛饲养管理

（1）无公害育成母牛的饲养　母犊牛从断奶转群到周岁的育成母牛，其间虽然只有6个月时间，但是牛的生理变化很大，此时牛处在生长速度的最高峰，饲养适度可获得很高的日增重，为了获得较高的体重，可以采用先精后粗的饲养方案：从断奶到周岁，日粮中混合精料占45%～55%，粗饲料占55%～45%；周岁时混合精料占20%～30%，粗饲料占80%～70%。但应注意粗饲料的质量，粗饲料质量差，日粮中的比例要小一点，日粮中粗蛋白质的含量应达到：

体重（千克）	150	200	250	300	350	400
粗蛋白质（%）（干物质为基础）	11.5～11.7	9.7～10.6	8.8～9.8	8.3～9.3	8.2～9.5	7.9～8.9

周岁以上育成母牛的生理特点是消化器官的发育已接近成熟，能更多地利用粗饲料，因此到初配前，粗饲料（品质较好）提供的营养可达85%～90%。

定期和不定期抽检精饲料、粗饲料、青贮饲料及饮水中的农药残留量、有毒有害物质的含量。

（2）育成母牛的营养需要量　育成母牛既要增加体重，但又不能沉积脂肪太多，过度肥胖的育成母牛会影响正常发情，因此饲养育成母牛不能以增重为目的。育成母牛的营养需要量见常用数据便查表17、表22。

怀孕的育成母牛由于胎儿发育，因此需要更多的营养，尤其在产犊前100天左右，在舍饲条件下要增加精饲料的喂量，并在饲料中加喂维生素A，此时增加营养既为满足胎儿发育的营养需要，也为产犊后增加泌乳量做准备；育成母牛怀孕后的饲养方式各地依据条件而定，具备放牧条件时应以放牧为主，牧草数量、质量较好时，可以不补料，但是牧草数量、质量不能满足需要时，应适当补料。

（3）无公害育成母牛的管理

1）分群饲养、分群管理　依据体重和体质分群饲养和管理，防止“强欺弱、大欺小”。

2）定食槽、定牛床　为育成母牛定食槽、定牛床管理有利于养成牛的条件反射，培养良好的生活习惯。

3）全身刷拭　每天给牛全身刷拭1～2次，增加血液循环，促进生长发育。

4）分栏转群　12月龄、18月龄、分娩前2个月根据育成母牛发育情况分栏转群，同时进行称重、体尺测量，做好档案记录。

5）适时初配　育成母牛的年龄达到18月龄时应记录其发情日期，经过几次发情，条件成熟的育成母牛应及时配种。

6）防疫防病　定时注射防疫针（重点为口蹄疫疫苗、布鲁氏菌苗等)；定期驱除体内外寄生虫。

7）夏防暑、冬防寒　种树搭凉棚、强制通风、舍顶喷雾防暑；堵塞风眼、关闭窗户、勤换垫草、保持干燥防寒。

8）定期抽检作物秸秆农药残留量。

9）购进兽药时必须严格检查其合格性，拒绝禁用兽药进场。

(4) 无公害成年母牛饲养管理

1）无公害成年母牛的维持营养需要　无公害成年母牛的维持营养需要见表7-1。

表7-1　无公害成年母牛的维持营养需要

体重（千克）	干物质（千克）	粗蛋白（克）	维持净能（兆焦）	钙（克）	磷（克）	胡萝卜素（毫克）	干物质（兆焦/千克）
300	4.47	396	23.2	10	10	25.0	7.5～8.8
350	5.02	445	26.1	11	11	27.5	
400	5.55	492	28.8	13	13	30.0	
450	6.06	537	31.5	15	15	32.5	
500	6.56	582	34.1	16	16	35.0	
550	7.04	625	36.6	18	18	37.5	
600	7.52	667	39.1	20	20	40.0	

资料来源：黄应祥，《肉牛无公害综合饲养技术》，2003。

2）无公害妊娠母牛的饲养　无公害妊娠母牛饲养的特点是既要满足自身营养需要，又要提供胎儿生长发育的营养需要，还要为产后哺乳提前贮存营养。营养需要表现为前期低少，逐渐增加，后期（临产前3个月左右）达最高。妊娠母牛的营养需要量见常用数据便查表18。

母牛妊娠初期由于胎儿小、发育慢，需求营养较少，在原有饲料营养基础上增加10%～15%的营养即可；母牛妊娠最后3个月，胎儿生长发育迅速（胎儿重量的70%～80%在妊娠最后3

个月长成），需要从母牛获得大量的营养，体重350～450千克的妊娠母牛，舍饲时每天应补充精饲料1.5～2.0千克，放牧时视草地草的质量适当补喂精料。定期和不定期抽检饲喂母牛的精饲料、粗饲料、青贮饲料及饮水中的农药残留量、有毒有害物质的含量。

3）无公害妊娠母牛的管理　妊娠母牛管理要点是营造安静、清洁、卫生的生活环境，防止早产、流产是管理重点：

① 四防：一防爬跨，群养时要防止牛爬跨造成流产；二防挤压，进出围栏和牛舍时防止挤压造成流产；三防追赶，严格禁止追赶怀孕母牛以防造成流产；四防鞭打，严禁鞭打怀孕母牛以防造成流产。

② 谨慎用药：怀孕母牛一旦染病，应谨慎用药，防止药物影响胎儿。

③ 固定栏位：不轻易调换变更牛栏。

④ 饮水、草料卫生：不喂霉烂变质饲料饲草，不喂有毒有害物质残留量超标饲料，不喂酒糟、棉饼饲料；不饮脏水、冰水、有毒有害物质残留量超标的水。

⑤ 保持牛舍干燥、干净、清洁、通风，经常消毒。

⑥ 适度运动：妊娠母牛适度运动，有利于增强体质、促进胎儿发育，防止难产。

⑦ 定期抽检作物秸秆农药残留量。

⑧ 购进兽药时必须严格检查其合格性，拒绝禁用兽药进场。

（5）无公害哺乳母牛的饲养管理　无公害哺乳母牛饲养管理的要求：健壮的体质、较高的产乳量、尽快发情配种。

1）无公害哺乳母牛饲养　哺乳母牛产前30天和产后70～80天的饲养是十分重要的时期，饲养质量的好坏，直接影响母牛的分娩、产后泌乳、产后发情、配种受胎、犊牛的初生重和断奶重、犊牛的健康和生长发育。产前要精心喂养，细心护理，选优质易消化饲料，少喂勤添，注意补充蛋白质饲料；母牛分娩的最初几天，正处于身体恢复阶段，体质较差，食欲不好，消化力较差，因此需要饲喂优质、易消化干草和多汁饲料；3～4天后可喂少量精饲料，6～7天后可转入正常饲养（哺乳母牛的营养需要见常用数据备查表19、20、21）。

哺乳母牛按哺乳量每千克应增加的营养物质（NRC标准）：维持净能3.14兆焦、粗蛋白质85克、干物质0.4千克、钙4.5克、磷3克、胡萝卜素2.5毫克或见常用数据备查表20。

2）无公害哺乳母牛的管理

① 分娩管理：做好辅助接产的准备工作，清洁消毒产房，铺垫清洁卫生垫草；保持产房安静和干燥环境；防止母牛吞食胎衣；产犊后及时更换垫草。

② 分娩后饮水：饮温水，并在饮水中加食盐（15～20克）和麸皮（80～100克），防止母牛分娩时体内失水过多引起内压突然下降而诱发其他疾病。

③ 观察胎衣：胎衣不下时有发生，危及母牛和犊牛生命，因此要格外注意。

④ 注意产犊母牛牛舍的温度，防止贼风。

⑤ 定期抽检作物秸秆农药残留量。

⑥ 购进兽药时必须严格检查其合格性，拒绝禁用兽药进场。

（二）无公害犊牛的饲养管理

无公害犊牛饲养管理的要点如下。

1. 尽快吃到吃好初乳 母牛产犊后5～7天分泌的乳汁称为初乳，色黄黏稠，第一天初乳干物质含量为常乳的2倍，维生素A是常乳的8倍，蛋白质是常乳的3倍（表7-2）。初乳是初生犊牛正常生长发育必不可少，其他食物难以取代的营养物质。初乳成分中含有大量免疫球蛋白，此球蛋白具有抑制和杀死多种病源微生物的功能，使犊牛获得免疫，初生犊牛的肠黏膜直接吸收免疫球蛋白特殊功能只能维持约36小时，因此要尽快让犊牛吃上吃好初乳；初乳中含有较高的镁盐（使初乳具有轻泻性），犊牛吃初乳后有利于胎便的排出；初乳的酸度高，进入犊牛消化道能抑制肠胃有害微生物的活动。

表7-2　初乳与常乳成分比较

项　目	初　乳	常　乳	初乳/常乳
干物质（%）	27.6	12.4	182
脂肪（%）	3.6	3.6	100
蛋白质（%）	14.0	3.5	400
球蛋白（%）	6.8	0.5	1 360
乳糖（%）	3.0	4.5	66.7
胡萝卜素（毫克/千克）	900～1 620	72～144	1 200
维生素A（毫克/千克）	5 040～5 760	648～720	800
维生素D（毫克/千克）	32.4～64.8	10.8～21.6	300
维生素E（毫克/千克）	3 600～5 400	504～756	700
钙（克/千克）	2～8	1～8	100
磷（克/千克）	4.0	2.0	200
镁（克/千克）	40.0	10	400
酸度（°T）	48.4	20	2.42

资料来源：黄应祥，《肉牛无公害综合饲养技术》，2003。

犊牛阶段管理的重点是最大限度地减少初生牛犊的应激，为此要做好以下工作。

（1）做好初生护理　犊牛出生后应立即用消毒过的干布擦净其身上的黏液，断脐带，称初生体重，扶助犊牛站立，扶助其接近母牛乳房寻食。

（2）良好的环境条件　犊牛舍应安静、通风、干燥、清洁卫生；牛床柔软舒适；牛舍温度适中、无贼风、无蚊蝇。

2. 充分吃足母乳 让犊牛充分吃够吃足母乳是提高其生活力、断乳重的既省事、又效果显著的方法。为此要做好：①母牛产犊前、后补充营养，以获得较高的产乳量；②犊牛跟随哺乳，让犊牛和母牛生活在一起，任犊牛充分哺乳，直到断乳；③哺乳母牛的泌乳量见常用数据备查表21。

3. 早期补料（粗饲料、精饲料） 为了提高犊牛断乳体重、增强犊牛体质，应采取措施给犊牛补料，从出生后7天左右开始训练犊牛采食干草，其方法是在犊牛栏的草架上放置青香优质干草，引诱犊牛采食咀嚼；15天左右训练犊牛采食精饲料，其方法是在犊牛吃完奶后将炒熟的精饲料涂抹在犊牛嘴唇或舌头上诱导舔食，经2～3天后可在犊牛栏内放置饲料槽（容器），精饲料喂量：训练补料时15～20克；7～10天，100克左右；30天，200～250克；60天起任其自由采食，并加喂青贮饲料。定期和不定期抽检饲喂犊牛的精饲料、粗饲料、青贮饲料及饮水中的农药残留量、有毒有害物质的含量。

4. 适宜的温度 犊牛舍的温度最好不冷不热，保持在10～27℃。

5. 严防腹泻 犊牛腹泻不仅影响生长，严重时会发生死亡，损失较大。造成犊牛腹泻的原因有：卫生条件太差、温度变化无常、误饮脏水。防治犊牛腹泻的主要技术措施：①保持犊牛舍干燥、干净、清洁、通风，常换垫草；②保持犊牛舍温度，防止骤然变温，及时开启或关闭窗户；③加强犊牛运动，增强体质，提高免疫力；④定时投喂健胃、助消化、抗菌药物；⑤经常消毒饮水器、食槽、牛舍。

6. 及时断奶 犊牛6月龄时应及时断奶。采用循序渐进断奶法，在犊牛5.5月龄时开始减少哺乳次数，由任意哺乳改为每日4～5次；5～6天后改为每日2～3次；4～5天每日1～2次；

最后几天每日1次。

犊牛断奶期要加强饲养和管理：饲喂优质干草、易消化的精饲料、补充优质蛋白质饲料；保持饮水清洁卫生，饲料喂量适度，勤观察，保持牛舍干燥、干净、清洁、通风，常换垫草；在群养牛场应根据犊牛体质、体重分群饲养。

7. 母犊牛转群 6月龄时，母犊牛转入育成牛群饲养，先留后选，在群养牛场应根据体质、体重分群饲养。

8. 无公害公犊牛去势育肥饲养 本节主要介绍优质无公害牛肉生产，因此更多介绍阉公牛育肥技术，公牛育肥在肉牛生产中的地位及技术在此不讨论（读者需要可参考本人编著《黄牛快速育肥实用技术》，农业出版社，1998）。

（1）公犊牛去势后育肥的优缺点

1）公犊牛去势后育肥的优点 ①公犊牛去势以后性情变得温顺、格斗少、易饲养，尤其在围栏育肥时；②公犊牛去势以后背部脂肪沉积快，胴体表面脂肪覆盖充分；③公犊牛去势以后肌肉内容易形成大理石花纹，对提高牛肉档次有积极的作用，容易生产高档牛肉；④公犊牛去势以后采食量增加。

2）公犊牛去势后育肥的缺点 ①公犊牛去势时受刺激大，恢复期增重受到影响；②公犊牛去势受天气的影响较大，三伏天、三九天、刮风下雨都不能做公牛去势；③公犊牛去势后，已无雄性激素，牛的生长速度会慢一些（增重率低7%左右）；④公犊牛去势后育肥时脂肪含量高。

（2）公犊牛去势的方法

1）手术去势（有血去势）；

2）无血去势：①夹击输精管；②结扎输精管；③击碎睾丸；④注射去势液。

（3）去势年龄 公犊牛去势年龄以8～12月龄较好，作者研究了8～12月龄、18月龄及未去势牛的牛肉品质（大理石花纹等级、牛肉嫩度、肉块重量等）资料如下：

牛肉品质项目		8～12 月龄去势组	18 月龄去势组	未去势组
大理石花纹等级	1 级（%）	53.84	10.00	0
	2 级（%）	32.31	10.00	8.33
	3 级（%）	12.31	20.00	30.56
	4 级（%）	1.54	70.00	47.22
	5 级（%）	0	0	13.89
	6 级（%）	0	0	0
牛肉嫩度（剪切值，千克）		3.05	3.64	4.29
脂肪量（千克）	肾脂肪	16.32	16.56	11.51
	肉间脂肪	39.54	26.59	18.80
	心包脂肪	2.35	2.58	1.59

上述资料说明：①去势的早晚严重影响牛肉品质，8～12 月龄组比 18 月龄组及未去势组都好；②18 月龄晚去势组牛肉品质质量不如 8～12 月龄组，但比未去势组好；③不去势育肥牛生产不了优质高档（高价）牛肉。

（4）去势操作方法

1）手术去势（有血去势） ①保定牛只（用民间倒牛法保定）；②左手握住阴囊；③用碘酒消毒阴囊；④右手握刀；⑤用刀切开阴囊的下端，先取出一侧睾丸，再取出另一侧睾丸；⑥取出睾丸、割断血管前，用左手掐住血管，用右手拇指和食指上下紧勒血管数次（不少于 5 次），割断血管；⑦用消炎粉一袋放入阴囊；⑧再用碘酒消毒阴囊；⑨阴囊切开处不能缝合；⑩松开绑绳。

2）无血去势

① 夹击输精管：保定牛只（站立式保定，牛的一侧靠围栏或牛头拴系在木桩上）；用小麻绳将阴囊勒住勒紧；用碘酒消毒阴囊；消毒去势钳；一人握住阴囊；另一人用去势钳强力夹击输精管（精束），在第一次夹击的上下 2～3 厘米处再次强力夹击输

精管；用碘酒消毒精束夹击处；松开绑绳。

② 结扎输精管：保定牛只（站立式保定，牛的一侧靠围栏或牛头拴系在木桩上）；用小麻绳将阴囊勒住勒紧；用碘酒消毒阴囊；消毒橡皮圈；一人握住阴囊；另一人用开张器将橡皮圈张开，并套在输精管（精束）上，取出开张器；用碘酒消毒橡皮圈；松开绑绳。

③ 击碎睾丸：保定牛只（站立式保定，牛的一侧靠围栏或牛头拴系在木桩上）；用小麻绳将阴囊勒住勒紧；用碘酒消毒阴囊；消毒去势钳；一人握住阴囊一侧睾丸；另一人用去势钳强力夹击一侧睾丸，将一侧睾丸夹断，并用手将一侧睾丸捻碎（越碎越好），再将另一侧睾丸夹断，并用手将睾丸捻碎（越碎越好）；用碘酒消毒阴囊夹击处；松开绑绳。

④ 注射去势液（30%碘酒液*）：保定牛只（站立式保定，牛的一侧靠围栏或牛头拴系在木桩上）；一人用手握住阴囊；用碘酒消毒阴囊；另一人用注射针扎入一侧睾丸，推入去势液（多点注射，一侧睾丸注射 2～3 个点）；再扎入另一侧睾丸，推入去势液（同样多点注射，注射 2～3 个点）。每侧睾丸注射总量 6～8 毫升；碘酒消毒阴囊；松开绑绳。

（5）**各种去势方法的比较** ①上述 5 种公犊牛去势方法的"去势去净率"，最高的是手术去势法和去势液去势法；②"成本率"最低的是结扎输精管法、夹击输精管法和击碎睾丸法；③最容易操作的是去势液去势法；④对牛的刺激性最低的是去势液去势法；⑤对牛的刺激性最高的是手术去势法；⑥季节性最强的为手术去势法；⑦死亡率最高的是手术去势法；⑧去势后恢复最快的是去势液去势法；⑨用于无公害犊牛的饲料、饲

---

* 去势液配制；称量碘化钾 15 克，加入蒸馏水 15 毫升，充分溶解后加入碘片 30 克，搅拌溶解后再加酒精（浓度为 95%）直到 100 毫升。

草、饮水要定期测定有毒有害物质、农药兽药含量，超出标准时应采取有效控制措施；⑩限量限时饲喂的保健剂等药物应坚决照章办事，购进兽药时必须严格检查其合格性，拒绝禁用兽药进场。

（三）无公害架子牛的饲养管理

1. 架子牛恢复性饲养管理技术 架子牛从甲地，经过几小时至几十小时的运输过程，到达乙地（育肥场）进入无公害肉牛育肥期前，要创造一个有利于架子牛恢复运输应激反应的生活环境条件，使之在最短时间内适应新的生活环境和新的饲养饲料管理条件，这个过渡期越短越好，要为育肥场实施有序管理创造条件，如各种疫苗接种、驱虫、消毒、称重等，这个过渡期对牛育肥期的生长有很大的影响，因此要十分重视架子牛接收的技术工作。

正确做好卸牛接牛工作：①设卸牛台：卸牛台的高度和运牛后车厢一样；卸牛台宽度 2.4 米。②设架子牛通道：用管材制成可移动栏栅；长 5～10 米、上宽 90～100 厘米、底宽 50～60 厘米、高度 1.4 米，栏栅宽度 20～25 厘米。③称重衡器：规格 1 000千克型；手记或电子记录。④每头牛单独称重。⑤记录：记录牛耳号、体重、日期、品种、性别、毛色、畜主。⑥疫苗接种（见防疫保健一节）。⑦驱虫（见防疫保健一节）。⑧编组（分栏）：编组依据之一体重为主；之二品种为主；之三性别为主；之四体质为主。⑨充分饮水：卸车后的第一次饮水应控制，每牛一次10～15 升；间隔 3～4 小时后第二次饮水，供给充足饮水。

2. 架子牛恢复性饲养技术 作者对肉牛易地育肥、饲养量 1 000头以上的三处育肥牛场的架子牛 12 批 285 头，运到育肥场以后的第 3 天、第 7 天、第 15 天、第 30 天检测了架子牛的体重，进行了体重变化的调查结果（作者资料）见表 7－3。

表 7-3　架子牛体重变化

单位：千克

批次	头数	进栏重	3 天重	7 天重	15 天重	30 天重
1	84	305.9			313.0	328.6
2	94	378.0		369.7	370.6	
3	12	427.8	408.9	415.5	407.3	
4	11	366.9	354.6	362.5	361.3	
5	12	303.3	292.7	286.7	295.5	
6	11	387.3	368.7	377.6	378.0	
7	10	321.2	326.7	324.6	323.9	343.3
8	11	248.8	242.9	237.4	238.3	255.8
9	11	244.6	253.6	254.1	253.2	276.1
10	10	416.9	416.5		434.0	448.6
11	10	257.0	254.0		264.0	270.0
12	9	310.1			322.7	333.7

从表 7-3 的资料可以看到，有的批次的牛运到育肥场后很快恢复到运输前体重，有的批次恢复较慢，各批次间架子牛体重的恢复差异很大，分析原因包括以下几点。

其一：大部分从牛贩子手中购买的牛，牛贩子在出售牛前几小时大量饲喂精饲料，造成牛过度采食，胃肠积聚较多，消化未尽，在非正常生理状态下，既影响牛的健康，也严重影响牛的采食，部分牛在到达育肥场后继续失重。

其二：部分牛贩子在出售牛前几小时大量灌水，伤及牛的胃肠，影响牛的采食，延缓体重恢复。

其三：运输时应激反应造成牛不适而食欲下降。

其四：架子牛进育肥场后管理不到位。

2002 年 5 月至 2003 年 4 月作者对不同品种牛的育肥期体重进行了测定，结果（作者资料）见表 7-4。

表 7-4　不同品种牛的体重变化

单位：千克

项目＼品种	利鲁牛（179 头）	西鲁牛（89 头）	夏鲁牛（37 头）	鲁西牛（118 头）
收购体重	386.0±41.2	434.0±36.8	447.0±44.7	375.0±44.9
入场体重	342.0±53.7	396.0±34.9	411.0±45.9	347.9±46.7
入场 30 天体重	367.1±60.4	432.5±39.6	434.0±48.6	352.3±51.1
入场 60 天体重	395.9±64.2	465.5±46.5	455.0±56.0	395.6±57.8
入场 90 天体重	421.4±80.0	507.6±49.1	484.0±59.6	420.8±57.0
入场 120 天体重	449.6±84.5	537.4±43.8	543.9±70.3	455.4±44.7
入场 150 天体重	499.3±52.2			
入场 180 天体重	516.2±49.5			

表 7-4 表明：收购体重和入场体重的差额为 44～28 千克，经过 8～11 小时的运输，架子牛体重损失 28～44 千克；入场 30 天后的体重都没有恢复到收购时的体重；入场 60 天后的体重都恢复到收购时的体重；入场 90 天后的体重增加量都不很理想；

对上述情况，笔者采取以下措施，收到了较好的效果

方法一洗胃：用洗胃液将胃内食物尽早排出；

方法二健胃：洗胃后立即用健胃液健胃；

方法三护理：经过洗胃、健胃后要精心护理，主要技术措施有：

1）供给充足饮水，饮水中加小麦麸 300～400 克、人工盐 100～150 克。

2）保持牛床干燥，有条件时可以铺垫草。

3）保持环境安静。

4）饲料喂量参考以下方案

① 第一天日粮以优质粗饲料、青贮饲料、麸皮为主，第一天饲料饲喂量（自然重）为牛体重的 3%～3.2%。

② 第二天日粮同第一天。

③ 第三天起，日粮中增加配合精饲料*，每头每日 1.5～

---

* 配合精饲料：粉碎玉米（或蒸汽压片玉米）、玉米酒精渣（DDGS 料）、棉籽饼、添加剂、食盐、矿物质。

2.0千克，饲料喂量（自然重）为牛体重的3.5%～3.8%。

④ 第五天，日粮中精料比例占25%～30%，日饲喂量（自然重）达体重的4%左右。

⑤ 编制过渡期饲料配方

推荐配方1　优质野干草2千克，玉米秸秆3千克，青贮饲料2千克，小麦麸1千克，湿酒精糟（DDGS）料1～2千克，食盐15～20克，健胃散200～300克。

推荐配方2　优质野干草3千克，玉米秸秆2千克，小麦秸秆2千克，小麦麸1千克，湿酒精糟（DDGS）料1～2千克，食盐15～20克，健胃散200～300克。

推荐配方3　优质野干草3千克，玉米秸秆3千克，小麦麸1.5千克，湿酒精糟（DDGS）料1～2千克，食盐15～20克，健胃散200～300克。

推荐配方4　优质野干草3千克，小麦秸秆4千克，小麦麸1.5千克，湿酒精糟（DDGS）料1～2千克，食盐15～20克，健胃散200～300克。

推荐配方5　玉米秸秆4千克，小麦秸秆3千克，小麦麸1.5千克，湿酒精糟（DDGS）料1～2千克，食盐15～20克，健胃散200～300克。

5）精饲料、粗饲料、青贮饲料、糟渣饲料、添加剂饲料等充分搅拌均匀后喂牛　①个体养牛户仅养一头牛时，可将各种饲料（按饲料配方）放到饲料槽内搅拌后喂牛；②规模养殖户可将各种饲料（按饲料配方）放在水泥池或水缸内充分搅拌均匀后喂牛；③规模养殖场可将各种饲料（按饲料配方）放在水泥地上充分搅拌均匀后喂牛。

6）每次配制混合饲料，现配现喂最好。夏季配制的混合饲料应在1～2小时内喂完；其他季节可稍长一些（以4小时为最长）；定期和不定期抽检饲喂架子牛的精饲料、粗饲料、青贮饲料及饮水中的农药残留量、有毒有害物质的含量。

3. 架子牛恢复期的管理技术

（1）充分饮水　卸车后的第一次饮水应控制，每牛一次10～15千克（架子牛吸饮一口水重量0.5～0.6千克），特别是经过长途运输的牛一定要控制饮水量；间隔3～4小时后第二次饮水，供给充足饮水。

（2）称重　第3天或第5天个体称重一次，做好体重记录。

（3）记录每个围栏或一个群体的饲料采食量（每日采食量）。

（4）记录防疫、驱虫等时间，药剂量、操作人员姓名。

（5）记录天气情况。

（6）观察牛粪尿，做好记录。

（7）防止架子牛相互爬跨格斗，陌生的架子牛放在一起的几小时或几十小时内（围栏饲养），相互爬跨格斗是难免的，但相互爬跨格斗极易造成伤残（腿伤、蹄伤、肩关节脱臼、膝关节脱臼）甚至死亡。据笔者的实践，采取以下一些办法可以减少或杜绝陌生架子牛的相互爬跨格斗：①合并架子牛的时间选择在傍晚天黑时；②架子牛合并前把牛拴在一起2～3天，它们之间的距离以不能接触为限；③将架子牛左右前腿系部用麻绳拴住，麻绳的距离为30～35厘米，防止牛跳起；④将围栏上部用铁丝网封严，防止牛跳起。

（8）定期抽检作物秸秆农药残留量。

（9）购进兽药时必须严格检查其合格性，拒绝禁用兽药进场。

（四）无公害育肥牛的饲养管理

无公害育肥牛的饲养可分为一般育肥饲养及强度育肥饲养。架子牛经过过渡期饲养后，应立即进入育肥期，肉牛育肥期的饲养和管理主要目的是尽量多地增加体重；尽量多地增加饲养效益；尽量少地饲料投入；尽量少地减少伤亡；尽量少地饲养成本。

1. 做好育肥前的准备工作 育肥户或育肥牛场在进行肉牛育肥饲养前必须要算清楚几笔账（或弄明白几个问题）；在育肥进程中还要不断核算牛的增重和饲养成本，育肥结束后要认真总结赢利或失败的经验和教训。

育肥户或育肥牛场的决策者的头脑中要有很强的无公害意识，处处事事要从无公害的观念出发。

（1）*充分了解和认识肉牛市场* 育肥牛饲养户养牛的目的是为牛肉市场提供符合用户要求的牛肉产品，因此养牛户充分了解和认识肉牛市场十分重要，育肥牛饲养户要充分了解牛肉市场信息，育肥专业户要了解屠宰企业收购育肥牛的标准，有目的地进行肉牛育肥。

1）牛肉市场需要的规格质量 根据作者在珠江三角洲、苏浙沪、京津、东北地区的考察，“南烤北涮”，高级宾馆饭店十分青睐高档（高价）牛肉，大众百姓要求优质牛肉的消费格局已初步形成（高档优质牛肉标准见本书第三章）。

2）屠宰企业收购无公害育肥牛的标准 屠宰前活牛分类定级：根据作者在中原、东北肉牛带40余家肉牛屠宰厂调查资料汇总，屠宰前活牛的分类定级很粗糙，仅分为阉公牛、公牛、母牛及是否符合屠宰要求（体重、体质、体膘、体表面有无伤痕），不作为肉牛最后定价的依据。

3）屠宰企业收购无公害育肥牛的计价办法和标准 屠宰企业收购育肥牛的计价办法：绝大多数屠宰企业以屠宰率为依据，屠宰前毛重计价，分A级和B级；部分屠宰企业以净肉重计价（分含牛皮、内脏和不含牛皮、内脏）。

屠宰企业收购无公害育肥牛的计价标准：大多数屠宰企业以肉牛屠宰率（胴体重/活牛重×100）52%为活牛作价的起步价，增加或减少1个百分点，每千克活重加或减0.16～0.20元，屠宰率（%）越高，牛的卖出价就越高。所以某些屠宰企业想尽各种办法最大限度地降低胴体重量（上述算式中分子越小，计算值越小)，以较低的屠宰率计价，获得较高的利润。A级牛较B级牛每千克体重的差价最少1元。

4）屠宰企业收购无公害育肥牛后的付款方法、时间　屠宰企业收购育肥牛后的付款方式和时间直接影响育肥牛饲养户再生产的时间，因此育肥户在出售肉牛时要及时结账取款。

（2）非常清楚地明白投入和产出（回报率）的关系

1）少喂饲料必定少增重　众所周知，肉牛活命是要消耗营养物的，在特定条件下牛不增重也不失重时的营养需要称为维持需要，换句话说，每天饲喂饲料的总营养正好能满足牛的维持需要的要求，牛不增加体重，也不减少体重［如体重350千克的育肥牛，每天只获得总营养量为26.13兆焦（NRC标准），没有增重，也不会有太多减重］；每天饲喂饲料的总营养超过26.13兆焦，牛就增重长膘。因此每天饲喂饲料的总营养量多，牛增重长膘也多；每天饲喂饲料的总营养量少，牛增重长膘也少。26.13兆焦饲料（相当于含水量88%玉米秸5.23千克）的价格为2.62元，则30天的饲料费为78.6元，这78.6元投入对养牛者来说，仅仅得到300～400千克价值不高的牛粪，因此低投入得不到满意的饲养效果。

2）多喂饲料不一定多增重　由于我国黄牛增重性能相对较低（和专用肉牛比较）和采食量较小，因此在一定范围内增加饲料饲喂量能得到较好的增重，但不是饲料喂量越多，就能按比例得到更高的增重。目前在肉牛育肥中有人提出育肥80～100天便可获得理想的效益，以作者的实践经验，这种提法不完全，一是育肥目标不明确（以增加体重为主，还是以改善肉质为主）；二是过度集中饲喂达不到预期目标，常常是肉牛采食不了太多的饲料，即使采取技术措施牛多采食了饲料，也往往造成消化不良而浪费饲料，因此多喂饲料不一定都能多增重。

3）适度喂料、适度增重的育肥效果　民间有一个故事说，一捆柴草能够煮开一壶开水，但是这一捆柴草使用不当时是达不到目的的；其一是将柴草一根接一根地燃烧，柴草烧尽了，水也开不了；其二是将柴草一起点燃，同样柴草烧尽了，水也开不了。在肉牛育肥过程中是同样道理，饲料喂量少，牛生长慢；喂量太多，育肥牛不仅没有多长，反而浪费饲料。因此，在肉牛育肥过程中设计的饲料喂量恰到好处，才能以较低的饲料消耗获得较高的增重。作者在肉牛育肥实践中借用美国标准（NRC）时，我国黄牛在育肥期内的采食量只有 NRC 标准的 85％～95％，日增重量也只有 NRC 标准的 82％～85％。

另一方面，肉牛在育肥过程中体内蛋白、脂肪的沉积（增加体重）有其自身的规律，充分遵循和利用中国黄牛体重增加的规律，才能获得满意的育肥效果，违背黄牛体重增加的规律，会受到损失。

（3）*短期育肥效果和长期育肥结果* 短期育肥效果和长期育肥结果有利有弊；利在肉牛饲养时间短，饲养量多，资金周转快；弊在肉牛饲养时间短脂肪沉积少，牛肉质量差，得不到高档（高价）牛肉，饲养效益差；现在试比较短期（120 天）和较长期（240 天）的饲养效益（每头牛）。

育肥期（天）	120	240
育肥开始体重（千克）	300(2 500 元)	300(2 500 元)
育肥结束体重（千克）	420	504
计价体重（千克）	400	480
育肥期投入（元）：		
人工（每人养牛 80 头计、月工资 800 元）	40	80
饲料（元）	1 020(8.5/日)	2 040(8.5/日)
畜舍折旧（元）	10	20
贷款利息（元）	72	144
水电费（元）	8	16
兽医费用（元）	8	16

投入合计（元）	1 118	2 236
每千克增重费用（元）	9.60	9.85
出售价（元）	3 840(9.6 元/千克)	5 088(10.6 元/千克)

通过上述测算短期（120 天）育肥牛在饲养期内的饲养效益为 222 元；较长期（240 天）育肥牛在饲养期内的饲养效益为 352 元，短期饲养较长期饲养效益差 130 元。作者预计将育肥牛的饲养时间再延长（如 360 天或更长），饲养效益的差异会更大。

（4）育肥饲养、屠宰加工、牛肉销售相互分离的后果 作者在 1990 年提出肉牛育肥饲养、屠宰加工、牛肉销售一体化的建议，采用的单位已经获得成功，取得较高的经济效益。论点的关键在于把育肥饲养、屠宰加工、牛肉销售几个环节融为一体，减少各环节间利润竞争的矛盾，目标更明确，劲往一处使，改变了“养牛户不如贩牛人、贩牛人不如宰牛的、宰牛的不如卖肉的”层层争利的局面。目前这种“前店后场”式的经营模式，已发展成为肉牛育肥饲养、屠宰加工、牛肉销售、餐饮一体化。

（5）育肥结束体重、出栏体重、计价（屠宰前）体重 肉牛育肥结束体重是指按育肥设计育肥饲养终了时的实测体重（此重量为肉牛场计算饲养承包人对该牛饲料消耗、饲料成本及饲养承包人计算劳酬等依据）；出栏体重是指肉牛离开育肥场时的实测体重（育肥牛场计算饲料总成本的依据）；计价（屠宰前）体重是指肉牛屠宰前的实测体重（计算肉牛产值的依据）。育肥结束体重和出栏体重、出栏体重和计价体重不仅不同，它们间的差距很大，对育肥牛场（育肥牛饲养户）最具实际意义的是计价体重，据作者测定出栏体重和计价体重的差距较大（表 7-5，出栏前停食 12 小时、运输距离 60～70 千米）。

由表 7-5 表明：①肉牛出场体重和计价体重的差距巨大，体重的差异达 51 千克（9.76%）。作者研究测定肉牛停食停水 24、48 小时体重变化（表 7-5、表 7-6），体重的差异为 23、38 千克，远小于 51 千克，不知计价体重测量处是否出了问题；

②出栏体重和计价体重实际存在差距，因此给育肥牛饲养户计算饲养成本、经济效益时绝不能以出栏体重为依据，这一点对行政、技术部门指导养牛户时非常重要；③养牛户要获得较好的效益，笔者建议采用合理减重技术措施，以增加养牛效益，下面做具体介绍。

表 7-5　肉牛停食停水 24 小时体重

批次	统计头数（头）	停食停水前体重（千克）	24 小时后体重（千克）			备　注
			体重	失重	%	
1	7	515.00±20.26	496.43±18.87	18.57	3.61	在拴系下停食停水，无活动
2	9	493.87±28.26	482.78±28.19	11.09	2.25	
3	16	549.69±65.76	524.69±59.09	25.00	4.58	
4	17	470.59±28.06	455.88±25.87	14.73	3.13	
5	22	540.45±52.48	522.50±50.89	17.95	3.32	
6	16	535.63±32.70	517.50±30.82	18.13	3.38	
7	15	559.00±46.61	530.33±46.96	28.67	5.13	
8	15	545.67±56.03	518.00±52.47	27.67	5.07	
9	12	529.17±46.99	509.17±44.15	20.00	3.78	
10	10	554.00±57.92	527.50±55.34	26.50	4.78	
11	6	564.17±99.15	538.33±86.12	25.84	4.58	
12	9	563.89±54.10	535.56±54.28	28.33	5.02	
13	24	555.83±40.18	524.38±38.77	31.45	5.66	
合计	178	536.88	513.96	22.92	4.27	

表 7-6　肉牛停食停水 48 小时体重

批次	统计头数（头）	停食停水前体重（千克）	48 小时后体重（千克）			备　注
			体重	失重	%	
1	7	515.00±20.62	485.00±18.93	30.0	5.83	在拴系下停食停水，无活动
2	7	590.00±52.99	552.14±46.89	37.86	6.42	
3	22	540.45±52.48	517.50±49.20	22.95	4.25	
4	16	535.63±32.70	508.44±28.03	27.19	5.08	
5	8	610.88±60.17	573.13±57.32	37.75	6.18	
6	14	550.36±26.92	515.35±21.35	35.01	6.36	
7	12	529.17±46.99	500.58±43.52	28.59	5.40	
8	6	564.17±99.15	523.33±83.29	40.84	7.24	

（续）

批次	统计头数（头）	停食停水前体重（千克）	48 小时后体重（千克）			备　注
			体重	失重	%	
9	9	563.89±54.10	517.22±49.82	46.67	8.28	
10	24	555.83±40.18	494.17±37.49	61.21	11.01	
合计		551.50	513.94	37.56	6.81	

由于屠宰前体重是计算屠宰率的基本参数，因此称重前是否停食停水，会影响屠宰率［屠宰率＝(胴体重/宰前活重×100)］的高低，屠宰率（%）又是计算活牛价值的唯一参数，因此屠宰率是直接影响牛计价的基础。

有些地区的牛贩子为了提高肉牛屠宰率，因此在屠宰前的牛体重上（屠宰率的分母）大做文章，尽最大限度降低屠宰前的牛体重，以获得较高的屠宰率。他们将屠宰前的肉牛停食停水 48 小时以上，由原来体重 500 千克的牛经过饥饿后体重减掉为 470 千克。那么出卖 500 千克的牛合算还是出卖 470 千克的牛合算，实践证明出售 470 千克的牛更合算，计算如下（屠宰率 52%为活牛作价的起步价，增加或减少 1 个百分点，每千克体重加或减 0.20 元）。

计价体重(千克)	屠宰率(%)	计价(元/千克)	每头售价（元）
500	52.0	8.8	4 400.0
495	53.0	9.0	4 455.0
490	54.0	9.2	4 508.0
485	55.0	9.4	4 559.0
480	56.0	9.6	4 608.0
475	57.0	9.8	4 655.0
470	58.0	10.0	4 700.0

从上面的计算不难看出，体重每下降 5 千克，屠宰率（%）就增加了 1 个百分点，每千克体重增加了 0.2 元。

通过上述计算，育肥牛体重 500 千克时的出售价为 4 400 元，停水停食后体重减少了 30 千克，但是由于屠宰率提高，每千克活重的价格也提高了，体重 470 千克的出售价为 4 700 元，比体重500千克出售价多了300元。因此养牛户出手育肥牛时一定要把屠宰企业计算的牛体重标准、计价标准了解清楚。

2. 无公害肉牛一般育肥饲养 肉牛一般育肥饲养根据育肥目标可分为青粗料型育肥和少精料型育肥

(1) 青粗饲料型育肥 青粗饲料型育肥条件：有丰富的青粗饲料资源，精饲料相对较少（资金短缺或屠宰加工条件落后）；青饲料供应期长（150天以上）；育肥牛年龄3～4岁以下，体重400千克左右；舍内饲养为主（必须放牧时，放牧往返距离以5千米为限或人畜住在草地）；育肥期充分饮水。

(2) 少精料型育肥 少精料型育肥条件：育肥目标能获得较优质牛肉；具备较高牛肉市场价格环境；育肥牛年龄2.5～3岁以下，体重300千克以上；舍内饲养为主：育肥期时间80～90天；肉牛育肥期的饲养技术如下。

1) 饲料种类 精饲料种类包括：精饲料（玉米、大麦、麸皮等），粗饲料（秸秆类、干草类、薯类等），蛋白质饲料（玉米酒精渣、棉籽饼、菜籽饼等），青贮饲料（全株玉米青贮料），添加剂维生素类、矿物质类、保健剂类、食盐。

2) 饲料配方 饲料配方的要求①饲料配方指标：自然重饲料配方中干物质的含量约占50%较好；②饲料配方的适口性：牛采食量大为适口性好的表现；③饲料配方的经济性：每千克配合饲料的价格低、育肥牛增重高为好；④饲料配方的实用价值：原料广泛，采购方便；⑤饲料配方的安全性：符合无公害牛肉生产要求，安全性好。

体重（千克）	日增重（克）	最低干物质进食量（千克）	日粮中粗料比例（%）	蛋白质（%）	维持需要（兆焦/千克）	增重需要（兆焦/千克）	钙（%）	磷（%）
250	900	5.7	55～65	11.1	20.25	12.54	0.35	0.31
300	900	7.3	55～65	10.0	23.22	14.38	0.27	0.23
350	1 100	7.2	20～25	10.4	26.11	20.03	0.29	0.25

资料来源：常用数据便查表11、表12、表13。

3）饲喂　①日粮充分搅拌均匀后投喂；②采用自由采食制度，24 小时食槽有饲料，牛随时能采食到需要的饲料；③夏季重视夜间饲喂；④不喂懒槽，少喂勤添，不喂霉变、有毒饲料。

4）肉牛育肥期的管理技术　①饲喂次数：在实施自由采食时，视料槽中饲料的多少，随时补充，做到全天 24 小时食槽内有饲料；在实施定时饲喂时每天喂料最少 4 次（早晨 4～5 点、中午 10～11 点、晚 18～20 点、夜间 23～24 点）；按牛的采食量配备日粮，最好随时配制随时用完（每天喂 2 次，调配日粮 2 次），尤其天热时要防止饲料调配后发热变质，影响牛的采食量。②饮水：采用自动饮水器，任牛自由饮水，冬季防冻，夏天防晒，水是育肥牛十分重要的营养物，也是最廉价的营养物；水也是最易被饲养人员疏忽的；水是影响育肥牛健康和增重的最大因素之一。③清扫粪尿：每日 2 次，用小车将牛粪运至指定地点，保持牛舍清洁。④体质差的牛单独饲养。⑤称重：每 30 天给牛称重一次；每次称重均在早晨进行，称重时间相同；牛数量多时，可以抽检称重，抽检率3%～5%，下一次称重仍然抽检该牛，以便比较；专设称重笼；根据称重结果，维持原来饲养方案或调整饲料配方或饲料喂量。⑥观察牛采食、反刍、粪便状况，发现异常，及时报告有关人员，兽医实行巡回医疗制度；对病牛要早发现、早报告、早治疗。⑦安全进出牛围栏，注意人畜安全，防盗防偷；定期防疫（春秋两季定时注射疫苗）；随时防疫（凡是新购进牛，头头实施疫苗注射）。⑧冬季防冻防寒，夏季防蚊蝇。⑨保持良好饲养环境：黄牛喜欢干燥、通风良好、清洁卫生、安静幽雅的环境。

3. 短期育肥饲养　肉牛短期育肥的目的是进一步增加体重，更重要的是改善牛肉品质，达到品牌牛肉的标准，因此这一阶段的饲养是一个关键时期，既要有较好的增长势头，又要有健壮的体质。

1）饲料种类　同一般育肥饲养。

2）饲料配方　饲料配方的要求除饲养标准外其他和一般育肥饲养相同。

肉牛饲养标准：

体重（千克）	日增重（克）	最低干物质进食量（千克）	日粮中粗料比例（%）	蛋白质（%）	维持需要（兆焦/千克）	增重需要（兆焦/千克）	钙（%）	磷（%）
400	1 000	8.4	45～55	9.4	28.83	20.01	0.22	0.21
450	1 100	9.0	30	9.4	31.46	24.37	0.23	0.21
500	1 100	9.4	20～25	9.2	34.06	26.40	0.19	0.19

资料来源：常用数据便查表 11、表 12、表 13。

3）短期育肥期的饲喂　强度育肥期的饲喂方法类似一般育肥饲养期，但是肉牛育肥目标不同，应有不同的饲养管理技术。

① 牛肉供应日本餐饮（烧烤、涮肉、生食）：育肥时间150～180 天；日粮中粗饲料比例 20%～25%；日粮能量水平7.7～8.2 兆焦/千克；每日每头牛采食的饲料量 10 千克（干物质）左右；牛年龄 30～36 月龄；日增重要求 900～1 000 克。

② 牛肉供应美式餐饮（烤牛扒）：育肥时间 90～120 天；日粮中粗饲料比例 30%～35%；日粮能量水平 7.5～7.7 兆焦/千克；每日每头牛采食的饲料量 10 千克（干物质）左右；牛年龄28～30 月龄；日增重要求 900～1 000 克。

③ 牛肉供应欧式餐饮（烤牛扒）：育肥时间 90～100 天；日粮中粗饲料比例 30%～35%；日粮能量水平 7.0～7.2 兆焦/千克，日粮蛋白质水平 10%～11%，每日每头牛采食的饲料量10 千克（干物质）左右；牛年龄 30～36 月龄；日增重要求900～1 000克。

④ 牛肉供应涮肉市场：牛年龄 36～48 月龄；育肥时间100～120 天；日粮中粗饲料比例 35%～40%；日粮能量水平

6.8～7.0兆焦/千克，日粮蛋白质水平9.4%～9.8%；每日每头牛采食的饲料量9千克（干物质）左右。

4. 用于无公害架子牛的饲料饲草、饮水要定期测定有毒有害物质、农药兽药含量，超出标准时应采取有效控制措施。

5. 限量限时饲喂的保健剂等药物应坚决照章办事，购进兽药时必须严格检查其合格性，拒绝禁用兽药进场。

6. 及时出栏（强度育肥终了的标志） 优质无公害肉牛育肥终了的标志，从牛体外表一看二摸：

（1）一看 ①看牛体膘：体膘丰满，看不到明显的骨头外露；牛不愿意活动或很少活动；②看牛采食量：采食量下降（下降量达正常采食量的10%以上）；③看牛尾根：牛尾根两侧可以看到明显的脂肪突起；④看牛臀部：牛臀部丰满平坦（尾根下的凹沟消失），圆形而突出；⑤看牛胸前端：牛胸前端突出并且圆大、丰满。

（2）二摸 ①摸牛肷部：当手握牛肷部牛皮时有厚实感；②摸牛肘部：当手握牛肘部牛皮时有厚实感；③摸（压）牛背部、腰部：当手指摸（压）牛背部、腰部时感到厚实，并且有柔软、弹性感。

7. 优质无公害肉牛健康状况标准 ①无论生产高档优质牛肉或普通牛肉，肉牛送屠宰厂时应该具有县级（含县）以上防疫证明。②健康无病牛体温正常，眼大有神，眼睛周边干净，无脓样分泌物，两耳转向灵活，口腔颜色正常，鼻镜潮湿有水珠，鼻孔干净。③站立姿势端正，行走步履自如，尾巴摇摆自然。④体表无划伤、无肿块、无疤痕。

三、无公害肉牛育肥技术

（一）肉牛易地育肥技术

肉牛易地育肥是指在不同地区进行繁殖、培育和育肥。我国肉牛较大规模易地育肥开始于20世纪80年代中期，北京市农林科学院肉牛研究室从内蒙古草原将架子牛运输到北京郊区育肥，实践证明，肉牛易地育肥不仅提高了内蒙古草原牛的繁殖效益；也充分发挥了农区秸秆资源、牛肉市场、先进技术优势；还提高了牛肉质量，可获得较好的经济效益。肉牛易地育肥在国外已跨越国界，在国内已跨越省界。

提高肉牛易地育肥效益的关键技术有：

（1）严格选择架子牛　架子牛质量的优劣由以下因素决定：

1）架子牛品种　我国黄牛品种有28个，各品种都有本品种的特点，因此选择架子牛时首先要看其是否符合相应品种的特性特点；杂交牛是否符合父母本的特性特点。

2）架子牛年龄　选择生长发育高峰期（12～24月龄）的架子牛。

3）架子牛体重　12～24月龄架子牛的相应体重为240千克以上。

4）架子牛体型外貌　头方宽、嘴大眼大；颈短粗；胸宽深；长方形或圆筒形体躯；蹄大、管围粗；皮毛光顺。

（2）减少运输失重和死亡　架子牛易地育肥离不开转移运输，运输途中难免损失牛体重，但应尽量减少，通过培训司机、加强责任感、定额管理等措施减少运输失重。

（3）缩短架子牛在育肥地的过渡期。

（4）适度规模育肥经营（规模效益），明确育肥目标。

（5）适度育肥饲养，按屠宰户或贩牛户要求饲养。

（6）适时出栏出售，做好出售前的一切准备工作。

（二）围栏（散养、自由采食）育肥和拴系（限制）育肥

育肥牛饲养分为围栏育肥饲养和拴系育肥饲养，育肥牛以快长多长为目的，如何能达到目的，选择适宜的饲养方式会获得较好的效果。作者进行育肥牛围栏饲养和拴系饲养的

试验证实，围栏饲养不仅增重高36.77%（表7-7），而且还可提高肉牛屠宰成绩（表7-8），屠宰率提高了4.1个百分点，净肉率提高了3.16个百分点；分割肉块重量也有差异（表7-9）。因此作者提倡有条件的育肥牛场实行围栏育肥饲养。

表7-7　肉牛围栏育肥饲养效果

单位：千克、克

育肥方法	试验牛数（头）	平均饲养日	开始体重	结束体重	平均日增重
拴系育肥	58	123.3±50.5	374.1±65.5	433.1±59.2	509±292
围栏育肥	62	150.6±39.3	317.7±57.3	438.9±38.8	805±340

表7-8　肉牛围栏育肥屠宰成绩

单位：千克

方式	n	宰前体重	胴体重	屠宰率（%）	净肉重	净肉率（%）	骨　重
拴系	14	402.1±30.0	209.2±17.9	52.03±1.89	167.4±15.4	41.63±1.72	30.7±1.98
围栏	14	409.1±24.1	229.3±19.5	56.05±3.79	183.2±15.6	44.78±2.44	35.6±2.46

表7-9　肉牛围栏育肥分割肉块重量

方式	n	牛柳	西冷	烩扒	尾龙扒	针扒	霖肉
拴系	14	3.65±0.39	9.21±1.26	13.09±0.88	12.14±1.02	7.28±0.55	7.75±0.58
围栏	14	3.58±0.40	9.18±1.05	13.12±1.03	13.15±1.39	8.06±0.55	7.84±0.70

资料来源：蒋洪茂，《肉牛高效育肥饲养与管理技术》，2003。

另外，在一个架子牛育肥试验中两种饲喂方法的效果也是以围栏（自由采食）育肥效果较好，资料见表 7-10。

表 7-10 自由采食和限制饲喂效果比较表

项目 \ 次数日 \ 组别	一			二		三	
	2次/日	1次/日	自由	自由	限制	自由	限制
	168			120		150	
日增重（克）	1 140	1 162	1 158	1 471	1 389	1 335	1 217
日粮量（千克）							
玉米	5.63	5.63	5.81	6.88	6.57	7.38	6.81
蛋白料	0.68	0.68	0.68	1.02	1.02	1.02	1.02
豆科干草	0.91	0.91	0.91	0.65	0.65	0.58	0.58
玉米青贮	7.76	7.76	7.76	14.74	14.27	13.27	13.05
饲料报酬（千克饲料/千克体重）							
玉米	2.25	2.21	2.27	2.14	2.16	2.52	2.56
蛋白料	0.27	0.26	0.27	0.31	0.33	0.35	0.38
豆科干草	0.36	0.36	0.36	0.20	0.21	0.20	0.22
玉米青贮	3.08	3.02	3.03	4.56	4.66	4.54	4.89

资料来源：蒋洪茂，《肉牛高效育肥饲养与管理技术》，2003。

（三）全株玉米青贮料喂牛技术

全株玉米青贮料指玉米生长进入乳熟中、后期时将整株玉米（植株、玉米穗、玉米叶）青割加工（长度为 1.0～2.0 厘米）入窖发酵的青贮饲料，为肉牛育肥中常用和不可缺少的优质饲料，其适口性好，牛喜欢采食；成本低；饲养效果好；易保存，保存期营养损失少。

自然状态下全株玉米青贮料在肉牛育肥的各体重阶段用量可达 40%～60%，使用时应注意事项有：随时取料随时用，防止堆放时间过长二次发酵变质（夏季不超过 4 小时，其他季节 6～8 小时）；取料断面（青贮窖）要及时封盖，减少二次发酵量；和其他饲料调配充分、均匀；已经调配合适的日粮不能堆积太厚，夏季 5～10 厘米、其他季节 10～15 厘米；青贮料酸度太高时应用适量碱类中和，降低酸度。

全株玉米青贮料饲喂育肥牛的效果：乳熟期收获青贮的全株

玉米和蜡熟期收获晒干粉碎的玉米饲喂育肥牛的效果见表7-11，全株玉米青贮料组饲喂育肥牛的效果明显好于玉米粉组，因此作者认为饲喂全株玉米青贮料是提高育肥牛增重、降低育肥牛饲养成本的有效措施之一。

表7-11 全株玉米青贮料饲喂育肥牛的效果表

饲料名称	平均日增重(千克)	每增重1千克活重消耗饲料量(千克)		增重1千克活重成本(元)
		精饲料	粗饲料	
全株玉米青贮料	0.76	2.93	3.11	4.08
干玉米粉	0.69	3.65	4.40	4.82
比较（玉米料为100）	110.15	80.27	70.68	84.65

资料来源：蒋洪茂，《肉牛高效育肥饲养与管理技术》，2003。

(四) 强度育肥技术

在实施高档（高价）牛肉生产过程中，常常会采用强度育肥技术，强度育肥技术的要点是：①日粮搅拌充分、均匀，日粮含水量以50%为好，搅拌后即投喂。②日粮中维持净能高达7.6～7.8兆焦/千克饲料，粗蛋白质9%～10%（干物质为基础）。③日粮中粗饲料的比例仅占15%～25%（干物质为基础）。④少喂勤添，既不喂懒槽，又保持食槽有料；重视夜间喂料（尤其在冬季）。⑤充分饮水，昼夜不断水。⑥保持安静、清洁卫生、干燥通风的生活环境。⑦常检测牛体重，从牛体重变化中检验饲养技术措施是否到位，是否需要改进。⑧强度育肥时间90～120天。

(五) 高档（高价）牛肉生产技术

国内外五星级饭店、宾馆、餐饮，需要的牛肉品质极高，如牛柳（里脊）、西冷（外脊）、牛小排（牛仔骨）、S腹肉、上脑、眼肉等。高档（高价）牛肉生产技术的要点：

（1）适宜的年龄　适合生产高价牛肉的牛年龄为：我国中

原、东北肉牛带较大体型纯种牛 30～36 月龄，杂交牛 30 月龄。

(2) 屠宰前的最小体重　适合生产高价牛肉的体重为 500 千克（牛柳重量 1.8 千克，西冷重量 11 千克）。

(3) 阉公牛育肥　6～8 月龄时去势，不去势牛育肥后大理石花纹等级差，很难达到高价牛肉标准要求。

(4) 充分育肥饲养　育肥时间 240 天以上，过渡期 10～15 天；一般育肥期 120～130 天；强度育肥期 90～120 天。

(5) 育肥牛运输　运输不当造成外伤或内伤都会影响牛肉品质（见第四章）。

(6) 胴体处理　另见本书第八章有关内容。

(7) 正确分割　另见本书第八章有关内容。

（六）高能日粮饲喂技术

无公害肉牛高能日粮指每 1 千克日粮中含有代谢能 10.9～11.0 兆焦，或每 1 千克日粮中维持净能达到 7.6～7.8 兆焦，或日粮中精饲料（干物质基础）占 70%以上，高能日粮是生产高档（高价）牛肉的重要技术措施，其技术要点是：

1. 把握好过渡期　①过渡期不宜过长，也不宜过短，以 7～10 天就能适应新的饲养环境为宜。②营造良好的高能日粮育肥牛的环境条件；保持干燥通风、清洁卫生、安静舒适的环境，管理程序化、规范化。③防疫保健措施到位，使牛具有健壮的身体、旺盛的食欲、较高的饲料转化效率。

2. 正确安排饲养期和精心设计日粮配方

阶段	饲养天数	日粮中精饲料（干物质基础）%	日粮饲喂量（千克/头）
1	1～20 天	55～60	16～18
2	21～50 天	66～70	17～19
3	51～90 天	71～75	18～20
4	91～120 天	76～85	17～19

3. 防止饲料酸中毒 俗称“过料”、腹泻，在日粮中加精饲料量3%～5%的小苏打。

4. 无公害肉牛高能日粮饲养期管理

（1）日粮中含水量50%。

（2）日粮中精饲料和粗饲料的比例不要各半配合（50%∶50%）。

（3）日粮搅拌充分、均匀。

（4）由一日多餐制（日投喂料4～5次）过渡到自由采食制。

（5）充分供给清洁、卫生饮水。

（6）勤观察：①牛的粪便，健康牛粪褐黄色、不干不稀，落地后呈圆形；牛尿微黄色。②反刍时一个食团咀嚼次数，健康牛60次左右。③起卧动作，健康牛卧下时前膝盖先着地，起来时后肢先站立。④站立姿势，健康牛站立时四肢直立。⑤眼神，健康牛眼大有神，眼周边无分泌物。⑥牛耳，健康牛耳转动灵活，随周边声响不断转换方向。⑦尾巴摆动，健康牛尾左右摇摆自动。

（7）有条件的育肥牛场每天刷拭牛体1次。

（8）冬季牛舍保温防寒，夏季牛舍降温防高温酷暑，消灭蚊蝇。

（9）兽医人员实行现场巡回检查，防重于治，由被动治病变为防先于治。

5. 适时终结育肥出栏 参考本章二、（四）内容。

（七）增加育肥牛采食量的技术

肉牛在育肥期间多采食、多消化、多吸收饲料中的营养物质是其快长多长的基础，我国黄牛（纯种牛和杂交牛）在育肥期的饲料采食量和国外专用肉牛品种比较稍为少一些。提高育肥期肉牛采食量的主要技术措施有以下几点：

（1）肉牛育肥前期的日粮配制中，粗饲料的比例应占60%～

65%，让牛多采食粗饲料，达到锻炼肠胃，增加肠胃的容量。

（2）变更饲料饲喂方法　当育肥牛出现厌食而采食量下降时可采取以下措施：①在日粮中增加优质、适口性好的青饲料或干苜蓿草；②改变饲料形状，由干粉料变为蒸煮料或蒸汽压片饲料；③日粮现配现喂，不喂剩料、不喂堆积时间过长的饲料，少给料、勤添料，防止食槽有剩料；④改变饲喂方法，如由自由采食法改为日喂2～3次；由日喂2次改为1次；也可停止喂料1天；⑤饮水清洁卫生，供应充分；⑥增加日粮中的食盐量，促使牛多饮水。

（3）用食盐摩擦牛舌面　固定牛，操作者左手握住牛舌，右手将食盐在牛舌表面摩擦数分钟，上下午各1次，7～10天后第二次。

（4）日粮中增加小苏打用量，为精饲料量的3%～5%。

（5）日粮中增加诱食剂，如炒熟的黄豆粉。

定期和不定期抽检饲喂育肥牛的精饲料、粗饲料、青贮饲料及饮水中的农药残留量，有毒有害物质的含量，并参考附录三无公害食品肉牛饲养管理准则进行。

（八）供给充足饮水

水对牛的重要性，在有的时候常常超过饲料。

1. 水在牛体内的功能　①牛体内营养物质的输送靠水；②牛体内废弃物的排出靠水；③肉牛体温保持恒定离不开水；④水是牛体的组成部分，犊牛体内含水量达70%，成年牛体内含水量也达50%以上；⑤水在牛体内是一种润滑剂，如关节液等。

2. 肉牛需水量的制约因素　①生产性能越高，水的需求量越大。②饲料含水量的影响，饲料含水量越少，水的需求量越大。饲料含水量越多，水的需求量越小。③精饲料含量高，水的需求量就大。④受气温的影响，随温度的升高而增加：

温度℃	10 以下	10～15	15～21	21～27	27 以上
每千克干物质采食量需水量（千克）	3.1～3.5	3.6	4.1	4.7	5.5

因此要供给牛充分饮水，尤其在育肥期。

四、无公害育肥牛的管理技术

（一）无公害肉牛育肥场一般管理技术

要保证以下环境条件：①保持牛舍清洁卫生、干燥通风、幽雅安静。②每日清扫粪尿 2 次，设粪尿车专用通道。③雨天做好排水工作，冬天及时铲除冰雪。④使用喂料车、清粪车时，喂料车、清粪车进出牛栏动作要轻。⑤夏季防暑、防晒、防蚊蝇，冬季防冻、防寒。⑥防止牛皮蝇的干扰。⑦保持饮水卫生：夏季每天清洗饮水槽一次；其他季节每两天清洗饮水槽一次。⑧保持每天 24 小时之内肉牛能任意饮水。⑨及时召开安全生产调度会，既进行安全培训，又检查安全隐患，加强安全警觉。⑩紧锁围栏门，防止牛外逃。⑪防盗防窃。⑫防火安全，制定防火安全制度，责任到人。⑬用电安全，制定用电安全制度。

（二）肉牛育肥期合并栏圈技术

架子牛在育肥期间，由于种种原因，有些牛长得快一些，有些牛长得慢一些，这种体重的差异，给饲养管理带来麻烦，如饲料配方是按体重大小分阶段设计的，大小不一的牛在一个围栏内，无法配制能让每一头牛都获得所需的饲料营养标准；还由于牛大小不一，小牛会受到欺侮而影响生长。因此，在饲养实践中，常常要将体重相近的牛合编在一个围栏内，即围栏的合并。来自不同围栏的牛合并饲养时常常会发生相互格斗、爬跨，造成伤亡现象，因此要采取措施防止牛相互格斗、爬跨，常采用的技术措施如下。

1. 拆多不拆少 如一个围栏内有 8 头牛，要与另几个围栏合并，则应将这 8 头牛分为两组，每组 4 头，并入已有 4～5 头牛的围栏内，减少牛间的格斗、爬跨。防止将一个围栏 4 头牛，分两个组并入到已有 5～6 头牛的围栏内。

2. 夜并昼不并 是指调整合并围栏时，应在傍晚时间进行，避免在白天合并，以减少牛的格斗、爬跨。

3. 先预混合，后调整并栏 如有较大面积的运动场地，可将要合并的牛在一个运动场内混合，让其互相熟悉认识，再进入围栏，格斗、爬跨可少一些。

4. 先拴系在一起，然后再合并 将要合并的牛只拴系在一起，一头紧挨一头，4～6 小时以后再合并，也可达到减少格斗、爬跨的目的。

5. 先喷药，后合并 在合并之前，在围栏内喷同一种药水，使合并牛的身上都有同一种药味，达到减少格斗、爬跨的目的。

6. 合并前停食，合并后喂料喂草 在合并围栏前停食 4～6 小时，在合并围栏后食槽内准备好可口的饲料，由于牛忙于采食，也可达到减少格斗、爬跨的目的。

7. 多看管 合并围栏的最初 2～3 小时内，围栏前要设专人管理，发现有牛格斗、爬跨，及时采取阻止措施，防止伤害牛只。

（三）育肥牛称重技术

在架子牛育肥过程中应经常（定期或不定期）进行体重的检测，通过体重的称量，了解架子牛的增重情况，体重称量一方面揭示牛的生长发育状况，另一方面反映出饲料配方的合理性，给料量及管理工作是否到位、合理，饲养成本的高低等，以便总结前一阶段，计划下一阶段的工作。因此，架子牛在育肥期进行称重是育肥牛场管理中十分重要的环节。一般称重分为：架子牛接收称重，育肥过程中称重，育肥结束后称重，出栏时（出售）称重等。

1. 衡器规格

（1）1 000 千克型，精确度为±0.2 千克。有电子计量和手工计量两种。

（2）30～50 吨型，精确度为±5 千克。①电子计量显示，手工计录；②电子计量显示，电脑计录。

2. 称重衡器 1 000 千克型，精确度为 0.5 千克。①称重笼规格：称重笼长 2.6 米、宽 0.85 米、高 1.4 米。②称重笼材质为 2 寸厚壁焊管。③称重笼隔条距离 160～170 毫米。④称重笼门一端向左启开，另一端向右启开。⑤称重笼底：称重笼底紧固于磅面上；称重笼底用厚木板（厚度 30～40 毫米）铺垫；木板纹路与笼长成直角。

3. 称牛通道 ①用 6.6 厘米（2 寸）厚壁焊管制成高 1.4 米、长 2 米，能站立的活动架子，每一个架子和另一个架子能组合成通道，也可以卸开，搬运异地组合；②活动通道长 8～10 米。

4. 称重准备 ①检查衡器准确性（校正）；②称重笼的称量。

5. 称重 ①个体称重：看磅员读（喊）出称量数字；记录员记录时要高声报出看磅员的数字。②群体称重：清点头数；记录同个体称重；注意安全。

6. 记录 看磅员报出数据，记录员高声重复看磅员的数据。记录表格见表 7-12。

7. 管理 ①每一头牛称重结束以后要称一次称重笼的重量；②及时清扫磅面上的污物。

表 7-12 称重记录表 单位：千克

耳标号	牛品种	毛重	称重笼重	净重	上一次重	净增重

（四）饲料调制混合技术

饲料配制是指按配方设计的比例，将各种饲料配合成均匀度较高的混合饲料，组成为牛的饲料，调制均匀，可以让每一头牛采食的每一口饲料都是能达到配方设计要求，也能满足牛的营养需要。饲料配制分人工和机械两种方法。

1. 人工配制饲料 指人工将饲料调制成较均匀的混合饲料。

（1）饲料称量 ①按饲料配方的比例，计算出一次配制总量中各种饲料的用量；②将用量打印成材料置于称重处；③严格执行配方用量；④称量准确。

（2）配制方法 ①将第一种饲料称重以后摊放在地上；②将第二种饲料称量以后摊放在第一种饲料之上；③依次将各种饲料叠成一堆；④经过扩散的微（少）饲料称量以后摊放在最后一种饲料之上，也可以放在任何一种饲料上；⑤用铁锹将叠成堆的饲料翻倒；⑥翻倒饲料时，要将饲料翻倒成馒头状；⑦每一锹饲料都必须从馒头状的尖部向四周抛撒；⑧每批饲料的翻倒次数不少于 3 次。

2. 机械配制饲料 ①称量各种饲料；②倒入机械内；③机械搅拌时间不少于 5 分钟，每分钟转速大于 5 次。

（五）微（小）量饲料的扩散技术

在肉牛日粮中，有些饲料用量极小（少），有的添加剂每头牛每天需用量以毫克计算。怎样才能把这么微剂量的饲料（元素），让每一头牛都能采食到相应的需求量，采用直接投料不能达到目的，因此，要采用逐级扩散技术，利用载体将微剂量元素分布于载体上；进一步将载体再扩散，如此多次扩散，可以使微小剂量的添加剂均匀分布于日粮中。

以克及以下为计量单位的微（小）量元素，在配制肉牛日粮时的扩散技术如下。

（1）认定该物的包装量（重量）。

（2）认定该包装物内微量元素的正确含有量。

（3）准备载体　①载体可用麸皮、干 DDGS 料等，含水量8%～10%；②载体细粉碎过 30～60 目*筛。

（4）操作　①检查载体是否符合要求；②精确计算，称重载体；③精确称重被扩散物；④将经过称量的扩散物和载体混合。

人工混合

第一步扩散，比例为 9∶1；

第二步在第一步基础上再扩散，比例为 90∶10；

第三步在第二步基础上再扩散，比例为 900∶100；

经过三步扩散，被扩散物在载本中的含量为 0.1%（千分之一）；

扩散时料的翻倒次数不少于 10 次。

机械混合　将被扩散物和载体装入机械内；开动机器，转动 5 分钟；机器转速 50 转/分。

（六）肉牛日粮质量检测

在饲喂肉牛前对已配制好的肉牛日粮进行质量检测。日粮是按牛所需各种养分数量配制的每昼夜（24 小时）饲料的饲喂量（即牛的采食量）。日粮成分指能量（兆焦/千克）、粗蛋白质（%）、钙（%）、磷（%）、粗脂肪（%）、粗纤维（%）等。

1. 检验方法　①采样地点在喂牛前，食槽边采样；②采样量：0.5～1.0 千克/次；③采样点：3～5 个点；④日采样次数：3～5 次/日；⑤样品制备，将每一个采样点的样品充分混合，采取测定样品；⑥常规测定法测定各种成分。

2. 样品测定内容　含水量（%）；粗蛋白质（%）；能量（兆焦/千克）包括：总能（兆焦/千克）、维持净能（兆焦/千

---

* 目为非法定计量单位，生产中常用，在此仍保留。

克）、增重净能（兆焦/千克）；钙（%）；磷（%）；维生素（国际单位）。

3. 测定数据处理 ①每次测定数据要整理及存档，并报总畜牧师；②测定结论由总畜牧师负责提出：符合要求或需要改进。

（七）饲料保管技术

1. 饲料品质检测指标

（1）含水量 ①能量饲料的含水量≤15%；②粗饲料的含水量≤15%；③蛋白质饲料含水量≤15%；④青贮饲料的含水量≤75%；⑤添加剂的含量≤5%。

（2）常用饲料蛋白质含量 见常用数据便查表23。

（3）常用饲料能量含量 见常用数据便查表23。

（4）杂质 在自然状态下<1%。

（5）整粒率 在自然状态下>99%。

（6）采购员与饲料保养员交接手续 ①采购员必须持供应单位的饲料品质检测报告，交接时将检测报告交饲料保管员；②饲料保管员接到饲料品质指标清单后，决定是否接纳；③对接纳的饲料进行采样，交公司饲料测定中心测定；④测定结果存档，复印件交采购员。

2. 饲料入库 ①入库前必须检斤；②填写入库单；③采购员、饲料保管员签字。

3. 饲料保管 ①防火灾；②防虫害，用福尔马林等药物熏蒸；③防鼠害，投放鼠药；④防潮湿：不定期检测水分含量，下雨防漏；⑤防霉，经常检测饲料，如有霉变应立即处理；⑥防鸟害。

4. 饲料出库 ①必须检斤；②填写出库单；③饲料保管员及用饲料人签字。

5. 保管员职责 ①饲料入库、出库、日清日结、季结、年度总结报表；②每日向采购员发送饲料库存量报告，饲料分类报告；③每月向主管部门报送饲料消耗表。

（八）青贮饲料品质检查技术

每一种饲料的品质都应该检测，青贮饲料也不例外，并且检测的内容更多，进行品质检测可以避免用发霉变质了的青贮饲料喂牛，造成牛采食量下降、腹泻等不良效果，因此，认真进行青贮饲料品质的检测是十分重要的，在青贮壕（窖）启用使用时及使用中，对青贮饲料的品质进行检测。

1. 测定内容 青贮饲料品质检测内容：①颜色。上等，黄绿色、绿色；中等，黄褐色、黑绿色；下等，黑色、褐色。②气味。上等，酒香酸味浓；中等，酸味一般；下等，酸味极少。③嗅味。上等，芳香味浓；中等，稍有酒精味、丁酸味、有芳香味；下等，味臭。④质地。上等，柔软湿润、手捏时手心有水痕，但手指间不出水；中等，柔软稍干或水分稍多，手捏时，手心无水分，或手捏时手指间出水；下等，干燥松散，黏结成块。

2. 青贮饲料品质检测方法 ①水分、粗蛋白质、总能、钙、磷，由实验室测定；②颜色、香味由人们的感官评定；③质地由人们手捏判定。

3. 记录 ①详细记录；②存档。

（九）肉牛档案管理技术

在信息科学、数字管理的现代化肉牛生产系统中，每年有数以亿万计的数据出现，不仅数据多，而且类别多，正确有效地处理和管理这庞大的数据，对总结过去、指导现在、计划将来都具有十分重要的、积极的意义。

1. 肉牛育肥场档案

（1）饲料档案 肉牛育肥场内发生的饲料购进量（分品种）、消耗量（分牛栏或牛群）的现场记录和汇总记录，饲料配方记录。

饲料记录档案还应包括 ①能量饲料：玉米、大麦、高粱；

②糠麸饲料：小麦麸、玉米皮、大豆皮；③蛋白质饲料：酒精蛋白（DDGS）饲料、棉籽饼、菜籽饼；④青贮饲料：全株玉米青贮、无玉米穗青贮、其他青贮饲料；⑤糟渣类饲料：白酒糟、啤酒糟；⑥粗饲料：秸秆类、干草类A野生植物、B人工栽培牧草；⑦添加剂饲料；⑧保健剂饲料。

（2）饲养记录档案　①肉牛购进头数记录档案；②出栏头数记录档案；③畜群周转记录档案（分围栏或分饲养人员、分品种）；④育肥牛群的日报表记录档案（分围栏或分饲养人员、分品种）；⑤育肥牛群的月报表记录档案（分围栏或分饲养人员、分品种）；⑥育肥牛群的季度报表记录档案（分围栏或分饲养人员、分品种）；⑦育肥牛群的年报记录档案（分围栏或分饲养人员、分品种）；⑧肉牛体重记录（分围栏或分饲养人员）档案；⑨饲料消耗量记录（分围栏或分饲养人员）档案：每日饲料消耗量记录（分围栏或分饲养人员）档案，每月饲料消耗量记录（分围栏或分饲养人员）档案，每季度饲料消耗量记录（分围栏或分饲养人员）档案，每年度饲料消耗量记录（分围栏或分饲养人员）档案。

（3）商贸档案　肉牛育肥场内发生的商贸活动记录。

（4）牛场气象资料记录档案　①常规气候；②特殊气候（极端气候）。

（5）兽医档案　①疾病档案（分围栏或分饲养人员，分月、季度、年度）；②死亡记录档案（分围栏或分饲养人员，分月、季度、年度）；③药品购销记录档案（分月、季度、年度）；④防疫注射记录档案（分月、季度、年度）；⑤牛场消毒记录档案。

（6）财会档案　见公司财会有关管理制度。

（7）档案记录　①分类编号；②用铅笔或不退色的黑色笔记录；③数字需要改写时，在原数字上打○，不能抹去或涂成黑点；④记录本不能任意撕扯缺页；⑤记录本不能任意书写与档案无关的文字材料；⑥每天填写；⑦记录员签字；⑧填写日期；

⑨档案保密。

五、无公害肉牛保健技术

（一）无公害肉牛育肥场防疫保健措施及制度

肉牛育肥防疫保健要从架子牛的源头抓起，从母牛繁殖到架子牛育肥，一个环节都不能缺少，一个环节都不能有漏洞。下面结合肉牛易地育肥技术介绍肉牛育肥环节中的防疫保健。

1. 架子牛产地疫情的考察

（1）架子牛生产地疫情的考察　通过县、乡、村各级防疫部门了解当地近半年内有无疫情、疫病，何种疫病，发病头数、病区面积、发病季节、死亡数、死亡后的处理方法等。

（2）交易现场检查　在架子牛交易地进行现场检查：①牛的食欲；②静态和动态的表现；③测试体温；④各种免疫接种的证件、证件的有效时间。

（3）实验室检验内容　必要时进行实验室检验，检验内容：①牛口蹄疫；②结核病；③布鲁氏菌病；④副结核病；⑤牛肺疫；⑥炭疽病。

2. 无公害育肥牛场的防疫工作　①牛场大门口设消毒池；②进出牛场车辆、人员必须经过消毒；③设专用兽医室，并建立牛舍巡视制度；④牛舍定期消毒；⑤设立病牛舍，发现病牛，隔离治疗；⑥建立疾病报告制度；⑦建立病牛档案制度；⑧建立病牛处理登记制度；⑨谢绝参观生产间（如牛围栏、饲料调制间等，采用闭路电视代替）。

3. 引进架子牛的防疫制度　①在架子牛采购前，对架子牛产区进行疫情调查，并对架子牛运输沿线也进行疫情调查，不从有疫情的地区收购架子牛；②在育肥牛场边一侧，专设架子牛运输车的消毒点，在架子牛卸车前将车体、车厢、车轮底消毒；③架子牛卸车后，检疫、观察前进行消毒（消毒药液喷雾、喷淋，消毒光照)；④经过运输的架子牛，到牛场后再次进行检疫、观察，确认健康无病时才入过渡牛舍（检疫牛舍)；⑤经过5～7天的检疫、观察，确认牛健康无病时转入健康牛舍饲养；⑥采购架子牛时，架子牛产地必须出具县级以上的检疫证、防疫证、非疫区证件。

4. 病牛疾病报告制度 ①一旦发现病牛，应立即报告兽医人员，报告人要清楚、准确说明病牛所在位置（牛舍号、牛栏号)、病牛号码、简单病情；②兽医人员接到报告后，应立即到病牛舍诊断、治疗；③是否需要隔离病牛，兽医应尽早作判断；④遇有传染病和重大病情时，兽医人员应立即报告给牛场领导，并提出本人对病患的看法、治疗方案、处理方案；⑤严格管理兽药药品质量，杜绝禁用药品的使用。

5. 病牛隔离制度 ①在育肥牛场的一角建设病牛牛舍，病牛舍的位置在牛场常年主风向的下方，与健康牛舍有一定的隔离距离或有围墙隔离。病牛舍分传染病和非传染病；②在病牛舍有专职饲养员，调制适口性较好的配合饲料，精心喂养病牛，饲养员平时不得进入健康牛舍，健康牛舍的饲养员不得进入病牛舍；③严格禁止病牛舍的设备用具进入健康牛舍；④兽医人员出入病牛舍，必须更换工作服、鞋、帽，必须消毒后才能进入健康牛舍；⑤病牛的粪、尿液、垫草、剩余饲料等必须进行无公害处理，然后才能利用；⑥病牛经过治疗治愈后，经过兽医的同意方能重新回到健康牛舍；⑦兽医人员每次治疗、用药必须书写处方。

6. 死亡牛的处理 ①在病牛舍不远处设焚尸井或焚尸炉；②病死牛不得在牛舍内放血、剥皮、割肉；③病死牛在兽医指导下进行无公害处理；④病死牛的围栏必须进行有效的消毒；⑤兽医人员必须书写牛的死亡报告（按死亡牛的报告要求书写)，兽医签名，写明年、月、日。

7. 消毒制度 肉牛饲养场的消毒工作应该是常年、经常性的，以达到消灭牛场内部环境中病原微生物、寄生虫、幼虫、虫卵及其他有害昆虫，预防牛场外部病菌的侵入。①牛场门口设消毒池，池深25～30厘米，池内填锯末，用5%火碱水浸湿，进出车辆必须经过消毒池；在消毒池的左侧或右侧设消毒室，出入人员必须通过消毒室。②围栏消毒每天清扫围栏一次，每月用白灰消毒一次，每年用火碱水消毒一次。③饲料槽、饮水槽、饲养工具，勤清洗、勤更换、勤消毒。④运输牛的车辆消毒，在肉牛饲养场外设车辆消毒处，用浓度0.5%过氧乙酸溶液消毒。⑤兽医用具，高温高压消毒。⑥消毒药、浓度、消毒对象：

消毒药	浓度	消毒对象
石灰乳	10%～20%	牛舍、围栏、饲料槽、饮水槽
热草木灰水	20%	牛舍、围栏、饲料槽、饮水槽
来苏儿溶液	5%	牛舍、围栏、用具、污染物
漂白粉溶液	2%	牛舍、围栏、车辆、粪尿
火碱水溶液	1%～2%	牛舍、围栏、车辆、污染物
过氧乙酸	0.5%	牛舍、围栏、饲料槽、饮水槽、车辆
过氧乙酸	3%～5%	仓库（按仓库容积，2.5毫升/米^3）
臭药水	3%～5%	牛舍、围栏、污染物

8. 饲养、管理人员的卫生保健 ①饲养、管理人员的体格检查，每半年全身体检一次。②工作服要定期消毒（煮沸10～15分钟）。③勤洗澡、勤换内衣、勤理发、勤修指甲。④教育牛场职工、食堂采购员绝不能在未经防疫检验的肉摊上购买生熟肉制品到牛场食用。⑤教育饲养病牛的职工不去健康牛舍，教育饲养健康牛的职工不去病牛舍，防止疾病传染。⑥牛场备病牛专用饲养工具。

（二）无公害肉牛育肥饲养期保健制度

1. 架子牛运输期的保健措施 ①运输车辆防滑措施；②运输前服用或注射维生素A 50万～100万国际单位；③运输途中，切勿紧急刹车，启动要慢，停车要稳。

2. 架子牛过渡期的保健措施

（1）架子牛运输到牛场后，立即检疫、称重、消毒。

（2）采取恢复性饲养措施，尽快恢复肉牛正常生活。

（3）驱除体内外寄生虫。

（4）保持牛舍干净、清洁、安静，营造一个有利于肉牛生长的生活环境。

（5）*免疫接种*　肉牛育肥场应经常有计划地进行免疫接种，这是预防和控制肉牛传染病的重要措施之一。免疫接种工作会给牛场带来麻烦和增加费用，但是养牛者应该认识到发生传染病造成的损失更大。育肥牛场常用于肉牛预防接种的疫（菌）苗有以下几种。

1）无毒炭疽芽孢苗　预防炭疽病。12 月龄以上的牛皮下注射 1 毫升。12 月龄以下的牛皮下注射 0.5 毫升。注射后 14 天产生免疫力，免疫期 12 个月。

2）Ⅱ号炭疽菌苗　预防炭疽。皮内注射 0.2 毫升；皮下注射 1 毫升，使用浓菌苗时，按瓶签规定的稀释倍数稀释后使用。注射 14 天后产生免疫力，免疫期 12 个月。

3）气肿疽明矾菌苗（甲醛苗）　预防气肿疽病。皮下注射 5 毫升（不论牛年龄大小）。注射后 14 天产生免疫力，免疫期 6 个月。

4）口蹄疫弱毒苗　预防口蹄疫病。周岁以内的牛不注射，1～2 岁牛肌内或皮下注射 1 毫升，3 岁以上的牛肌内或皮下注射 3 毫升。注射 7 天后产生免疫力，免疫期 4～6 个月。育肥牛接种 A、O 双价弱毒苗更安全保险。在生产实践中，接种疫苗的病毒型必须与当地流行的病毒型一致，否则达不到接种疫苗的目的。

5）牛出败氢氧化铝菌苗　预防牛的出血性败血症。肌内或皮下注射，体重 100 千克以下的牛注射 4 毫升，体重 100 千克以上的牛注射 6 毫升。注射 21 天后产生免疫力，免疫期 9 个月。

6）牛副伤寒氢氧化铝菌苗　预防牛副伤寒病。1 岁以下的牛肌内注射 1～2 毫升，1 岁以上的牛肌内注射 2～5 毫升。注射 14 天后产生免疫力，免疫期 6 个月。

7）药物保健　为了保证肉牛在育肥全程中具有旺盛的精力，最好最大的采食量，较高的饲料转化效率，以及有较高的日增重，使肉牛具有健康的体质是十分重要的。为此，在肉牛配合饲料中长期饲喂（添加）符合我国卫生要求的抗生素、保健剂，添加物的种类及添加量。用来保证育肥牛健康成长的药物有很多种类，现介绍以下一些药物，供参考（表 7 - 13）。

表 7 - 13　育肥牛抗生素、保健剂，添加物的种类及添加量

药物种类	牛别	剂　量	作　用
金霉素	犊牛	25～70 毫克/(头・日)	促进生长、防治痢疾
金霉素	肉牛	100 毫克/(头・日)	促进生长、预防烂蹄病
金霉素＋磺胺二甲嘧啶	肉牛	350 毫克/(头・日)	维持生长、预防呼吸系统疾病
红霉素	牛	37 毫克/(头・日)	促进生长
新霉素	犊牛	70～140 毫克/(头・日)	防治肠炎、痢疾
土霉素	肉牛	0.02 毫克/(天・千克)体重	提高日增重、防治痢疾
青霉素	肉牛	7 500 国际单位/(头・日)	防治肚胀
黄霉菌素	肉牛	30～35 毫克/(头・日)	提高日增重速度
黄霉菌素	犊牛	12～23 毫克/(头・日)	提高日增重速度、提高饲料利用效率
杆菌肽素	牛	35～70 毫克/(头・日)	提高增重、保健
赤霉素	肉牛	80 毫克/头（15 日/次）	提高增重、提高饲料利用效率
黄磷脂霉素	牛	8 毫克/千克饲料	促进生长、提高饲料利用效率

资料来源：蒋洪茂，《肉牛高效育肥饲养与管理技术》，2003。

育肥牛抗生素、保健剂，添加物的种类及添加量的说明：①抗生素、保健剂的使用量都较微少，因此在使用前应在特制的混合机内与辅料（或载体）一起充分搅拌（扩散处理）；②上述抗生素、添加物的使用，应在肉牛出栏前21～28天停止投药；③育肥牛使用药物后会在体内积存药的残留物，影响食用，因此当使用上述药物促进育肥牛的增重或保健时，在屠宰前3～4周时要停止使用药物。

3. 架子牛育肥期的保健措施 ①严格遵守肉牛育肥期的各项饲养管理制度，让育肥牛吃饱喝足、休息好。②提高饲料配方的科技含量，配方变更时必须有过渡期。③不喂霉烂变质饲料。④坚决贯彻预防为主、防重于治的主动防疫制度。⑤保持育肥牛舍的清洁卫生、干燥、安静。⑥饮水充分、清洁卫生。⑦饲养管理人员要热爱养牛工作，爱牛爱岗，善意待牛，不鞭打牛。⑧有条件的牛场、养牛户可在牛舍、牛圈安装音响，播放轻音乐，营造良好的生活环境，形成牛的条件反射，有利于牛的身心健康。⑨严禁使用违禁药品和低质或超标添加剂喂牛，使用违禁药品和低质或超标添加剂不仅会影响育肥牛的健康，更会污染牛肉（常用数据便查表23）。⑩遵守本节（药物保健）介绍无公害牛肉生产中药物添加限量，要尽量少用限量一类的药，必须用药时一定注意停药时间。在使用表7-14（育肥牛抗生素、保健剂，添加物）时也一定注意停药时间，一般来说，停药时间为60～90天（参考附录四）。

（三）传染病牛的处理

育肥牛场发生了牛的传染病，应按以下程序处理。

（1）在育肥牛场兽医确认为传染病后，立刻隔离病畜、封锁病畜，指定专人专责护理。

（2）应以最快的速度向县（市）级动物防疫机构报告。

（3）封锁疫区封锁区的范围由县（市）级动物防疫机构划定。

(4) 封锁疫区的出入口必须设置检查站，专人值班。在封锁期内，严格控制人员、畜禽、车辆出入封锁区。

(5) 染病畜的处理，有治疗价值、能治疗的进行治疗；不能治疗的要用焚尸炉销毁疫牛。

(6) 封锁疫区的出入口必须设置消毒设施，必须出入的人员都要严格消毒。

(7) 封锁疫区的用具、围栏、场地必须严格消毒。

(8) 牛粪、尿液、垫草、确认已被污染的物品，必须在兽医人员的监督下进行无害化处理（参考附录六）。

(9) 染疫牛的扑杀　①已确认为染疫牛，要用专用车运至染疫牛扑杀点；②采用不流血方法扑杀；③疫牛扑杀后进行无害化处理。

(10) 解除封锁　①疫区内或疫点内最后一头病牛被扑杀或痊愈后，经过所发病一个潜伏期以上的监测观察，未再发现病牛时；②封锁疫区经过清扫和严格消毒；③由县（市）级以上动物防疫机构检查合格后，报原来发布封锁令的政府；④由原来发布封锁令的政府发布解除疫区封锁令，并通报相邻地区和有关部门；⑤原来发布封锁令的政府写出总结报告报上一级政府备案。

（四）种母牛场的防疫保健制度

包括犊牛、育成牛、后备牛等的防疫保健类同肉牛育肥场。

六、牛粪处理

（一）牛粪收集

(1) 人工收集　由人工把鲜牛粪收集、运送到牛粪堆放点；此法简单易行，但功效低、成本高。

(2) 机械收集　采用机械把鲜牛粪收集、运送到牛粪堆放点；此法功效高、成本低，但资金投入大。

（3）高压水冲洗收集　采用高压水冲洗法，将牛粪冲洗到积粪池，沉淀，清水回收再次冲洗牛粪。此法清扫彻底，但运行成本高。

（二）牛粪处理

（1）生产农家肥料　鲜牛粪由种植户买回，采用堆积、牛粪自然发酵方法生产农家肥料。

（2）生产有机复合肥料　采用现代技术、先进设备生产有机复合肥料。

（3）生产沼气。

（三）有机复合肥料生产

1. 生产方案

（1）方案一　工艺流程（一）：

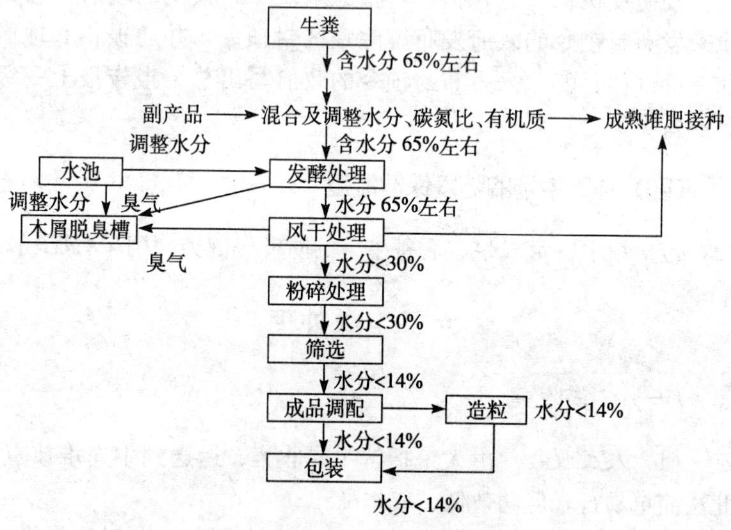

图 7-1　干有机肥料生产流程图（一）

工艺流程（二）如下：

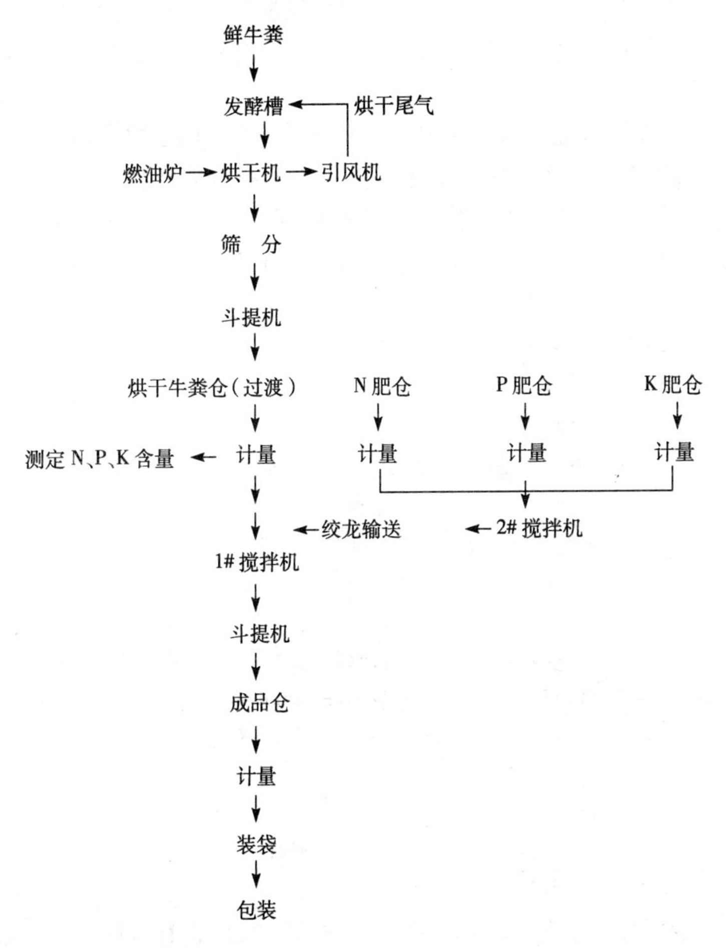

图7-2　干有机肥制作工艺流程图（二）

干有机肥制作工艺流程图（二）说明：

将含水量为65%～85%的鲜牛粪和适量的辅料（干秸秆、碎草、干牛粪等）放在发酵槽内发酵，同时用发酵设备充分搅拌，翻推机不断翻推，达到调节水分和碳、氮比（C/N）。混合后的鲜牛粪在适宜的温度和氧气条件下发酵 7 天，然后被送入烘干机内，牛粪块与热空气充分接触而迅速失去表面水分。由于烘干机内带有高速旋转破碎设备，牛粪块不断被破碎、失水，完成干燥过程。

生产平衡复合有机肥料时，在烘干牛粪中间仓阶段测定烘干牛粪的 N、P、K 元素的含量，然后根据各种农作物、花卉、草地、林果、蔬菜对平衡复合有机肥料 N、P、K 元素的要求，定量添加于正在烘干的牛粪中，用搅拌机充分搅拌，计量，装袋，包装，入库。

（2）方案二

1）基础数据

① 牛粪含水量　75%

② 有机肥料质量标准要求：

项目	指标
有机质（OM）	≥60%
N、P、K 总量	≥3%～3.5%
全氮（N）	1.5%～2.3%
氧化钾	1.1%～3.0%
全磷酐	1.9%～3.0%
微量元素	≥2 000 毫克/千克
水分含量	≤20%
pH	7～8
有害元素	农用控制标准

③生产工程流程

2）方案特点　①本方案采用先进、实用、有效的好氧高温发酵工艺，成本低，效益好；②生产周期短，效率高；③有机肥料品质好，商品化程度高；④采用封闭式生产，实现生产清洁、无害化。

（3）效益分析　①经济效益分析：目前有机肥料每吨售价为 450～650 元，每生产 1 吨有机肥料产品，扣除生产、销售

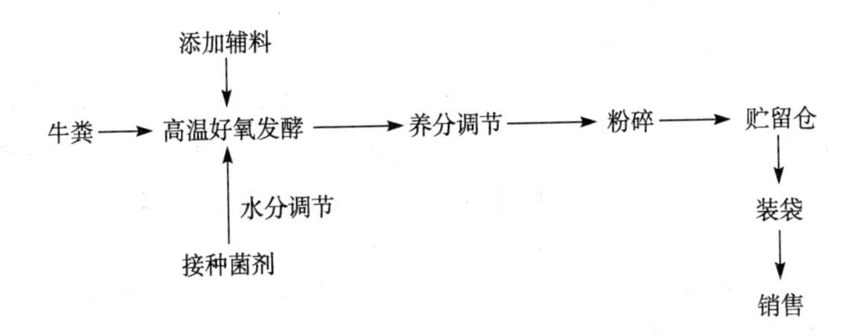

说明：本方案采用好氧高温发酵工艺。通过添加辅料调节物料湿度和碳氮(C/N)比，接种高效菌剂缩短发酵周期。经过5～6天的高温发酵后，基本杀灭有害虫卵。发酵后经过养分调节改善肥料品质，提高有机肥商品化程度。

成本（250元/吨），每吨获利为200元以上。②环境效益分析：利用牛粪为原料生产有机肥料，不仅可保护牛场周围环境及地表水和地下水不受污染，而且实现了废弃物的再利用、无害化。

(4) 设备（举例介绍）

1）全自动翻推机　翻推机本体、天车、自动控制系统、机电系统。

2）原料添加物设施　原料定量注入系统、筛选设备、原料输送设备、配料混合输送设备、自动控制系统、机电系统。

3）发酵通风处理设备　堆肥发酵设备、鼓风机、风管、自动控制系统、机电系统。

4）废气处理设备　废气洗涤设备、脱臭槽、抽风机、排放管路、自动控制系统。

5）成品出料包装设备　贮存料设备、输送设备、粉碎设备、包装设备、缝口袋设备、计量设备、机电系统、自动控制系统、水分测定仪、有机质测定仪、pH测定仪。

6）固体分离设备。

7）化学反应脱臭机。

8）铲装机运输车辆。

9）污染防治设备。

牛粪利用的方案较多，以上几种方案各有特点；方案一的成品含水量小于14%，便于保管，也减少了运输量。但是投资额度大。方案二的成品含水量达25%，不便于保管，容易再发酵，不仅造成肥效的损失，也不易做到均衡供应。但是投资额度小。

2. 生产量 根据上述各种制造干有机肥料的工艺技术，4.2吨鲜牛粪可以制作1吨含水量为14%的有机复合肥料。年出栏育肥牛10 000头的牛场一年可生产有机复合肥料6 500吨以上。

（四）牛粪制作沼气

利用牛粪生产沼气，既是育肥牛场处理牛粪等污物的较好办法，又可以使废物变成能源（燃料或发电），还可以利用沼气渣（肥料）生产无公害蔬菜、粮食、果树等。

1. 沼气池 沼气池的结构由以下部分组成。

（1）进料部分（池） 牛粪和其他污物由沼气池的进料池进入沼气发酵池，进料部分（池）设在沼气池的一端（便于进料的地方）。

（2）发酵池 沼气发酵池有地下和地上之分，但沼气池无论在地上或地下，都必须密闭不透气。用砖块或石头砌成后再用水泥抹平。

（3）贮沼气池 在农产，贮沼气池和沼气发酵池二池合为一体；在规模饲养牛场，贮沼气池是独立的。

（4）出料池 牛粪等污物经过发酵后剩余的残渣废液的出口处。

（5）导气管 贮沼气池连接沼气用户。

2. 沼气产生的条件

（1）沼气发酵池必须是密闭不透气，池壁不透气，池顶部密封。

(2) 充足的有机物，以确保沼气菌等各种微生物正常生长发育和大量繁殖。

(3) 除了要有充足的有机物，有机物的碳氮比例要适当。在沼气池中的发酵物的碳氮比一般为 25∶1 较好。

(4) *沼气发酵池温度* 沼气菌生存的温度范围为 8～75℃；沼气菌生存最活跃温度为 35℃，发酵物发酵期可达 30 天，产沼气多而快；沼气菌生存的温度降为 15℃时，发酵物发酵期可达 300 天，产沼气少而慢。

(5) *沼气发酵池的酸碱度* 沼气发酵池的酸碱度以中性较好，过于酸性或过于碱性都会影响沼气的产生。pH 在 6.5～7.5 时产气量最高。在实际工作中，可以用 pH 试纸测定，酸度较高时可用石灰水、草木灰中和。

3. 沼气产生的过程 沼气产生的过程可以分为几个阶段。在有机物发酵的初期，发酵池中的好氧微生物分解牛粪中的有机物，将多糖分解成为微生物能利用的单糖；当发酵池中的氧气被好氧微生物耗尽后，厌氧微生物开始活动，将单糖分解为乙酸、二氧化碳、氢；微生物中的甲烷菌能将乙酸分解成甲烷和二氧化碳。

4. 安全问题 沼气可以用作燃料，也能让人中毒身亡。因此要细心，尤其是农户使用简易沼气池时更要细心。

5. 参考资料

(1) 每千克鲜牛粪能产出沼气 0.035～0.036 米^3；每头育肥牛每天排放牛粪 20 千克，能产出沼气 0.70～0.72 米^3。

(2) 1 米^3 沼气燃烧时的热值相当于 1 千克普通煤燃烧时的热值。

(3) 1 米^3 沼气用于发电时能获得 1.5 度电。

(4) 使用 1 米^3 的沼气发电（1.5 度）的成本为 0.23～0.25 元，比使用电网电（1.5 度）费用少 0.5～0.7 元。

(5) 牛粪的利用，要因地制宜。在长江以南，电力供应紧张、电费较高（0.8～1.1元/度）、气候又适合沼气菌生长，利用牛粪生产沼气发电，比牛粪用作肥料的经济效益要好；在煤炭资源丰富的地区、有机肥需求量高、肥料价格较高的地区，利用牛粪生产有机复合肥，比利用牛粪生产沼气发电的经济效益要好。

第八章

提高无公害肉牛安全生产经济效益的措施

一、提高架子牛交易技术水平

（一）及时掌握牛价信息

在进行架子牛育肥的总成本核算时，购买架子牛的费用占架子牛育肥总成本的40%～45%，因此，随时、及时掌握架子牛牛价信息，购买到价位合适、牛质优良的架子牛是获得养牛较高利润的措施之一，架子牛牛价信息包括以下内容。

1. 架子牛的牛价 架子牛的牛价中应该包含交易时发生的各种费用，各地架子牛交易市场收取的费用种类、名目、标准、方法有差异，架子牛购入成本中包括的费用应详细列出：架子牛牛价；其他费用：费用中有中介费、场地费、兽医防疫费、工商管理费、换牛绳费、装车费、车辆消毒费等；

2. 架子牛的运输费用 架子牛异地育肥中牛的运输不仅不可缺少而且是十分重要的环节。根据作者的实践证明，架子牛运输距离300千米以内，租赁运输车辆能节减费用；架子牛运输距离300千米以上，自备运输车辆能节减费用。节减运输费用可增加养牛利润。

3. 架子牛异地差价 肉牛易地育肥具有较强生命力的原因之一是两地牛价的差别，这里的牛价差别包含两点，其一是架子牛本身价格的差异（如甲地架子牛价为9元/千克，乙地为9.5

元/千克，两地的差额为0.50元/千克，1头300千克的架子牛易地差额为150元，除去上述费用后能否有剩余，剩余多少是决定是否购买的主因）；其二是架子牛育肥后出售时的价格，如出售价格为10元/千克，则架子牛自身增值部分为300元；如出售价格为11元/千克，则架子牛自身增值部分为600元。作者于2002—2003年在山东省东部进行肉牛易地育肥时的买卖差额资料见表8-1（作者资料），1 850头架子牛的平均买卖差额每头为483元。假定架子牛在饲养期增加体重200千克的增重效益为零时，则养牛的利润仅为483元，因此在购买架子牛时就要对育肥牛的出售价格作出评估，买卖差额越大，育肥饲养户获利越多。架子牛买卖差额的存在是促进肉牛易地育肥业发展的条件之一。

表8-1 肉牛易地育肥买卖差额

批次	头数	架子牛成本（元/千克）			出售价（元/千克）	买卖差额（元/千克）	购买350千克牛的差价（元）
		收购价	费用	合计			
1	99	8.30	0.55	8.85	10.95	2.10	735.00
2	114	8.74	0.55	9.29	10.35	1.06	371.00
3	389	8.01	0.54	8.55	10.59	2.04	714.00
4	159	8.11	0.85	8.96	10.15	1.19	416.50
5	362	8.17	0.76	8.93	9.73	0.80	280.00
6	340	7.43	1.75	9.18	10.25	1.07	374.50
7	387	7.21	1.78	8.99	10.50	1.51	528.50
合计	1 850	7.84	1.09	8.93	10.31	1.38	483.00

（二）提高架子牛的运输质量

架子牛的运输质量好坏（安全、伤亡、运输失重等）会严重影响肉牛育肥期的饲养效果，因此购买架子牛后要精心组织运输，确保安全运输。架子牛的运输技术请参考本书第四章。

二、提高饲料利用效率技术水平

在肉牛无公害安全生产过程中，饲料费用约占养牛费用的45％以上，位居养牛成本的第一位，因此提高饲料利用技术水平是降低饲养成本、增加饲养效益的主要措施之一。

（一）能量饲料形状和养牛经济效益

用于肉牛育肥的能量饲料（玉米、大麦、高粱等）形状有粉状料、颗粒料、片状料（热压片、蒸汽压片）、粥状料等几种，不同的饲料料形在喂牛后会产生不同的效果：

1. 粉状料 在育肥牛饲养中最常用，其优点是生产设备简单、造价低、生产成本便宜；缺点是细粉末不利于牛的采食，加工生产时对环境污染较大。

2. 颗粒料 颗粒饲料的优点是无论对饲料加工厂、对肉牛养殖场、对育肥牛都有益处：

（1）对饲料加工厂 改善了饲料中一些营养物质的利用效率；便于变更饲料配方、便于在饲料内添加微量元素、维生素、保健剂、抗氧化剂；有利于包装和贮存；有利于运输并降低运输成本；减少有毒有害细菌的侵犯；更大程度保证饲料产品的优质；加工生产时对环境污染较小。

（2）对肉牛养殖场 便于运输、贮存、保存；便于饲料的分量配送；减少了饲料的损耗量；改善了牛场的卫生条件，提高了牛场的卫生质量。

（3）对育肥牛 育肥牛喜爱颗粒料，因此提高了饲料的采食量，从而提高增重；颗粒料加工过程中一些营养物质结构的变化导致消化率、转化率的提高，从而降低饲料成本；杜绝牛挑剔饲料的毛病。

颗粒饲料的缺点：生产设备成本高，比粉状料加工设备成本高 18%～20%；生产成本比粉状饲料高 8%～9%。

3. 片状饲料（蒸汽压片饲料） 片状饲料有热压片和蒸汽压片之分，本文仅介绍蒸汽压片饲料。蒸汽压片饲料制作要点：注水潮湿（使饲料含水量达 22%左右）、高温蒸煮（100～105℃）40 分钟、压片（片厚 0.7～1.2 毫米）、冷却干燥。

蒸汽压片饲料的优点：饲料受高压高温蒸煮，饲料结构中含有的淀粉发生糊化过程，此过程促成糊精和糖的形成，使饲料芳香有味，提高了牛的采食量；由于淀粉的糊化而提高饲料的消化率 7%～10%；由于淀粉糊化而减少了甲烷的损失，提高能量滞留量 6%～10%，从而提高增重 5%～10%；生产高档牛肉时尤其重要。

作者和同事们用玉米蒸汽压片喂牛的试验结果见表 8-2（作者资料），在试验结果中玉米蒸汽压片对增重未显示比对照组好的效果，但玉米蒸汽压片在节省饲料、降低饲料成本和提高饲料转化率方面效果明显。因此在有条件的情况下，提倡使用玉米蒸汽压片代替玉米粉颗粒，可以节省饲料成本，减少饲料费用（每千克增重少 2.23 元，表 8-3），增加效益，对大型养殖场效益的增加尤为可观（作者资料）。

表 8-2 整个试验期间牛日采食量、日增重、转化率的分析结果

项 目	不同处理	N	平均值	标准差	标准误	显著性
日增重	压片组	9	0.949 8	0.188 32	0.062 77	0.443
	对照组	9	0.863 2	0.271 10	0.090 37	
日采食量	压片组	9	15.443 0	1.083 54	0.361 18	0.001
	对照组	9	17.197 3	0.826 91	0.275 64	
转化率	压片组	9	0.161 2	0.029 07	0.009 69	0.049
	对照组	9	0.206 6	0.056 84	0.018 95	

表 8-3　试验期间饲料成本核算

项　目 \ 组　别	压片组		对照组		比较（压片组为 100）
	组	头	组	头	
饲料用量（千克）	18 541.14	2 060.13	20 291.76	2 254.64	1 945.1
饲料费用（元）	11 712.02	1 301.33	12 489.25	1 387.69	86.36
单位增重成本（元/千克）	13.17		15.46		2.23

（二）能量饲料品种和养牛经济效益

目前在肉牛育肥过程中使用的能量饲料以玉米较多，由于产地自然气候条件、玉米品种自身基质等的差异，不同品种玉米的质量有较大差异（表 8-4）。从表 8-4 中不难看出，使用同等重量的普通玉米和高油 4 号玉米，每千克的能量（粗能）相差 2.811 7 兆焦，育肥 1 头肉牛需要 1 000 千克玉米时，仅由于玉米品种的不同，普通玉米品种比高油 4 号玉米品种多用 168 千克 [(1 000×2.811 7 兆焦)/16.723 4]，按现时（2006 年 12 月）价，168 千克玉米价值 235 元。仅由于一种饲料品种的不同就导致 235 元的差异，因此在养牛中使用能量饲料品种时应比较其营养价值后再选用。

表 8-4　不同品种玉米的质量

玉米品种	含油量（%）	蛋白质（%）	赖氨酸（%）	粗能（兆焦/千克）	胡萝卜素（毫克/千克）
普通玉米	4.30	8.60	0.24	16.723 4	26.3
高油 1 号	6.00	9.60	0.26	17.664 8	26.7
高油 2 号	8.50	8.90	0.25	18.091 6	28.5
高油 3 号	11.30	10.30	0.28	18.752 7	34.0
高油 4 号	13.00	11.40	0.30	19.535 1	31.5
高油 7 号	7.95	9.54	0.31		
高油 8 号	9.50	9.64	0.32		

资料来源：蒋洪茂，《肉牛高效育肥饲养与管理技术》，2003。

（三）能量饲料粗细度和养牛经济效益

能量饲料粉碎的粗细程度既影响育肥牛的采食量，也影响饲料的转化效率。在能量饲料粗细度的试验中，用辊磨式粉碎机粉碎细度为2.00毫米和0.3～1.00毫米；用锤片式粉碎机粉碎细度为0.5～2.00毫米的同一品种饲料喂牛，获得的效果有差异（表8-5）。用辊磨机粗粉碎（2毫米，整玉米粒粉碎为10～12片）比细粉碎（0.3～1.0毫米，整玉米粒粉碎为60～40片）的饲养效果好，因此认为精饲料粉碎程度越细肉牛既多采食、又对精饲料的消化越好的观点有待商榷。

表8-5 能量饲料粉碎细度和喂牛效果

机器类别	辊磨机粉碎		锤片机粉碎	
粗细度	粗粉碎	细粉碎	粗粉碎	细粉碎
采食量	100%	90%	100%	85%
增重	100%	100%	100%	90%
饲料转化效率	100%	90%	100%	100￥

资料来源：蒋洪茂，《肉牛高效育肥饲养与管理技术》，2003。

（四）高粱饲料细磨对无公害肉牛经济效益的影响

用于肉牛能量饲料的品种有玉米、大麦、高粱等，在高粱主产区利用高粱粒饲养肉牛时切记不能单独使用，并应磨碎（10～12瓣），否则不仅会造成育肥牛厌食，还会浪费精料（表8-6）。

表8-6 高粱磨碎喂牛提高利用效率

项 目＼饲 料	饲 料 种 类		
	磨碎高粱	未加工高粱	磨碎玉米
采食量（%）	108	100	100
增重（%）	101	95	100
饲料转化效率（%）	93	85	100

资料来源：蒋洪茂，《肉牛高效育肥饲养与管理技术》，2003。

一般认为高粱的饲用价值只有玉米的85%，但高粱经过磨碎后再使用，利用效率可由85%提高到93%。

（五）能量饲料含水量和养牛经济效益

饲料含水量的高低直接影响饲料营养物质的含量和饲料成本。现将育肥1头优质肉牛（育肥期12个月、使用玉米1 098千克）使用含水量不同的玉米，造成的饲料成本的差异计算如下（玉米含水量分别为13%、14%、15%、16%、17%、18%）。

表8-7　含水量的差异导致成本上升

含水13%的玉米成本价（元/千克）	含水13%的玉米1 098千克	含水14%的玉米1 109千克	含水15%的玉米1 120千克	含水16%的玉米1 130.9千克	含水17%的玉米1 141.9千克
1.00	1 098.00	1 109.00	1 120.00	1 130.90	1 141.90
1.03	1 130.94	1 142.27	1 153.60	1 164.83	1 176.16
1.06	1 163.88	1 175.54	1 187.20	1 198.75	1 210.41
1.09	1 196.82	1 208.81	1 220.80	1 232.68	1 244.67
1.12	1 229.76	1 242.08	1 254.40	1 266.61	1 278.93
1.15	1 262.70	1 275.35	1 288.00	1 300.54	1 313.19
1.18	1 295.64	1 308.62	1 321.60	1 334.46	1 347.42
1.21	1 323.58	1 341.89	1 355.20	1 368.39	1 381.70
1.24	1 361.52	1 375.16	1 388.80	1 402.32	1 415.96
1.27	1 394.46	1 408.43	1 422.40	1 436.24	1 450.21
1.30	1 427.40	1 441.70	1 456.00	1 470.17	1 484.47
1.33	1 460.34	1 474.97	1 489.60	1 504.10	1 518.73
1.36	1 493.28	1 508.24	1 523.20	1 538.02	1 552.98
1.39	1 526.22	1 541.51	1 556.80	1 571.95	1 587.24
1.42	1 559.16	1 574.78	1 590.40	1 605.88	1 621.50
1.45	1 592.10	1 608.05	1 624.00	1 639.81	1 655.76

表8-7表明，在玉米价格1.0元/千克时，使用含水量17%的玉米比使用含水量13%的玉米多支出43.9元；在玉米价格1.42元/千克时（2006年12月价格），使用含水量17%的玉米比使用含水量13%的玉米每头牛多支出62.34元；一个年饲养出栏量1 000头牛的育肥场仅因为玉米含水量差4个百分点，造成直接经济损失62 340元。因此，养牛户在购买饲料时要特别注意其含水量的高低，买进含水量多1个百分点的饲料，育肥同样1头牛要多支付15.62元，占1头牛利润的4%左右。因此，建议养牛户购置粮食快速测水仪，每次采购能量饲料时依测出的水分含量高低定饲料价格。

（六）饲料配方和养牛经济效益

在肉牛育肥阶段为牛设计饲料配方，除了必须满足牛生长发育的需要，随着牛体重的增加，应相应地调整饲料配方外，还应注意精粗饲料配合比例（以干物质为基础）不能各半（即50%：50%），育肥牛体重和增重随着饲养期而变化，精饲料在饲料配合中的比例逐渐增加，但是当精饲料的比例达到50%时，增重不仅不提高，相反会下降。当精饲料的比例超过50%时，增重又再次提高。

三、提高育肥牛流通交易技术水平

（一）育肥牛出售方法和养牛赢利技术

架子牛经过相当时间的育肥后达到出售标准时应该及时出栏，目前育肥肉牛的交易方法有牛经纪人（牛贩子）上门收购、牛集市交易、运送到屠宰厂出售等。

1. 产地交牛 肉牛育肥结束应尽快出售，出售方法得当与否会较大地影响养牛效益：

（1）称重计价 称重计价应该是比较公平、公开、公正的交易，风险小、费用少，但是买卖双方很难达成共识；

(2) 整牛估价　通过“牛经纪人”整牛估价出售（弊端多）。

2. 收购（屠宰）**点交牛**　将育肥牛运送到收购（屠宰）点交牛，承担的风险较大、费用较高。

3. 牛集市交易　通过经纪人，买卖双方完成交易。

（二）育肥牛出售计价方式和养牛经济效益

1. 以胴体质量定级、屠宰率计价方法

(1) 胴体质量分AB两级（胴体重、背部脂肪厚、脂肪颜色、胴体体表脂肪覆盖率、胴体体表有无伤残等指标为分级的依据）。

(2) 以肉牛屠宰率（见便查表二十九）计价的计价方法　①屠宰前检测牛活重为计价基础；②设定计价的屠宰率标准为52%～54%；③屠宰率增加1个百分点，每千克活重增加0.16～0.2元；屠宰率减少1个百分点，每千克活重减少0.16～0.2元。

这种计价方法，如能做到：①公开、公正、公平操作；②按照真正的牛胴体概念操作，是比较好的计价方法。但是在实际工作中，由于利益的驱动，事实真相和结果的差异非常巨大：

1) 首先是屠宰前活牛称重是否正确　作者于2000—2001年实地考察测定一家肉牛育肥场（该场采用自由采食、自由饮水饲养法）送往四家屠宰厂待宰育肥牛441头，出场前个体称测体重，经过1小时60千米运输到达屠宰厂后立即卸车个体称重宰杀，四家屠宰厂称重后的运输失重平均达51千克以上（表8-8），运输失重最多的达到57千克。作者对运输失重量如此大感到非常困惑，为此作者在2001年实地测定了十三批178头育肥肉牛屠宰前停食停水24小时、十批125头牛停食停水48小时的体重变化，结果见表7-5、表7-6。

表 8-8 四家屠宰厂屠宰牛成绩表

屠宰厂	屠宰牛数	出场体重（千克）	宰前体重（千克）	宰前失重（千克）	屠宰率（%）	单价（元/千克）
H	90	550.89±61.89	496.03±59.28	54.86	52.07±2.18	7.916 4
L	97	543.26±57.92	506.82±55.46	36.44	55.18±1.78	7.874 0
F	80	539.12±53.11	482.38±46.68	56.74	52.41±2.21	7.692 4
LON	174	488.13±28.30	431.81±48.21	56.32	54.62±2.07	7.950 0
合计	441	522.31	470.59	51.72	53.82	7.856 4

表 7-5、表 7-6 显示：育肥肉牛宰前经过停食停水 24 小时，体重由 537 千克减少为 514 千克，每头掉重 23 千克，占停食停水前体重的 4.27%，停食停水 48 小时，体重损失 37.56 千克，占停食停水前体重的 6.81%，如以 48 小时掉重 37.56 千克与表 8-8 中屠宰厂“H、F、LON”的掉重 54.86 千克、56.74 千克、56.32 千克比较，不难看出多损失了 17.3 千克、19.18 千克、18.76 千克体重。这 17.3～19.18 千克重量为肉牛宰前体重的 3.14%～3.48%，为什么会有如此大的差异？

育肥肉牛屠宰前停食停水 24 小时是屠宰企业的需要，因此，养牛户在计算饲养效益时，必须要考虑育肥肉牛屠宰前停食停水后体重的下降。但是由于目前屠宰行业以屠宰率 52% 为收购活牛的起步价，养牛户或牛贩子为了获得较高的屠宰率，以获得较多的收入，将育肥肉牛屠宰前停食停水的时间延长到 48 小时或更长时间，这样长时间的停食停水，势必造成牛屠宰以前较为严重的应激反应，从而影响了牛肉品质，因此从保持牛肉品质方面考虑，育肥肉牛屠宰前停食停水时间不宜太长，这要屠宰行业和养牛户共同配合才能有良好的结果。

2）其次胴体重量是否确实　绝大多数屠宰企业的胴体修整和称量作业无透明度可言，因此出现屠宰率低的原因主要来自胴体修整和称量两个环节。

3）养牛户的损失　由表 8-8 可以看出：①育肥肉牛在屠宰

前的失重达 36.44～56.74 千克，为牛屠宰前体重的 7.19%～11.76%，养牛户卖出一头牛平均损失了 286.93～447.74 元；②屠宰厂“F”失重最高，达到 56.74 千克，为牛屠宰前体重的 11.76%，以每千克 7.692 4 元计，养牛户卖出一头牛损失了 436.47 元；③屠宰厂“F”肉牛的屠宰率最低，比屠宰厂“LON”低 2.21 个百分点，以每个百分点 0.20 元计，一头牛又损失了 213.32 元 [(2.21×0.20)×482.38]，养牛户卖给屠宰厂“F”一头牛的损失达到 649.79 元；④肉牛的屠宰率只有 52.07%～54.62%，这样低的屠宰率绝不是我国肉牛的真实屠宰率，笔者曾做过多次肉牛屠宰的试验研究，在未停水停食时的屠宰率达到 63%以上，停水停食时体重损失 45 千克，肉牛的屠宰率应该上升 9 个百分点，上述 4 个屠宰厂的屠宰率不仅没有提高，相反还降低了 8 个百分点。为什么会有如此的差异？首先根据作者的实践经验，关键在于对胴体的理解，目前的屠宰企业把应该属于胴体* 部分的肾脏及附近脂肪、盆腔脂肪、胸腹膈膜、体表部分脂肪统统剔除了，上述部分占屠宰前体重（500 千克）的 5%～6%；其次如果我们养牛户认可这 5%～6%，那么作者测定的肉牛屠宰率 63% 除去认可的 5%～6% 外，还应有

---

* 胴体：我国畜牧界对胴体概念的定论是：

“胴体脂肪包括肾脂肪、盆腔脂肪、腹膜脂肪、胸腔脂肪”（肉牛技术手册一，全国肉牛繁育协作组，1980 年 1 月）

“胴体重为除去头、蹄、尾、内脏器官、带有肾脏及附近脂肪重量”（科学养牛问答，邱怀主编，农业出版社，1990 年）。在邱怀前辈的另一部主编中对牛胴体作了更具体的描述：

“胴体重：实测重。牛尸体除去皮、头、尾、内脏（不包括肾脏和肾脂肪）、腕、跗关节以下的四肢、生殖器官及其周围脂肪，称为胴体。”（中国黄牛，邱怀主编，农业出版社，1992 年）原商业部对牛的屠宰加工要求（鲜冻四分体带骨牛肉，1988）中对牛胴体的定义为：

“3.2.1.2 剥皮，去头、蹄尾、内脏、大血管、乳房、生殖器官。

3.2.1.3 皮下脂肪或肌膜保持完整”。

57.4%，距离以上4家屠宰企业的最高屠宰率54.62%仍有2.78%的差异，距离以上4家屠宰企业的最低屠宰率52.07%多达5.33%的差异，这些差异来自何处，比较有支持的解释是活牛和胴体的称重出了问题。

4）如何能获得公开、公平、公正的育肥牛交易，作者建议：①政府有关部门加大对屠宰企业的商业道德教育，并出台相关违规处理办法；②增加育肥牛活牛称重和胴体称重的透明度；③试行委托屠宰（屠宰企业只收取加工费，产品由养牛户处理）。

2. 净肉重计价 以屠宰牛的净肉重计算牛价，用这种方法计价时影响净肉重的主要因素是分割牛肉时剔骨干净程度，根据作者的测定，280～320千克胴体，分割剔骨后牛骨上牛肉的残留量2～2.5千克。

3. 胴体重计价 以屠宰牛的胴体重计算牛价，以这种方法计价时影响胴体重的主要因素是对胴体概念的理解（见本节“1”）；其次为胴体称重时间；再次为计量（屠宰户良心秤）的准确性。

4. 活牛重计价 以整牛估价，完全依靠经验，误差大。

几种计价方法的比较：以上几种方法中“4”最差，欺骗性最大；其他3种方法各有利弊，关键是接收单位的公开、公平、公正程度。

（三）育肥牛牛源和养牛经济效益

根据当前牛肉市场需求，高档（高价）优质牛肉供不应求、货源紧缺、价位上涨，因此买卖高档（高价）优质牛肉的利润空间较大，屠宰户、牛肉经销商千方百计寻求高档（高价）优质牛肉。但是，高档（高价）优质牛肉只有经过充分育肥的牛才能生产，投入较大，屠宰户如不能优质优价收购育肥牛，育肥户也不愿意增加精饲料喂量、延长育肥时间培育膘肥体壮的肉牛。

有关育肥牛饲养成本高，育肥亏本的问题，2004 年 10 月作者在北京郊区的某肉牛育肥场考察，该场定点定量为屠宰企业育肥优质肉牛，育肥结束体重 550 千克，该场育肥牛饲料配方及饲喂量、饲料成本，计算如下：

饲料品种	饲料单价	配方（%）体重（千克）400	配方（%）体重（千克）450
玉米	1.34	23.00	23.00
棉籽饼	1.30	2.80	2.80
小麦麸	1.10	4.90	3.90
全株玉米青贮料	0.17	57.00	59.00
干苜蓿	0.50	2.30	2.30
小麦秸	0.20	5.20	3.70
玉米秸	0.20	4.40	4.80
石粉	0.20	0.10	0.15
小苏打	1.30	0.10	0.15
添加剂	2.30	0.10	0.10
食盐	0.20	0.10	0.15
每千克配合饲料（干物质基础）			
含有维持净能（兆焦）		6.72	6.76
粗蛋白质%		10.54	10.47
钙（%）		0.35	0.35
磷（%）		0.30	0.30
每千克配合饲料价（鲜重，元）		0.535 5	0.524 0
设计日增重（克）		800	800
每头每日采食量（千克）			
干物质		9.00	10.0
鲜重		17.8	20.2
增重 1 千克体重的饲料费(元)为		11.87	13.24
增重 1 千克体重的管理费(元)为		1.25	1.25
增重 1 千克体重成本费(元)为		13.12	14.59

如果 1 千克体重的出售计价为 12 元，则肉牛育肥饲养户饲

养1头肉牛亏本305元；1千克体重的出售计价提高为13元，则育肥饲养户养1头肉牛仍亏本165元；1千克体重的出售计价再提高为14元（目前最高价），则育肥饲养户养1头肉牛还亏本15元，这就是肉牛育肥饲养户不愿意多投入培育较好育肥牛的缘由。

要解决目前肉牛育肥饲养户不愿意充分育肥，屠宰户得不到膘肥体壮的肉牛，生产不了优质牛肉，市场优质牛肉紧缺的恶性局面，根据作者的实践，提出以下几条办法供参考。

1. 进一步提高养牛技能 就地与外请养牛专家培训指导，降低饲养成本。

2. 成立养牛协会 协会为会员提供架子牛、育肥牛、饲料饲草价格信息，市场货源信息；提供养牛技术全方位服务；协调育肥牛交易价格，维护会员利益；组织赛牛会，推动养牛业的发展。

3. 尝试前店后场式经营 从肉牛育肥、屠宰加工到牛肉销售实行一体化经营，前店指牛肉销售店或餐饮业（饭店、酒店、酒吧），后场指肉牛育肥场，国内已有多家经营。

4. 尝试委托屠宰 屠宰户仅仅收取屠宰加工费，屠宰产品全部由肉牛育肥饲养户经销。

5. 尝试共创利润，共享利润 肉牛育肥饲养户和屠宰户建立较紧密的联营体，共同努力创利，获利后共同享有。屠宰户要站得高一点、看得远一点、让利一点，吸引更多的肉牛育肥户为你提供优质育肥牛，更大的利润在其中（因为肉牛育肥饲养户的养牛费用比较公开，如架子牛价格、饲料价格、饲料消耗量、其他饲养费用等，而育肥饲养户对屠宰户的销售收入比较难了解）。现介绍某屠宰企业鼓励育肥饲养户饲养优质牛的让利方案，达到基本标准：（活牛体重500千克以上；背部脂肪厚度15毫米；脂肪颜色白色或微黄；肉色鲜红或樱桃红）后以大理石花纹等级（1级最优）和屠宰率为奖励指标，分级

奖励如下

大理石花纹等级（%）	屠宰率（%）	奖金（元/头）
1级（5）	>52	300
1级（6～10）	>52	360
1级（11～20）	>52	420
1级（21～30）	>52	480
2级（10）	>52	200
2级（11～20）	>52	260
2级（21～30）	>52	320
2级（31～30）	>52	380
2级（31～50）	>52	440
3级（15）	>52	100
3级（16～25）	>52	150
3级（26～35）	>52	200
3级（36～50）	>52	260
3级（51～70）	>52	320

该企业的奖励方案一出台，就极大地调动了育肥牛饲养户的积极性，现已初见成效。作者认为该企业举措明智（获得了优质牛肉和更大的利润空间），为此推荐，希望有更多的屠宰企业效仿，提高我国牛肉品质，促进我国肉牛业的发展。

四、提高无公害肉牛的育肥技术水平

（一）选用先进喂养技术、提高无公害肉牛的育肥效益

1. 肉牛饲喂方法和无公害肉牛饲养效益的关系 架子牛在育肥期的饲喂方法有自由采食和拴养两种，采用自由采食方式时育肥牛能够根据自身需要，随时采食饲料和饮水，能最大限度地发挥增重潜力；拴系饲养时采用定时定量喂料，育肥牛不能随心所欲采食、饮水，因此影响增重。架子牛育肥

期内采用自由采食方法喂牛比定时定量拴系喂牛可以提高增重7%～12%，并能改善牛肉品质，提高高价、优质牛肉的比例。

2. 日粮蛋白质水平和无公害肉牛增重的关系 据作者的试验研究，日粮中蛋白质（干物质为基础）水平对无公害肉牛增重的影响很大（见表8-9）。1组架子牛日粮蛋白质水平为11.2%，日增重达到1 172克，较2组（日粮蛋白质水平为8.9%）675克、3组（日粮蛋白质水平为6.2%）443克分别高73.63%、164.56%，增重成本分别低94.4%和96.76%。因此日粮中蛋白质水平的合适程度对无公害肉牛增重的影响巨大。

表8-9 日粮中蛋白质水平对优质无公害肉牛增重影响

日粮中蛋白质水平（%）	试验牛头数	体重变化（千克）		日增重（克）	增重1千克活重饲料费（元）
		开始重	结束重		
（1组）11.19	34	334.8±42.3	443.1±50.5	1 172	8.64
（2组）8.90	36	349.6±62.0	430.9±58.0	675	16.80
（3组）6.09	35	355.4±51.5	420.5±31.5	443	17.00

资料来源：蒋洪茂，《肉牛高效育肥饲养与管理技术》，2003。

3. 采食量和无公害肉牛饲养效益的关系 架子牛在育肥期内采食的饲料（营养物质）首先满足维持需要，剩余部分用于体重的增加。因此，架子牛采食量的大小对无公害肉牛饲养效益的影响非常直接。表8-10是体重400千克育肥牛的试验资料，当每头牛每日采食饲料量为4千克时，日增重为0克，4千克饲料全部用于维持需要；当每头牛每日采食饲料量为8千克时，日增重为1 000克，维持需要占采食量的50%；当每头牛每日采食饲料量为10千克时，日增重为1 500克，维持需要占采食量的40%。

表 8-10 采食量对无公害肉牛饲养效益的影响

每头牛每日采食量（千克）	日增重（克）	用于维持需要的饲料占日粮的%	用于增重需要的饲料占日粮的%	增重1千克体重的利润（元）
4.0	0	100.00	0.00	－3.2
6.0	500	67.00	8.30	－0.8
8.0	1 000	50.00	12.20	＋1.6
10.0	1 500	40.00	14.60	＋2.0

资料来源：蒋洪茂，《肉牛高效育肥饲养与管理技术》，2003。

在育肥期内增加架子牛的采食量不仅能减少维持需要占日采食量的比例，还可提高养牛效益。

4. 育肥期多精料或多粗料和无公害肉牛饲养效益的关系

作者在一个承包经营的肉牛育肥场进行生产考察，有 3 个饲养组，1 组饲养员期望在架子牛育肥期内多使用精饲料，达到较高的日增重和较好的体膘，以获得较好的售价，因此使用精饲料量较多；3 组饲养员认为多使用粗饲料、少使用精饲料能达到节减饲料成本和提高养牛利润的目的，使用精饲料量最少；2 组饲养员居中观望。生产结果显示，3 组不仅没有达到节减饲料成本的目的，相反增重 1 千克体重的饲料费用比 1 组多 3.46 元，在育肥饲养 84 天里多花 290 元，还少增重 19.8 千克（表 8-11）。三个组的饲养结果告诉我们，在架子牛育肥期内合理使用精饲料会得到较高的增重和较多的利润，尤其在实施无公害牛肉生产中，需要以牛的背膘厚度、脂肪颜色、脂肪覆盖胴体表面程度作为牛的定级定价依据时，没有一定的精饲料和一定的育肥时间很难达到用户（屠宰户）对育肥牛的要求。下面介绍精料在日粮中不同比例造成利用效率差异的试验资料（表 8-12）。资料显示随日粮中精料比例的提高，饲料利用效率也上升。作者认为日粮中精料的比例（干物质百分比）以 30%～50%适合我国黄牛育肥期的需求。

表 8-11 日粮中营养水平对优质无公害肉牛饲养效益影响

组别	头数	自由采食混合精料量（千克）	体重变化（千克）		日增重	饲料费用		元/千克
						混合精料	粗料	
1	151	3.50 以上	342.5±51.5	426.8±47.6	757	4.65	0.84	7.25
2	68	2.50～3.49	349.0±62.2	423.4±42.6	669	4.40	0.97	8.03
3	63	2.49 以下	345.3±58.8	408.0±33.8	521	4.36	1.22	10.71

表 8-12 日粮中精料的比例和饲料利用效率

日粮中精料的比例(干物质,%)	用于维持需要的效率(%)	用于增重需要的效率(%)
0	58	32
30	61	37
50	63	40
75	65	44
95	67	48

资料来源：蒋洪茂，《肉牛高效育肥饲养与管理技术》，2003。

5. 育肥饲养时间和无公害肉牛饲养效益的关系 作者总结了一个供应香港活牛市场的农村肉牛易地育肥牛场，体重达到 400 千克即符合出栏标准。该场 1 年内共育肥 4 批次 280 头牛，育肥牛的资料见表 8-13。资料表明；育肥时间越短，日增重越高（1 组较 2～4 组分别高 18.7%、36.6%、42.1%），增重 1 千克体重的饲料费用也最低（1 组较 2～4 组分别低 7.3%、45.2%、69.4%）。在无特殊要求的肉牛市场条件下，短期育肥易获得较好的经济效益；但是在屠宰户要求胴体背部脂肪厚度达到 1～1.5 厘米时，采用短期育肥方法显然不行。因此根据市场需求（屠宰户或供港活牛）有针对性地进行育肥才能获得较好的养牛效益。

为了生产高档牛肉，作者研究了不同年龄架子牛（6 月龄架子牛、12 月龄架子牛），达到相同育肥体重时的饲养费用（表 8-14），试验结果显示 6 月龄架子牛、12 月龄架子牛

表 8-13　肉牛育肥天数和肉牛饲养效益

育肥天数（平均）	头数	体重变化（千克）		日增重（克）	饲料报酬		饲料费（元/千克）
		开始体重	结束体重		混合料	粗料	
95.0（1组）	63	340.2±51.8	433.8±44.3	964	3.40	7.14	1.24
102.4（2组）	53	350.6±55.2	430.9±26.5	784	3.62	7.93	1.33
114.4（3组）	58	359.3±59.8	429.1±53.2	611	4.86	11.05	1.80
130.2（4组）	106	333.8±54.3	406.5±41.9	558	5.87	11.32	2.10

育肥达到相同体重时的饲养总成本中购牛成本（%）和饲养成本（%）相差无几，不过购买12月龄架子牛的费用比购买6月龄架子牛的费用低（符合牛小价高的现象）、运输费用的差异符合牛越大、运费越高的实际。牛肉品质的差异更微小，因此在实施高档牛肉生产时，选择6月龄架子牛、12月龄架子牛育肥费用和效果类似。

表 8-14　不同年龄架子牛育肥成本表

费用支出项目 \ 架子牛开始育肥月龄		6月龄架子牛	12月龄架子牛
购牛成本（%）	购牛	38.93	30.41
	税收	3.11	2.43
	运费，杂费	3.58	13.51
	小计	45.62	46.35
饲养成本（%）	精饲料	46.36	39.75
	粗饲料	2.83	1.25
	青贮饲料	0	7.35
	人员工资	1.43	1.35
	水电费	0.05	0.04
	畜舍折旧	0.56	0.56
	贷款利息	3.15	3.35
	小计	54.38	53.65
饲养总成本合计（%）		100.00	100.00

（二）选用阉公牛育肥技术、提高无公害肉牛的育肥效益

育肥牛性别包括阉公牛、公牛、未产母牛、经产母牛等几

种，当前我国占育肥牛数量绝大多数的为阉公牛和公牛，性别对无公害肉牛育肥经济效益的影响也是巨大的，高档宾馆、饭店几乎不使用公牛牛肉；公牛育肥后生产的牛肉质量达不到最高级别，因此也进不了高价市场。阉公牛育肥饲养和公牛育肥饲养屠宰成绩、牛肉品质可从以下 4 方面进行比较：

1. 阉公牛、公牛屠宰率、净肉率比较 笔者选用年龄、体重相近的阉公牛和公牛处在相类似的饲养管理条件下育肥饲养，并屠宰测定它们的屠宰率、净肉率、胴体体表脂肪覆盖率等，阉公牛、公牛屠宰率、净肉率、胴体体表脂肪覆盖率比较见表 8-15（作者资料）。

表 8-15 阉公牛、公牛屠宰率、净肉率比较

牛品种及性别	统计数（头）	屠宰率（%）	净肉率（%）	胴体体表脂肪覆盖率（%）
晋南阉公牛	28	63.38±1.57	54.06±2.06	85.28+2.33
晋南阉公牛	25	63.44±2.07	54.20±1.84	85.99±1.39
秦川阉公牛	29	63.02±2.17	52.95±2.56	84.09±4.43
秦川阉公牛	25	64.22±2.21	54.54±1.71	85.21±1.24
鲁西阉公牛	25	63.06±2.04	53.50±2.57	84.69±3.38
南阳阉公牛	26	63.74±1.52	54.24±1.96	85.11±2.24
科尔沁阉公牛	15	62.44±1.98	52.89±2.08	84.73±1.56
西鲁杂交阉公牛	47	61.17±2.45	49.73±3.14	81.45±4.47
延边阉公牛（晚去势）	10	61.29±1.25	51.10±1.60	83.37±1.25
复州公牛	10	62.05±1.58	51.62±1.29	83.31±0.99
渤海黑公牛	12	63.59±1.75	53.37±1.89	83.94±0.94
科尔沁公牛	15	61.73±1.49	51.94±1.61	84.19±1.56

表 8-15 表明阉公牛的屠宰率（此处采用的屠宰率为畜牧屠宰率）比公牛的屠宰率高 1～2 个百分点；阉公牛的净肉率、胴体体表脂肪覆盖率均好于公牛。

2. 阉公牛育肥饲养和公牛育肥饲养时大理石花纹等级的比较 公牛去势育肥饲养和公牛不去势育肥饲养，肌肉呈现大理石花纹的能力（即育肥期体内脂肪沉积的能力），差别极大，据作者研究结果认为，用六级制（1 级最好）标准比较（作者资料，

表 8-16)，阉公牛 1、2 级占 84%～88%，无 5、6 级。而公牛无 1 级，2 级占 10%左右，4、5 级占的比例大，多达 80%～90%。这就是育肥后公牛牛肉为什么达不到最好档次（牛肉的大理石化纹等级）的根据。

表 8-16　阉公牛、公牛牛肉大理石花纹等级比较

单位：%

性别	统计数	1 级	2 级	3 级	4 级	5 级	6 级
阉公牛	25	44.00	44.00	8.00	4.00	0	0
阉公牛	25	64.00	20.00	16.00	0	0	0
阉公牛	15	53.33	33.33	13.33	0	0	0
阉公牛（晚）	10	10.00	20.00	70.00	0	0	0
公牛	10	0	0	0	90.00	10.00	0
公牛	11	0	9.09	27.27	54.55	9.09	0
公牛	15	0	13.33	53.33	13.33	20.00	0

3. 阉公牛、公牛脂肪量比较　在同一测定中阉公牛体内脂肪沉积量远远大于公牛（作者资料，表 8-17）。

表 8-17　阉公牛、公牛脂肪量比较

性别	统计数（头）	肉间脂肪	肾脂肪	心包脂肪
晋南阉公牛	28	41.13	18.54±4.21	3.06±0.91
秦川阉公牛	29	45.88	17.70±4.82	3.07±1.00
鲁西阉公牛	25	42.36	13.57±5.12	1.52±0.63
南阳阉公牛	26	36.12	14.33±4.10	1.58±0.54
科尔沁阉公牛	15	32.20	17.45±5.22	2.51±0.69
延边阉公牛（晚去势）	10	26.59	16.56±3.54	2.58±0.74
复州公牛	10	18.16	8.52±3.30	1.19±0.43
渤海黑公牛	12	20.25	11.59±3.81	1.62±0.42
科尔沁公牛	15	17.98	14.42±5.13	1.97±0.66

表 8-17 表明，阉公牛肉间脂肪量（32～45 千克）、肾周边脂肪量（17～18 千克）及心包脂肪量（2～3 千克）都远远大于公牛（依次为 17～20 千克、8～14 千克、1.2～2.0 千克），说明阉公牛在育肥饲养过程中沉积脂肪的能力强，也说明以大理石花纹、背部脂肪厚为特色的高档（价）牛肉只有阉公牛才能完成。

另一方面，去势时间较晚（18月龄）的延边阉公牛沉积脂肪的能力比适时去势（6～8月龄）阉公牛差（40∶27），可又比未去势的公牛强（27∶19）。

4. 阉公牛育肥后的牛肉嫩度比公牛好 笔者在多次研究中测定育肥阉公牛和育肥公牛牛肉的嫩度（用沃布氏肌肉剪切仪测定、剪切值用千克表示），阉公牛比公牛牛肉的嫩度好得多（作者资料，表8-18）。

表8-18 阉公牛、公牛牛肉的嫩度统计

剪切值＼品种	晋南阉公牛	秦川阉公牛	延边阉公牛（晚去势）	称尔沁阉公牛	复州公牛	渤海黑公牛	科尔沁公牛
测定次数	250	250	100	150	100	110	150
剪切值（千克）	3.001	3.098	3.639	3.513	4.004	4.416	4.458

表8-18表明阉公牛育肥饲养后牛肉的嫩度（剪切值、千克表示）比公牛好得多（3～3.5∶4～4.5），这也是育肥后公牛牛肉为什么达不到最好档次（牛肉的嫩度）的根据之一。但在特供点（如香港活牛市场等）需求情况下，公牛育肥也有利润空间。

（三）选用体型较大品种黄牛育肥、提高无公害肉牛的育肥效益

我国用于牛肉专业化生产的黄牛品种有近30个，但是品种间体重的差异悬殊，由于牛肉肉块重量和体重成正相关关系，屠宰之前牛的体重越大，肉块也越重。高档优质牛肉生产的黄牛品种以中原肉牛带、东北肉牛带、西部等地的大体型牛为主（作者资料，表8-19），云南、贵州、四川、广东、广西、湖北、湖南等地体型较小黄牛的屠宰前体重300～400千克，和中原肉牛带、东北肉牛带、西部等地的大体型牛的胴体重相当。高档牛肉不仅在大理石花纹丰富程度、背部脂肪厚度等有严格要求，对肉块的粗细重量也有严格要求（作者资料，表8-20），因此小体型黄牛

以生产优质牛肉为主，不能生产高档牛肉。

表 8-19　较大体型黄牛产肉性能

单位：千克、%、元

项目＼品种		晋南牛	秦川牛	鲁西牛	南阳牛	延边牛	西鲁牛	渤海黑牛
		561.9	577.7	528.3	508.7	535.0	538.4	501.3
胴体重		356.47	364.07	331.98	324.55	328.00	329.34	318.72
屠宰率		63.44	63.02	62.84	63.74	61.29	61.17	63.59
净肉重		303.22	309.51	287.79	275.44	273.69	270.63	285.25
净肉率		53.96	53.58	54.47	54.15	51.16	50.27	56.90
高价肉块	重量	16.6	16.9	15.6	14.6	15.9	15.8	14.7
	单价	80	80	80	80	70	70	70
	产值	1 328.0	1 352.0	1 248.0	1 168	1 117.0	1 106.0	1 029.0
	占产值%	23.6	23.4	23.6	23.0	20.9	20.5	20.5

表 8-20　育肥牛屠宰前体重和肉块重量关系

肉块名称＼品种及体重	晋南牛	秦川牛	鲁西牛	南阳牛	延边牛	西鲁牛	渤海黑牛
	561.9	577.7	528.3	508.7	535.0	538.4	501.3
牛柳（里脊）	4.72	5.03	4.28	4.22	4.71	4.68	4.66
西冷（外脊）	11.91	11.84	11.31	10.38	11.24	11.25	10.13
眼肉	13.77	13.63	12.78	11.90	12.84	12.38	12.38
臀肉（针扒）	14.61	15.66	15.35	16.48	14.28	14.38	15.19
大米龙（烩扒）	11.74	12.71	13.15	12.97	11.34	11.63	12.38
小米龙（烩扒）	3.82	3.99	4.02	3.92	3.85	3.88	4.31
膝圆（霖肉）	10.90	11.72	10.14	10.07	10.27	10.98	10.68
腰肉（尾龙扒）	8.54	9.19	8.56	8.50	8.56	8.83	8.72
腱子肉	15.12	15.77	15.21	15.36	14.28	14.81	14.99
优质肉块	77.2	81.9	80.3	78.6	78.6	78.5	78.0
总产肉量	303.22	309.51	287.79	275.44	273.69	270.63	285.25

我国较大体型黄牛的高价肉块重量为活重的 2.9%～3.0%，

但是其产值占整牛产值的20%～23%，显示了饲养较大体重的高档肉牛优势。

（四）选择最佳出栏体重、提高无公害肉牛的育肥效益

架子牛开始育肥的体重150～300千克以上，育肥牛结束体重550千克以上。由于牛肉肉块重量和育肥牛屠宰前体重成正比例关系，即屠宰前体重越大，肉块重量也越重（作者资料，表8-20）；体重越小，肉块重量也越小。高价肉块除品质要求外，还要求有一定的重量（作者资料，表8-21）。

肉块重量不同，卖出价也不同，价格差异达到几倍。如牛柳等肉块的定级重量（作者资料，表8-21）不同，特级牛柳卖价为150～210元/千克；三级牛柳卖价为25～30元/千克。

表8-21 肉块重量和定级

肉块名称	特级	一级	二级	三级
牛柳（里脊）/条	>2.2	>1.8	>1.6	<1.6
西冷（外脊）/条	>6.0	>5.0	>4.5	<4.5
眼肉（块）	>5.5	>5.0	>4.5	<4.0
S腹肉（块）	>1.8	>1.5	>1.3	>1.1
S特外（块）	>22	>20	>18	>17
牛小排	2.8>	>2.6	>2.4	>2.2

（五）选择架子牛最佳年龄育肥、提高无公害肉牛的育肥效益

1. 无公害肉牛年龄和育肥期增重效益的关系 在正常情况下年龄小的肉牛育肥期增重速度快于年龄大的肉牛，第一年的增重速度最快；第二年增重速度只有第一年的67%；第三年增重速度只有第二年的53%，为第一年的35%（作者资料，表8-22）。

表 8-22 肉牛年龄和增重速度

单位：千克、克

年龄阶段	头数	平均日龄	平均体重	出生后的日增重	育肥全程增重	
					总增重	日增重
1 岁以内	30	297	354	1.19	354	1.190
1～2 岁	152	612	606	0.99	252	0.799
2～3 岁	145	943	744	0.79	138	0.422
3 岁以上	133	1 283	880	0.69	136	0.395

但是，健康而体膘差的架子牛育肥时，年龄和增重速度恰和正常牛相反（作者资料，表 8-23），2 岁牛的增重速度为 1 岁牛的 110%，为犊牛的 124%；1 岁牛为犊牛的 113%。

表 8-23 体膘差架子牛育肥年龄和增重速度

试验序号	犊牛		1 岁牛		2 岁牛	
	饲养天数	日增重（克）	饲养天数	日增重（克）	饲养天数	日增重（克）
1	270	875	180	1 081	180	1 167
2	270	826	210	935	180	1 203
3	270	976	210	1 017	180	1 031
4	175	1 004	147	1 099	119	1 276
5	182	1 012	154	1 053	126	1 203
6	240	1 008	180	1 199	120	1 253
7	240	1 053	160	1 121	150	1 126
平均	235	949	177	1 071	151	1 180

资料来源：蒋洪茂，《黄牛育肥实用技术》，1998。

因此，正确把握育肥牛的年龄和架子牛的体膘进行有效育肥，是提高肉牛育肥效益的技术措施之一。

2. 无公害肉牛年龄和育肥期增重成本的关系 无公害肉牛在不同年龄阶段中增加体重的成本有较大的差别，1～2 岁架子牛育肥期每增加 1 千克体重消耗的饲料量较 4～5 岁的牛少，因为 1～2 岁架子牛增加的体重部分为肌肉、骨骼、内脏器官，而 4～5 岁牛增加的体重部分有较多的脂肪。饲料中能量转化为肌肉、骨骼、内脏器官的效率高于脂肪，所以形成脂肪需用较多的饲料（表 8-24)。4 岁架子牛增重 1 千克需要的饲料量（干物质）为 1 岁牛的 4 倍多。饲料量的增加即是饲养成本的增加。

表 8-24　年龄和增重成本

日　龄	30～360	361～720	721～1 080	1081～1 440
增重 1 千克需要饲料量（干物质）	2.31	5.11	7.73	10.65

资料来源：蒋洪茂，《黄牛育肥实用技术》，1998。

另据科学试验指出，犊牛在第一个 100 天育肥中每增加 100 千克胴体重需要消耗的饲料量仅比前一个 100 天多 18%；同样情况下阉公牛 1 岁时多 35%；2 岁时多 42%；3 岁时多 69%（表 8-25)。因此饲养育肥年龄小的牛较育肥年龄大的牛的利润空间更大。

表 8-25　不同年龄牛饲养期增重成本分析

饲养期	犊牛	1 岁阉公牛	2 岁阉公牛	3 岁阉公牛
第一个 100 天				
玉米	431	534	597	586
苜蓿	221	304	346	363
第二个 100 天				
玉米	623	916	1 085	1 282
苜蓿	148	219	272	320
200 天合计				
玉米	1 054	1 450	1 682	1 869
苜蓿	369	523	618	683

资料来源：蒋洪茂，《黄牛育肥实用技术》，1998。

3. 无公害肉牛年龄和育肥期饲料消耗量的关系　肉牛在育肥期饲料消耗量的多少直接影响饲养成本和饲养利润，少消耗饲料便可增加养牛效益。在生产高档牛肉，达到相同体重时，年龄较小的架子牛虽然每日采食的饲料量少于年龄较大的架子牛，但由于饲养时间较长，用于维持需要的饲料多，因此年龄较小的架子牛在育肥过程中的饲料总消耗量和大架子牛相差无几（表 8-26)；在精饲料较少、粗饲料充足时饲养年龄较大的架子牛比饲养年龄较小的架子牛合算，因为年龄较大的架子牛对粗饲料的消化吸收强于年龄较小的架子牛。

表 8-26 肉牛年龄和育肥期饲料消耗量的关系

饲料种类	犊牛	1岁阉公牛	2岁阉公牛
玉米	1 250	1 220	1 280
蛋白质补充料	200	185	170
干草	520	540	550

资料来源：蒋洪茂，《肉牛高效育肥饲养与管理技术》，2003。

4. 无公害肉牛年龄和育肥期资金周转的关系 在无公害肉牛生产过程中资金周转周期长，会增加畜主筹措资金的压力。从饲养的肉牛年龄分析，年龄较大的架子牛饲养时间短，年龄较小的架子牛饲养时间长，前者资金周转周期短，后者资金周转周期长；年龄相同，育肥目标不同，资金周转的差异很大，如生产优质（高价）无公害牛肉时育肥期需要 10～12 个月或更长，生产普通牛肉时育肥期需要 5～6 个月或更短；老龄牛育肥时间短，占用资金时间也短。

5. 无公害肉牛年龄和育肥牛牛肉品质的关系

（1）影响牛肉品质的因素中肉牛的年龄居首 在美国牛肉品质国标 5 级制中规定：1 级牛肉，牛的年龄在 9～30 月龄；2 级牛肉，牛的年龄在 30～48 月龄；3 级牛肉，牛的年龄在 48～60 月龄；4、5 级牛肉，牛的年龄在 60 月龄以上。加拿大胴体 5 级分级标准（A 级最好）规定：2 岁以内的青年牛定为 A、B 级；2～5 岁的中年牛定为 C 级；5 岁以上牛定为 D、E 级。

（2）饲养育肥肉牛的经济效益与牛的年龄有密切的关系 首先，由于牛的增重速度随牛的年龄而变化，出生到 18～24 月龄是牛的生长高峰期；其次，肉牛体内脂肪沉积的最适宜期为14～24 月龄；第三，牛的年龄影响牛肉的品质，低品质的牛肉不会卖到较高的价格。

根据笔者的研究、测定，育肥牛牛肉嫩度，随着年龄的增加而变老（作者资料，表8－27、表8－28)。

表8－27　不同年龄育肥牛的牛肉剪切值（千克）出现率统计（%)

永久齿数	测定次数	x≤2.26		2.26≤x≤3.62		3.62≤x≤4.78		x≥4.78	
		对照组	试验组	对照组	试验组	对照组	试验组	对照组	试验组
0	50	4.3	6.0	17.4	58.0	28.4	26.0	52.9	10.0
1对	150	2.7	8.7	19.3	48.0	28.7	26.0	49.3	17.3
2对	170	0.6	10.6	19.4	39.4	24.1	26.5	55.5	23.5
3对	10	—	—	10.0	50.0	40.0	40.0	50.0	10.0
合计	380	1.3	8.9	17.4	45.5	28.4	26.6	26.6	18.9

表8－28　不同年龄育肥牛的牛肉剪切值（千克）相关性测定

永久齿数	剪切值（千克）		剪切值降低（千克）	F值	差异显著性
	对照组	试验组			
X≤18	5.191 4	3.508 8	1.685 4	55.798 8	P<0.01
18<X≤24	5.101 1	3.661 1	1.440 0	65.480 9	P<0.01
24<X≤36	5.229 8	3.228 4	1.001 4	21.247 9	P<0.01
X>36	4.806 0	3.550 0	1.256 0	5.647 5	P<0.05

我国黄牛在较好的饲养条件下育肥时，即使牛的年龄偏大（48～60月龄）体内背腹部脂肪沉积和肌肉纤维脂肪沉积速度仍然较快，沉积量仍然较多，因此目前在制作肥牛肉片（涮肥牛）时用年龄较大的牛也能收到较好的经济效益，结合当地牛肉的实际销售把纯种育肥牛的年龄确定为36～48月龄（2～3对永久齿数），但是大于48月龄的牛生产高档、优质牛肉的比例极低；杂交育肥牛的年龄确定为出生后30～36月龄（1～2对永久齿数）。根据生产目标、市场牛肉销售价格选择合适年龄的牛育肥饲养能获得较高的利润。

五、提高无公害肉牛屠宰技术

现代化肉牛屠宰技术以清洁卫生、食品安全为前提，质量跟踪系统已经应用于肉牛屠宰技术。肉牛屠宰过程是生产无公害安全牛肉的最后一关，主要来自水的污染，肉牛屠宰用水标准见常用数据便查表 5-1 及表 5-2。本手册对肉牛屠宰技术只是简单叙述。

1. 减少应激反应 肉牛屠宰前受到刺激的程度会严重影响牛肉品质（影响放血、肌肉变硬）。因此，减少肉牛屠宰前的应激反应，可提高牛肉的质量，增加经济效益。减少应激反应的技术措施有：①设计良好的肉牛屠宰通道；S 形通道能使后面的牛看不见前面的牛，减少恐惧感；②尽量降低操作声响，保持安静；③前一头牛屠宰后残留血迹、血腥味，尽量冲洗干净。

2. 充分放血 放血不净，影响牛肉色泽、货架寿命，降低售价。充分放血的技术措施有：①吊宰；头朝下；②充分沥血，经过沥血槽的时间不少于 9 分钟；③对毛牛实施低压电刺激处理（电压 35～60 伏，时间 60 秒）。

3. 胴体冲洗程序 胴体先冲洗后称重、胴体先称重后冲洗，胴体水分损失量不同，前者较后者多损失 1 千克/头。

4. 延长成熟时间，提高牛肉成熟程度 据作者对胴体和牛肉二次成熟试验研究结果，牛胴体成熟（排酸）72 小时，牛肉嫩度（剪切值由 7.43 千克下降到 4.96 千克），牛肉嫩度虽然提高了 33.24%，但是并没有达到优质牛肉的嫩度指标（剪切值≤3.62 千克）；当牛胴体继续成熟（或分割牛肉继续成熟）至 144～168 小时，牛肉的嫩度进一步改善，嫩度指标（剪切值）就达到了优质牛肉的嫩度指标（3.40 千克、2.86 千克）。由于牛肉嫩度改善而提高牛肉出售价带来的经济效益（净收入），一头牛少则几百元，多则几千元。因此要延长胴体或牛肉的成熟时间，进一步提高牛肉嫩度，提升牛肉出售价格。

上述试验研究结果还指出，我国牛肉被认为质量差（主要指嫩度差）是由于牛胴体成熟时间不够所致。

5. 减少胴体成熟期失重 据作者测定成熟期 8 天时每头牛胴体失重 7～11 千克，成熟期 3 天时每头牛胴体失重 5～7 千克。

以每千克胴体15元计，一头牛的胴体在成熟期的损失75元以上。胴体成熟期间失重是不可避免的，但是减少失重是有措施的。增加成熟间的湿度或减缓风速等都能达到减少胴体成熟期失重的目的。

作者研究了在成熟间利用加湿器增加成熟间的湿度，达到了减少胴体成熟处理时的失重量。在胴体成熟期采用加湿方法（加湿时间14～28小时）可以减少损失2千克以上，每头牛减少损失30元，如果加湿时间延长至72小时，每头牛还可减少损失。

6. 减少胴体分割损耗

（1）水分损失　分割损耗中水分的损失不可避免，但是分割后立即处置（真空包装、快速冻结）可以减少水分损失。

（2）分割操作时轻拿轻放　①减少流血流汁失重。分割时动作重，挤压、摔打易造成流汁、流汤，增加了分割损耗；②减少对质量的影响，分割时牛肉流汁、流汤不仅减少了牛肉重量，也影响了牛肉质量；

（3）分割肉块称量损失　肉块包装前的称重计量精确，不少给客户，本身也不要亏损。

（4）减少次品量　①按用户用肉规格要求分割，减少不合格产品数量；②严格按规程操作；③循序操作，减少刀伤。

7. 适宜的冷藏（贮藏）温度　牛肉在适宜的冷藏（贮藏）温度下不仅可以保持它的品质，还能延长货架寿命。在屠宰加工生产牛肉过程中各环节的适宜温度见常用数据便查表24。

六、提高无公害肉牛胴体品质的技术措施

无公害肉牛胴体品质水平和肉牛饲养户获得利润空间的关系紧密关联，饲养育肥优质肉牛是肉牛育肥饲养户的使命，也是肉牛饲养业的需要，只有饲养好优质肉牛（胴体）才能卖出高价，才能获得更高的利润，因此肉牛育肥饲养户要在获得优质胴体上

下工夫。无公害肉牛胴体品质水平和肉牛屠宰户获得利润空间的关系更为密切，肉牛屠宰户只有有了优质胴体才能分割生产优质牛肉，满足用肉客户要求，也才能更多赢利。因此提高肉牛胴体品质水平是饲养户和屠宰户双赢的重要环节。笔者想用详实的数据说明，提高肉牛胴体品质水平是饲养户和屠宰户实现双赢的重要环节，是解决屠宰户收购不到优质牛、饲养户不愿饲养优质牛的疾患。

在当前牛肉市场需求及牛肉贸易条件下影响肉牛经济效益的因素较多，如育肥肉牛的品种、年龄、性别、架子牛开始育肥体重、育肥期内饲养水平、育肥期、牛肉大理石花纹丰富程度、屠宰加工技术、销售策略和技巧、加工时无谓损失等等，深入了解、解剖影响肉牛经济效益的因素，找出造成直接经济损失的缘由，采用相应的技术措施，尽量减少影响程度，达到提高无公害肉牛饲养及经营的经济效益。本章节的数据材料来源于作者和同事们在2003—2004年屠宰现场实际称量测定的屠宰肉牛1 650头的产量、品质资料和实际出厂时的牛肉销售价格（2004年3月价），进行分析而得到的初步结论。

作者和同事们研究和总结的育肥牛的概况是：牛品种（鲁西黄牛、西门塔尔杂交牛、利木赞杂交牛、夏洛来杂交牛、其他品种牛）；育肥牛的年龄X（X＜18月龄、18＜X＜24月龄、24＜X＜36月龄）；育肥牛性别（阉公牛、公牛）；架子牛开始育肥体重Z（千克）（Z≤300、300＞Z≤350、350＞Z≤400、450＞Z≤500、Z＞500六个体重等级）；架子牛育肥时间T（T≤180天、180＞T≤240天、240＞T≤300天、T＞300天）；脂肪颜色（白色、微黄色、黄色）；背部脂肪厚度X（毫米）（X≤5、5＞X≤10、10＞X≤15、X＞15）；牛肉大理石花纹丰富程度（1～6级）；肉牛屠宰加工、分割；肉牛营销等因素对肉牛经济效益的影响程度。在诸多影响肉牛经济效益因素中的排序为。

第一位是牛肉大理石花纹丰富程度（1级牛高于6级牛555

元/头）。

第二位是育肥牛的年龄（24＜X＜36 月龄牛高于 X＜18 月龄牛 279 元/头）。

第三位是架子牛开始育肥体重 Z（Z≤300 千克牛好于 Z＞500 千克牛 222 元/头）。

第四位是背部脂肪厚度（毫米）（≤5 牛低于＞15 牛 201 元/头）。

第五位是架子牛育肥时间 T（育肥时间 T≤180 天比 T＞241≤300 天多 135 元/头）。

第六位是胴体脂肪颜色（白色、微黄色脂肪牛较黄色脂肪牛多卖 124 元/头）。

第七位是育肥肉牛品种（每头鲁西牛比夏洛来杂交牛、利木赞杂交牛、西门塔尔杂交牛分别多卖 100 元、73 元、73 元）。

第八位是性别（阉公牛较公牛多卖 50 元/头）。以下分别介绍。

（一）育肥牛牛肉大理石花纹等级和肉牛经济效益

评定牛肉大理石丰富程度（等级）标准，国内尚未统一。本文资料沿用六级标准（1 级最好）进行分析。牛肉大理石花纹等级的基本数据（作者资料）见表 8-29。

表 8-29　牛肉大理石花纹等级的基本数据

大理石花纹等级		1	2	3
统计数（头）		50	140	330
出栏体重（千克）		570.10±83.58	580.63±90.33	602.82±73.92
屠宰前体重（千克）		537.60±81.11	551.11±86.10	575.97±73.35
胴体重（千克）	成熟前	306.60±48.15	312.79±48.99	329.38±45.29
	成熟后	300.56±47.69	306.98±48.54	323.28±44.75
成熟期失重（千克）		6.04±1.03	5.81±2.40	6.10±1.80
屠宰率（%）		57.03±2.19	56.77±1.99	57.18±2.75
净肉重（千克）		256.43±39.87	260.79±41.37	275.25±38.07

（续）

大理石花纹等级		1	2	3
净肉率（%）		47.70±1.74	47.32±2.14	47.79±2.34
骨重（千克）		42.70±6.71	43.49±7.07	45.92±5.97
作业损失（%）		1.74±1.22	1.89±1.13	1.98±1.31
背脂颜色	白色（%）	20.00	28.57	15.15
	微黄色（%）	50.00	57.14	71.21
	黄色（%）	3.07	8.45	19.98
背部膘厚（毫米）		21.70±7.59	20.86±5.94	18.12±6.05
眼肌面积（厘米^2）		102.71±29.46	103.25±19.19	106.36±21.81
一类肉	重量（千克）	35.76	37.28	38.77
	元/千克	52.65	44.57	43.66
二类肉	重量（千克）	86.20	86.11	92.12
	元/千克	17.06	17.08	17.01
三类肉	重量（千克）	134.47	137.4	144.36
	元/千克	11.65	11.55	11.69
销售价格（元/千克）	屠宰前体重	8.63	8.56	8.21
	肉重	19.19	18.10	17.97

大理石花纹等级		4	5	6
统计数（头）		365	470	295
出栏体重（千克）		591.58±80.50	604.04±85.97	591.34±80.68
屠宰前体重（千克）		563.89±78.00	578.00±83.20	564.71±81.38
胴体重（千克）	成熟前	324.86±47.47	334.12±51.36	327.10±54.03
	成熟后	318.96±47.15	327.65±50.30	319.99±52.67
成熟期失重（千克）		5.90±3.04	6.46±3.09	7.12±1.80
屠宰率（%）		57.58±1.77	57.75±2.01	57.74±2.27
净肉重（千克）		271.57±41.44	276.69±43.28	267.58±44.39
净肉率（%）		48.16±1.69	47.87±2.05	47.38±2.68
骨重（千克）		44.71±6.77	45.99±6.96	45.106.91
作业损失（%）		1.62±0.97	1.77±1.05	1.53±0.62
背脂颜色	白色（%）	27.40	18.09	28.81
	微黄色（%）	56.16	73.40	61.02
	黄色（%）	22.12	28.53	17.85
背部膘厚（毫米）		16.86±7.50	12.39±7.45	7.36±6.38
眼肌面积（厘米^2）		104.54±29.57	111.91±27.47	111.30±31.40

（续）

大理石花纹等级		4	5	6
一类肉	重量（千克）	37.70	37.00	32.99
	元/千克	38.32	38.36	37.12
二类肉	重量（千克）	93.98	98.24	102.22
	元/千克	16.98	16.91	16.85
三类肉	重量（千克）	139.89	141.45	132.37
	元/千克	12.05	12.34	12.88
销售价格（元/千克）	屠宰前体重	8.38	8.35	8.24
	肉重	17.40	17.44	17.39

从表 8-29 可以看到：

（1）背膘厚度（毫米，mm）越厚、大理石花纹等级越高，从 1 级至 6 级背膘厚度（毫米，mm）依次为 21.70、20.86、18.12、16.86、12.39、7.36。

（2）大理石花纹等级的提高，导致背部脂肪黄色比例增加；大理石花纹等级低，背部脂肪白色比例增加。

（3）大理石花纹等级的差别，导致一类肉出售价的差异，大理石花纹 1 级牛肉的出售价较 6 级牛肉，每千克差 15.53 元，一头 590 千克的牛仅此一项就相差 555 元；1 级和 5 级差 511 元；余见表 8-30（作者资料）。因此提高大理石花纹等级是增加养牛经济效益的有效途径之一。

表 8-30　大理石花纹等级差别和价格差别

肉重差（千克/头） 价格差（元/千克）		1 级	2 级	3 级	4 级	5 级	6 级
		35.76	37.28	38.77	37.70	37.00	32.99
1 级	52.65	0	288.94	321.48	512.44	511.01	555.35
2 级	44.57	8.08	0	33.92	233.00	231.51	277.74
3 级	43.66	8.99	0.91	0	207.03	205.48	253.56
4 级	38.32	14.33	6.25	5.34	0	−1.51	45.24
5 级	38.36	14.29	6.21	5.30	−0.04	0	46.75
6 级	37.12	15.53	7.45	6.54	1.20	1.24	0

(4) 提高牛肉大理石花纹等级的技术措施主要有 ①饲养阉公牛见表8-41；②延长育肥时间见表8-36；③提高日粮浓度；④饲养体重较小的架子牛见表8-32；⑤肉牛年龄控制在18～36月龄见表8-31。

从六级比例中各级别比例（1级占3.03%；2级占28.48%；3级占20.00%；4级22.12%占；5级占28.48%；6级占17.88%）分析，1～3级只占51.5%，这个比例不高，一方面说明育肥公司肉牛育肥水平有提高的余地，另一方面饲养公牛多（28%）也是原因之一。

（二）育肥牛年龄和肉牛经济效益

已获得的有关肉牛生长规律认为，从出生到18月龄是牛一生中生长的最经济时期（生长速度快、饲料转化率高、健壮少病等）；从16月龄到24月龄又是脂肪沉积、形成大理石花纹的最佳年龄。在架子牛易地育肥为主的模式中，肉牛上述两大优势很难在育肥过程得到充分利用。肉牛年龄的基本数据见作者资料（表8-31）。

表8-31 年龄和肉牛经济效益

年龄（月龄）		X<18	18<X<24	24<X<36
统计数（头）		940	595	115
出栏体重（千克）		592.55±88.54	599.68±77.04	602.05±60.66
屠宰前体重（千克）		568.17±88.06	569.58±73.21	566.82±62.69
胴体重（千克）	成熟前	328.31±54.13	326.56±43.17	321.50±43.37
	成熟后	321.93±53.19	320.22±42.63	315.84±42.49
成熟期失重（千克）		6.38±2.90	6.34±1.90	5.66±2.83
屠宰率（%）		57.68±2.15	57.34±2.19	56.62±2.31
净肉重（千克）		276.58±45.91	272.28±36.21	270.76±35.13
净肉率（%）		48.68±1.95	47.80±2.42	47.77±2.26
骨重（千克）		45.25±7.26	45.22±6.13	44.98±5.13
作业损失（%）		1.73±0.92	1.75±1.22	1.84±1.12
背部膘厚（毫米）		12.08±7.87	17.80±7.29	19.36±6.62

（续）

年龄（月龄）		X<18	18<X<24	24<X<36
背脂颜色	白色（%）	22.69	22.51	17.72
	微黄色（%）	68.66	60.43	54.43
	黄色（%）	8.66	17.06	27.85
眼肌面积（厘米²）		114.75±27.94	98.77±24.11	100.67±19.20
大理石花纹等级%	1级（%）	2.69	3.32	0
	2级（%）	5.37	11.85	17.72
	3级（%）	13.73	26.78	24.05
	4级（%）	20.60	25.36	35.44
	5级（%）	32.24	23.46	22.78
	6级（%）	25.37	9.24	0
一类肉	重量（千克）	36.25	37.30	38.12
	元/千克	38.96	41.58	47.02
二类肉	重量（千克）	98.82	90.78	90.89
	元/千克	16.90	17.02	17.03
三类肉	重量（千克）	137.34	142.64	141.21
	元/千克	12.66	11.44	11.73
销售价格（元/千克）	屠宰前体重	7.92	7.97	8.14
	肉重	17.70	17.46	18.49

从表 8-31 可以看到：

（1）背膘颜色　背部脂肪颜色随年龄的增长而黄色比例增高。

（2）背部脂肪厚度　育肥牛背部脂肪厚度随年龄（X 月）的增长而增厚，X<18 的牛为 10.55 毫米；19<X<24 的牛为 16.78 毫米；25<X<36 的牛为 19.75 毫米。

（3）大理石花纹等级　大理石花纹等级随年龄（X 月）的增长而提高，3 级以上等级，X<18 占 16.69%；19<X<24 的占 57.27%；25<X<36 的占 65.96%。

（4）年龄　年龄为 25<X<36 的牛一类肉产量只比 X<18、19<X<24 的牛高 5.16%～2.20%，但牛肉出售价比 X<18、19<X<24 的牛高出 20.69%～13.08%，说明年龄为 25<X<36 的牛一类肉不仅产量高，牛肉销售价格也高。

(5) 总体分析　年龄为25<X<36的牛出售活牛价格较高，比X<18、19<X<24的牛多卖127元/头；屠宰后出售牛肉产值也高215～279元/头，因此选择年龄（X月）25<X<36的育肥牛屠宰效益较好，而肉牛育肥户饲养架子牛的年龄要向前推移8～12个月。

(三) 架子牛体重和肉牛经济效益

此处的架子牛体重即为育肥牛开始育肥的体重。育肥牛开始育肥体重的大小直接影响育肥牛育肥时间的长短和出栏时间，影响育肥户肉牛饲养效果及经济效益，也直接影响育肥户选择架子牛体重。小年龄、大体重的架子牛，大年龄、小体重的架子牛，年龄和体重相应的架子牛，育肥效果有很大的差别。本文分析育肥牛体重Z≤300千克、300.1>Z≤350千克、350.1>Z≤400千克、450.1>Z≤500千克、Z>500.1千克6个体重段之间的经济效益。架子牛的基本数据见作者资料（表8-32）。

从表8-32可以看到：

(1) 大理石花纹等级随入场体重的增加而降低　入场体重Z≤300千克的牛3级以上占35.48%；入场体重300>Z≤350千克牛占37.03%；入场体重350>Z≤400千克牛占34.90%；入场体重400>Z≤450千克牛占26.83%；入场体重450>Z≤500千克牛占37.03%；入场体重Z>500千克牛占34.90%。

牛肉大理石花纹的形成受牛的品种、年龄、育肥时间、育肥期日粮浓度等影响，入场体重小的架子牛，要达到和入场体重大的架子牛同样出栏体重，育肥时间要长一些，在其他条件同等时，育肥时间长，大理石花纹丰富，等级就高。

(2) 已经育肥结束的肉牛出售时的价格，入场体重越大，出售时价格越低　入场时体重小于300千克的架子牛比入场时体重大于500千克的架子牛出售价差222元/头；入场时体重小于300

表 8-32　架子牛体重和肉牛经济效益

入场体重（千克）		Z≤300	300>Z≤350	350>Z≤400	400>Z≤450	450>Z≤500	Z>500
统计数（头）		155	270	530	410	170	115
出栏体重（千克）		557.40±52.81	580.62±65.82	597.93±79.00	631.32±58.74	642.00±76.38	668.04±97.32
屠宰前体重（千克）		529.73±51.66	551.24±65.07	572.58±68.34	604.43±57.16	617.09±75.92	635.00±91.95
胴体重（千克）	成熟前	303.93±32.18	314.05±43.97	332.53±43.14	347.63±36.33	357.71±45.65	364.30±58.31
	成熟后	297.68±32.47	308.31±42.94	326.00±42.11	341.35±35.89	350.80±44.74	357.30±58.21
成熟期失重（千克）		6.25±3.14	5.73±1.56	6.54±1.73	6.28±3.55	6.91±1.51	7.00±4.40
屠宰率（%）		57.38±2.40	56.83±2.82	58.04±2.06	57.49±2.06	57.99±2.29	57.25±2.23
净肉重（千克）		254.21±27.24	262.71±36.41	276.88±36.02	289.40±31.26	296.06±37.91	301.75±49.60
净肉率（%）		47.99±2.07	47.66±2.24	48.36±1.81	47.88±1.81	47.98±2.07	47.52±2.00
骨重（千克）		42.38±4.13	43.89±5.94	45.81±5.47	48.32±4.53	49.37±6.07	50.80±7.35
作业损失（%）		1.83±1.35	1.84±1.09	2.18±1.21	1.85±0.85	1.87±1.03	2.25±1.02
背脂颜色	白色	22.58	38.89	24.53	17.07	14.71	13.04
	微黄色（头、%）	58.06	42.59	59.43	75.61	79.41	82.61
	黄色（头、%）	19.35	18.52	16.04	7.32	5.88	4.35

（续）

入场体重（千克）		Z≤300	300>Z≤350	350>Z≤400	400>Z≤450	450>Z≤500	Z>500
眼肌面积（厘米^2）		110.88±19.73	105.54±21.66	116.56±19.54	127.03±23.19	107.25±14.71	125.6±19.13
背部膘厚（毫米）		15.47	14.05	14.81	10.71	11.26	11.74
大理石花纹等级	1级（%）	3.23	1.85	4.72	1.22	1.85	4.72
	2级（%）	3.23	12.96	9.43	8.54	12.96	9.43
	3级（%）	29.02	22.22	20.75	17.07	22.22	20.75
	4级（%）	25.81	20.37	23.58	25.61	20.37	23.58
	5级（%）	12.90	25.93	29.25	28.05	25.93	29.25
	6级（%）	25.81	16.67	12.27	19.51	16.67	12.27
一类肉	重量（千克）	41.17	38.73	38.30	39.15	37.97	39.76
	元/千克	42.00	44.18	40.05	38.36	39.27	41.18
二类肉	重量（千克）	87.70	91.03	97.19	103.4	105.12	103.63
	元/千克	17.07	17.01	16.95	16.88	16.88	16.94
三类肉	重量（千克）	125.34	132.95	141.39	146.85	152.97	158.36
	元/千克	11.42	11.62	12.23	12.83	12.78	12.42
销售价格（元/千克）	屠宰前体重	8.79	8.72	8.58	8.49	8.46	8.44
	肉重	18.32	18.31	17.74	17.73	17.63	17.76

千克的架子牛比入场时体重 400＜Z≤450 千克的架子牛出售价差 203 元/头（表 8－32）；入场时体重小于 350 千克的架子牛比入场时体重大于 500 千克的架子牛出售价差 178 元/头（表 8－33，作者资料）。从这次收集的 1 650 头育肥牛的数据分析，购买体重 500 千克以上的肉牛育肥并不合算。

小体重架子牛达到和大体重架子牛同样的出栏体重，增重量多（229：135），因此要有更多的时间、较多的饲料、占用资金的时间长，如果多用的饲料、饲养成本高于 222 元，则饲养小体重架子牛就不合算。

表 8－33　架子牛开始育肥体重和出售价差

体重（千克/头）		1	2	3	4	5	6
级差（元/千克）		529.73	551.24	572.85	604.43	617.09	635.00
Z≤300（1）	8.79	00	37.08	120.30	181.33	203.64	222.25
300＞Z≤350(2)	8.72	0.07	0	80.20	139.02	160.44	177.80
350＞Z≤400（3）	8.58	0.21	0.14	0	54.40	74.05	88.90
400＞Z≤450（4）	8.49	0.30	0.23	0.09	0	18.51	31.75
450＞Z≤500（5）	8.46	0.33	0.26	0.12	0.03	0	12.70
Z＞500（6）	8.44	0.35	0.28	0.14	0.05	0.02	0

（四）胴体背部脂肪厚度和肉牛经济效益

胴体表面脂肪覆盖率、脂肪厚度、脂肪颜色、脂肪坚挺度是判定胴体优劣的重要依据。目前绝大多数屠宰企业依背部脂肪厚度、脂肪颜色、脂肪坚挺度给胴体定级定价，背部脂肪厚度 10 毫米为定级定价的分界线，10 毫米以上定为 A 级，不足 10 毫米的定为 B 级，背部脂肪厚度与肉牛经济效益（作者资料）见表 8－34。

表 8-34　背部脂肪厚度与肉牛经济效益

背膘厚度		X≤5 毫米	5 毫米＞X≤10 毫米	10＞X≤15 毫米	X＞15 毫米
统计数（头）		330	275	240	805
出栏体重（千克）		579.0±97.18	612.93±79.46	604.98±77.90	593.9±75.14
屠宰前体重（千克）		558.3±91.11	586.31±79.99	577.75±76.12	564.0±75.77
胴体重（千克）	成熟前	320.7±57.20	338.64±49.47	333.40±48.16	324.1±46.37
	成熟后	313.8±55.67	332.59±49.28	326.77±46.95	318.0±45.76
成熟期失重（千克）		6.89±2.52	6.05±3.19	6.63±1.73	6.07±2.55
屠宰率（%）		57.33±2.47	57.72±2.21	57.64±2.28	57.43±2.04
净肉重（千克）		261.9±47.71	282.28±41.34	281.51±40.71	275.9±39.31
净肉率（%）		46.92±2.67	48.15±2.02	48.73±1.94	48.92±2.05
骨重（千克）		44.45±7.56	47.02±6.27	46.17±6.61	44.64±6.47
作业损失（%）		1.50±0.74	1.83±0.91	1.77±0.87	1.80±1.22
脂肪颜色	白色（%）	14（21.21）	10（18.18）	10(20.83)	40(24.84)
	微黄色(%)	48（72.73）	42（76.36）	36（75.00）	88（54.66）
	黄色（%）	4（6.06）	3（5.46）	2（4.17）	33（20.50）
大理石花纹%	1 级（%）	0	1.82	0	5.59
	2 级（%）	0	3.64	8.33	13.66
	3 级（%）	6.06	5.45	27.08	28.57
	4 级（%）	9.09	21.82	22.92	27.33
	5 级（%）	38.45	45.45	29.17	19.88
	6 级（%）	50.00	21.82	12.50	4.97
眼肌面积（厘米^2）		118.0±25.41	119.80±24.27	105.88±30.91	100.5±25.11
一类肉	重量(千克)	34.36	37.88	37.57	37.03
	元/千克	38.21	37.64	39.21	42.29
二类肉	重量(千克)	100.23	101.07	96.71	91.08
	元/千克	16.87	16.88	16.95	17.02
三类肉	重量(千克)	127.39	143.33	147.23	147.79
	元/千克	12.86	12.77	12.35	11.99
销售价格（元/千克）	屠宰前体重	8.31	8.46	8.53	8.67
	肉重	17.72	17.58	17.52	17.72

由表 8-34 可以看到：

(1)随着背膘厚度的增加，背部脂肪黄色比例增加。

(2)随着背膘厚度的增加，一类肉的出售价也随之提高；背部膘厚由≤5 毫米至＞15 毫米的出售价分别提高2.62%～10.68%。

按屠宰前体重计价，背部脂肪厚的要比脂肪薄的卖价高(作者资料，表 8-35)。

表 8-35　背部脂肪厚级差

价格差(元/头) 价格差(元/千克)		X≤5 毫米	5 毫米＞X≤10 毫米	10＞X≤15 毫米	X＞15 毫米
		558.30	586.31	577.75	564.02
≤5 毫米	8.31	0	83.75	122.83	200.99
5 毫米＞X≤10 毫米	8.46	0.15	0	41.04	123.13
10 毫米＞X≤15 毫米	8.53	0.22	0.07	0	80.88
＞15 毫米	8.67	0.36	0.21	0.14	0

背部脂肪厚度≤5 毫米的肉牛比背部脂肪厚度 5 毫米＞X≤10 毫米、10 毫米＞X≤15 毫米、X＞15 毫米的肉牛每头分别少卖 83.75、122.83、200.99 元；

背部脂肪厚度 5 毫米＞X≤10 毫米的肉牛比 10 毫米＞X≤15 毫米、X＞15 毫米的肉牛每头分别少卖 41.04、123.13 元；

背部脂肪厚度 10 毫米＞X≤15 毫米的肉牛比 X＞15 毫米的肉牛每头分别少卖 80.88 元；

因此，肉牛饲养户饲养背部脂肪厚度超过 15 毫米的肉牛出售效益更好一点，肉牛屠宰企业同样以屠宰加工背部脂肪厚度超过 15 毫米的肉牛利润更高一点。

(五) 肉牛育肥时间和肉牛经济效益

育肥牛育肥时间越长，饲养者的投入（饲料费、人工费等）越多、资金回笼慢、牛舍利用率低、影响出栏率，增加饲养成本；但是牛肉的品质好，高价牛肉的比例高。现就延长育肥时间提高牛肉品质多投入的费用，能不能由牛肉的质量提高而增加销售收入得到补偿，或有更多的经济利益进行分析。本文分析 4 个育肥时间 T（T≤180 天、180＞T≤240 天、240＞T≤300 天、T＞300 天）育肥牛的经济效益。肉牛育肥时间的基本数据（作者资料）见表 8 - 36。

表 8 - 36　育肥时间和肉牛经济效益

育肥时间（天）		T≤180	180＞T≤240	240＞T≤300	T＞300
统计数（头）		195	170	785	500
出栏体重（千克）		533.2±107.76	660.5±75.49	640.4±46.91	595.±58.07
屠宰前体重（千克）		509.5±105.43	641.0±69.93	614.2±57.49	563.±55.69
胴体重（千克）	成熟前	292.13±67.3	368.09±41.9	354.20±36.4	326.3±36.5
	成熟后	286.43±66.0	363.35±43.9	347.33±35.6	320.1±36.0
成熟期失重（千克）		5.70±1.52	4.75±6.01	6.87±2.77	6.28±2.11
屠宰率（%）		57.09±2.87	57.41±1.42	57.65±2.08	57.86±2.38
净肉重（千克）		244.44±54.70	305.0±35.35	293.7±30.76	273.±30.54
净肉率（%）		47.97±2.54	47.58±1.60	47.82±1.94	48.41±2.02
骨重（千克）		40.57±8.79	51.28±5.59	49.12±4.58	45.11±4.46
作业损失（%）		1.52±0.65	1.81±0.43	1.92±0.92	2.36±1.45
背部膘厚（毫米）		4.35±3.24	10.09±7.18	11.75±6.93	18.02±7.49
背脂颜色	白色（%）	30.77	29.41	19.11	22.00
	微黄色（%）	53.85	50.00	73.89	60.00
	黄色（%）	15.38	20.59	7.00	18.00
眼肌面积（cm^2）		118.1±24.49	128.2±18.42	126.08±19.4	105.0±19.9
大理石花纹等级%	1 级（%）	0	0	2.40	1.59
	2 级（%）	0	9.09	7.20	12.70
	3 级（%）	0	9.09	16.00	42.86
	4 级（%）	4.34	18.18	20.00	15.87
	5 级（%）	47.83	45.46	32.80	25.40
	6 级（%）	47.83	18.18	21.60	1.59
一类肉	重量（千克）	37.65	35.21	38.52	40.64
	元/千克	38.46	38.20	38.65	43.83

（续）

育肥时间（天）		T≤180	180＞T≤240	240＞T≤300	T＞300
二类肉	重量（千克）	95.64	111.27	104.28	90.10
	元/千克	16.90	16.84	16.89	17.03
三类肉	重量（千克）	111.15	158.52	150.93	142.26
	元/千克	13.14	13.30	12.73	11.39
销售价格（元/千克）	宰前体重	8.88	8.68	8.42	8.75
	肉重	18.51	17.47	17.61	18.08

从表 8－36 可以看到：

（1）随育肥时间的延长，胴体背膘厚度（毫米）增厚，育肥时间 181＜T≤240 时胴体背膘厚度（10.09 毫米）已达到 A 级牛的标准。

（2）背膘颜色的出现均在育肥时间 T＞240 天以上。

（3）大理石花纹等级达到 3 级以上，育肥时间 T≤180 天的为 0；育肥时间 180＞T≤240 天只占 18.18%；育肥时间 240＞T≤300 时达到 25.60%；育肥时间 T＞300 天时达到 57.15%，大理石花纹的形成既有育肥时间的作用，也有育肥期日粮浓度、牛年龄、牛品种等的影响。

（4）育肥时间 T＞300 天时一类肉产量比 T≤180 天的高 2.99 千克，出售价也高 5.37 元/千克（两项合计高 366.42 元/头），但是育肥时间 T＞300 天的牛沉积了价格较低的脂肪（比 T≤180 天的低 248.96 元/头）。

（5）育肥时间和出售价差列于表 8－37。

表 8－37　育肥时间和出售价差

肉重（千克/头） 级差（元/千克）		≤180	＞300	＞180≤240	＞240≤300
		244.44	273.00	305.00	293.70
T≤180	8.88	0	35.49	39.65	135.10
T＞300	8.75	0.13	0	61.00	96.90
180＞T≤240	8.68	0.20	0.09	0	76.36
240＞T≤300	8.42	0.46	0.33	0.26	0

（六）育肥牛脂肪颜色和肉牛经济效益的关系

育肥牛脂肪颜色、厚度、坚挺度是评定育肥牛等级的重要感官指标，黄色脂肪的牛肉卖价很低。肉牛脂肪颜色的基本数据（作者资料）见表 8－38。

表 8－38　脂肪颜色和肉牛经济效益

脂肪颜色		白色	微黄色	黄色
统计数（头）		370(22.42)	1070（64.85）	210（12.73）
出栏体重（千克）		569.55±74.24	614.97±80.35	544.00±75.97
宰前体重（千克）		542.85±73.03	587.85±75.72	515.81±78.34
胴体重	成熟前	312.72±46.15	339.29±47.07	291.31±44.95
	成熟后	306.35±44.98	332.86±46.34	285.67±44.61
成熟期失重（千克）		6.36±1.67	6.43±2.84	5.64±2.44
屠宰率（%）		57.54±2.34	57.67±2.07	56.50±2.27
净肉重（千克）		258.08±39.09	281.86±39.82	243.06±36.34
净肉率（%）		47.54±2.34	47.95±1.80	47.12±3.27
骨重（千克）		42.68±6.38	46.95±6.21	40.87±6.65
作业损失（%）		1.50±0.77	1.92±1.14	1.27±0.73
眼肌面积（厘米^2）		97.64±23.22	117.74±23.84	76.97±18.39
背部膘厚（毫米）		15.32±8.29	13.62±8.04	18.55±7.12
大理石花纹等级（%）	1级（%）	2.70	2.34	7.14
	2级（%）	10.81	7.48	9.52
	3级（%）	13.51	21.96	21.43
	4级（%）	27.03	19.16	28.57
	5级（%）	22.97	32.24	19.05
	6级（%）	22.97	16.82	14.29
一类肉	重量（千克）	34.87	38.11	32.88
	元/千克	40.04	40.25	40.67
二类肉	重量（千克）	91.95	98.73	84.22
	元/千克	16.97	16.93	17.03
三类肉	重量（千克）	131.26	145.02	125.96
	元/千克	11.84	12.35	11.48
销售价格（元/千克）	宰前体重	8.31	8.50	8.18
	肉重	17.48	17.73	17.36

从表 8-38 可以看到：

（1）延长育肥期能增加背部脂肪厚度，改善牛肉品质，提高牛肉销售价格，但其副作用是脂肪变黄、增加饲养成本，因此研究既能增加背部脂肪厚度，又不增加饲养成本和脂肪变黄的技术措施是提高肉牛经济效益的重要环节。

（2）大理石花纹等级　①育肥牛背部脂肪白色的1～3 级占 27.02%；4～6 级占 72.98%；②育肥牛背部脂肪微黄色的 1～3 级以上占 31.94%；4～6 级 8.06%；③育肥牛背部脂肪黄色的 1～3 级以上为 0；4～6 级占 100%。

（3）白色、微黄色脂肪牛较黄色脂肪牛多卖 124 元/头。

（七）育肥牛品种和肉牛经济效益的关系

不同品种的肉牛，不仅给养牛者带来差异极大的饲养结果，也给肉牛加工企业带来牛肉品质的差异。本文就山东北方大地育肥公司育肥、北方大地肉类有限公司委托凯银肉业屠宰的西鲁杂交牛、利鲁杂交牛、夏鲁杂交牛、鲁西牛等 4 个肉牛品种的屠宰成绩、牛肉品质、牛肉出售价位等数据进行分析比较，以便指导养牛户饲养肉牛品种时选择和屠宰企业在屠宰肉牛品种上的选择。肉牛品种的基本数据（作者资料）见表 8-39。

表 8-39　品种和肉牛经济效益

品　　种		西鲁杂交牛	利鲁杂交牛	夏鲁杂交牛	鲁西牛
统计数（头）		445	645	335	155
出栏体重（千克）		636.96±74.81	583.±81.04	650.±64.11	546.1±74.22
宰前体重（千克）		609.5±70.79	556.±72.26	623.±61.84	516.7±70.92
胴体重（千克）	成熟前	348.7±44.36	323.±47.09	362.0±37.7	295.18±41.3
	成熟后	341.7±43.60	317.±46.05	355.8±37.5	288.80±40.0
成熟期失重（千克）		7.05±2.48	6.07±1.75	6.13±4.11	6.38±2.00
屠宰率（%）		57.18±2.11	57.96±2.05	58.09±.80	57.16±2.60
净肉重（千克）		293.18±37.44	271.±39.30	305.±32.21	245.0±35.20
净肉率（%）		48.12±1.84	48.74±1.74	48.97±1.55	47.43±2.15
骨重（千克）		47.39±6.59	43.09±6.23	48.78±5.57	40.69±6.18

（续）

品种		西鲁杂交牛	利鲁杂交牛	夏鲁杂交牛	鲁西牛
作业损失（%）		1.85±1.04	1.69±1.14	1.95±0.91	1.37±0.99
背部膘厚（毫米）		11.95±7.07	6.07±8.75	12.00±7.03	8.36±5.77
背膘颜色	白色（%）	17.98	27.13	14.93	29.04
	微黄色（%）	71.91	57.36	82.09	35.48
	黄色（%）	10.11	15.50	2.98	35.48
眼肌面积（cm^2）		121.71±22.15	106.±23.89	130.±20.03	111.4±17.97
大理石花纹等级	1级（%）	2.25	4.65	2.99	0
	2级（%）	8.99	9.30	1.49	16.13
	3级（%）	17.98	21.71	14.93	29.03
	4级（%）	17.98	27.13	20.90	22.58
	5级（%）	31.46	26.36	34.33	16.13
	6级（%）	21.35	10.85	25.37	16.13
一类肉	重量(千克)	39.74	37.00	37.53	36.64
	元/千克	39.91	41.40	39.03	41.77
二类肉	重量(千克)	100.6	92.51	107.69	91.64
	元/千克	16.89	16.98	16.89	17.03
三类肉	重量(千克)	149.56	139.71	154.56	116.80
	元/千克	12.50	11.96	12.59	12.33
销售价格(元/千克)	宰前体重	8.52	8.50	8.43	8.77
	肉重	17.78	17.73	17.44	18.49

从表8-39可以看到：

(1) 4个肉牛品种背膘厚度（毫米，mm）的表现，以利木赞杂交牛15.3毫米排在第一，鲁西牛9.0毫米排在第四，西门塔尔杂交牛、夏洛来杂交牛居中。

(2) 大理石花纹等级的表现以鲁西黄牛最好，1～3级占46.89%，西鲁牛为28.49%，利鲁牛为38.93%，夏鲁牛为 21.05%。

(3) 一类肉重量(占体重%)以鲁西牛的 6.80%为第一，夏西牛的 6.06%居第四，牛肉销售价格(元/千克)也以鲁西牛的 41.77 为第一，夏西牛的 39.03 居第四。

(4) 销售价格　统计的 4 个品种活牛的销售价格[级差(元/头)、级差(元/千克)]列于表 8-40。

表 8-40　活牛的销售价格级差

级差(元/千克) ＼ 肉重(千克/头)		鲁西牛	西鲁杂交牛	利鲁杂交牛	夏鲁杂交牛
		245.08	293.18	271.40	305.10
鲁西	8.77	0	73.30	73.28	100.68
西鲁	8.52	0.25	0	5.43	27.46
利鲁	8.50	0.27	0.02	0	21.36
夏鲁	8.43	0.33	0.09	0.07	0

由表 8-40 看到，以肉重销售价格比较：每头鲁西牛分别比西鲁杂交牛、利鲁杂交牛、夏鲁杂交牛多售 73.30 元、73.28 元、100.68 元；夏西杂交牛最低。

从以上牛肉的销售数据分析，出售活牛时以饲养鲁西牛较好；屠宰销售牛肉时也以饲养鲁西牛较好(但是鲁西牛育肥期增重速度慢、饲料报酬低)。

(八) 育肥牛性别和肉牛经济效益

育肥牛的性别主要指阉公牛、公牛。由于雄性激素的作用使公牛育肥具有较阉公牛长得快、饲料报酬高、瘦肉(红肉)产量高、里脊(牛柳)粗大等优点，但是公牛在饲养管理(易格斗)、牛肉品质(大理石花纹丰富程度、牛肉嫩度、风味等)等方面又不如阉公牛。本文仅比较公牛、阉公牛屠宰加工效益，牛肉进入市场以后的经济效益，以便指导养牛户和屠宰企业在肉牛性别上的选择。肉牛性别的基本数据(作者资料)见表 8-41。

表 8-41　肉牛性别和肉牛经济效益

<table>
<tr><th colspan="2">性　　别</th><th>阉公牛</th><th>公　　牛</th></tr>
<tr><td colspan="2">统计数（头）</td><td>1 185</td><td>465</td></tr>
<tr><td colspan="2">出栏体重（千克）</td><td>581.53±83.31</td><td>632.00±75.61</td></tr>
<tr><td colspan="2">屠宰前体重（千克）</td><td>551.60±78.58</td><td>611.90±66.56</td></tr>
<tr><td rowspan="2">胴体重（千克）</td><td>成熟前</td><td>315.91±47.09</td><td>356.10±41.73</td></tr>
<tr><td>成熟后</td><td>309.71±47.08</td><td>349.40±41.23</td></tr>
<tr><td colspan="2">成熟期失重（千克）</td><td>6.19±2.20</td><td>6.70±3.35</td></tr>
<tr><td colspan="2">屠宰率（%）</td><td>57.27±2.23</td><td>58.20±1.93</td></tr>
<tr><td colspan="2">净肉重（千克）</td><td>264.30±39.77</td><td>294.34±35.42</td></tr>
<tr><td colspan="2">净肉率（%）</td><td>47.92±2.27</td><td>48.10±1.62</td></tr>
<tr><td colspan="2">骨重（千克）</td><td>43.77±6.68</td><td>48.93±5.30</td></tr>
<tr><td colspan="2">作业损失%</td><td>1.69±1.17</td><td>1.88±0.62</td></tr>
<tr><td colspan="2">背部膘厚（毫米）</td><td>15.4±7.79</td><td>8.70±5.64</td></tr>
<tr><td rowspan="3">背脂颜色</td><td>白色（%）</td><td>26.16</td><td>12.90</td></tr>
<tr><td>微黄色（%）</td><td>56.12</td><td>87.10</td></tr>
<tr><td>黄色（%）</td><td>17.72</td><td>0</td></tr>
<tr><td colspan="2">眼肌面积（厘米²）</td><td>113.31±24.71</td><td>130.46±19.18</td></tr>
<tr><td rowspan="6">大理石花纹等级%</td><td>1 级（%）</td><td>4.27</td><td>0</td></tr>
<tr><td>2 级（%）</td><td>11.78</td><td>0</td></tr>
<tr><td>3 级（%）</td><td>26.25</td><td>4.30</td></tr>
<tr><td>4 级（%）</td><td>22.36</td><td>21.50</td></tr>
<tr><td>5 级（%）</td><td>24.77</td><td>37.63</td></tr>
<tr><td>6 级（%）</td><td>10.58</td><td>36.56</td></tr>
<tr><td rowspan="2">一类肉</td><td>重量（千克）</td><td>36.54</td><td>37.18</td></tr>
<tr><td>元/千克</td><td>41.94</td><td>36.02</td></tr>
<tr><td rowspan="2">二类肉</td><td>重量（千克）</td><td>90.15</td><td>108.76</td></tr>
<tr><td>元/千克</td><td>17.02</td><td>16.81</td></tr>
<tr><td rowspan="2">三类肉</td><td>重量（千克）</td><td>136.02</td><td>148.40</td></tr>
<tr><td>元/千克</td><td>11.62</td><td>13.37</td></tr>
<tr><td rowspan="2">销售价格（元/千克）</td><td>屠宰前体重</td><td>8.43</td><td>8.42</td></tr>
<tr><td>肉重</td><td>17.69</td><td>17.50</td></tr>
</table>

从表 8-41 可以看到：

（1）阉公牛的背膘厚度（15.4 毫米）大于公牛（8.7 毫米），

背膘厚度是能否出高价牛肉的指标之一，能够卖高价的牛肉背部脂肪（背膘）厚度要求在10～20毫米；背膘厚度又和大理石花纹丰富与否存在强（正）相关，背膘厚度数值大，大理石花纹丰富；背膘厚度数值小，大理石花纹欠丰富。

（2）阉公牛牛肉的大理石花纹丰富程度明显好于公牛，阉公牛牛肉大理石花纹3级以上占统计数的46.70%，公牛只占4.30%。因此，在以大理石花纹丰富程度确定牛肉价格时，公牛牛肉的售价要比阉公牛低14.12%（41.94/36.02）。

（3）阉公牛二类肉重量90.15千克，较公牛108.76千克低17.11%，每千克牛肉的卖出价17.02元较公牛高1.23%。

（4）阉公牛三类肉重量136.02千克，较公牛148.40千克低8.34%，但是每千克牛肉的卖出价较公牛低13.09%。

（5）阉公牛总产肉量（净肉率）47.63%较公牛48.10%低估0.47个百分点，但是每千克牛肉的平均出售价仅仅高0.19元。造成的原因分析：①阉公牛牛肉品质优，但并没有卖出优价；②阉公牛肉间脂肪量大（29.01千克/头），碎肥肉多（26.0千克/头），卖出价低（分别为2.75元/千克、6.0元/千克，见表2）。仅此两项阉公牛较公牛少卖104元/头（公牛肉间脂肪量为21.05千克/头，碎肥肉为18.22千克/头）；③阉公牛牛肉用于制作1、2号肥牛片的肉量为15.67千克/头，公牛牛肉用于制作1、2号肥牛片的肉量为26.72千克/头（1、2号肥牛片的出售价分别为30、20元/千克，作者资料，见表8-42），公牛比阉公牛多出1、2号肥牛片10千克，多卖250元，因此，从整体分析，屠宰公牛的效益和屠宰阉公牛相差无几。

阉公牛一类肉的质量（大理石花纹等级、牛肉嫩度）明显好于公牛，在不远的将来，牛肉真正做到以质定价时，阉公牛牛肉价要高出公牛牛肉价一个等级（20%～25%），饲养和屠宰阉公牛的效益大大高于公牛，因此，生产高品质牛肉时仍以饲养阉公牛为好。

表 8-42 阉公牛和公牛三类肉产量及价格表

部位肉名称	单价（元/千克）	产量（千克）		比较（阉公牛为基础）
		阉公牛	公牛	
肋条肉 A 级	15.80	3.45	2.61	−0.84
肥牛 1 号	30.00	15.02	18.66	+3.64
肥牛 2 号	20.00	0.65	8.06	+7.41
肥牛 3 号	14.00	26.27	35.95	+9.68
肥牛 4 号	11.00	4.12	6.60	+2.48
肉间脂肪	2.75	29.01	21.05	−7.96
碎肉（肥）	6.00	26.00	18.22	−7.78
碎肉（瘦）	11.00	10.09	15.38	+5.29
牛前（瘦）	14.00	11.24	12.31	+1.07
方块肉（瘦）	15.00	5.27	5.05	−0.25
筋腱	13.57	4.90	4.51	−0.39

七、减少胴体成熟期失重的技术措施

肉牛胴体成熟期失重是指肉牛屠宰后的二分体进入成熟间前的重量与成熟处理后重量的差值。据蒋洪茂等研究，牛胴体成熟7～8天（成熟间没有加湿度处理）时，每头胴体的损失重量为7.5～11.3千克，相对失重为2.2%～3.43%。虽然这个差值在胴体成熟过程是不可避免的，但研究影响这个差值的因素、规律及减少这个差值的技术措施，尽量缩小这个差值，具有非常现实的经济意义。为此我们研究了影响这个差值的因素，如肉牛品种、胴体重、背膘厚度、年龄、成熟时间、湿度、性别、冲洗胴体顺序等8种共1 451（1 178个具有可比性）个胴体。研究结果显示成熟间湿度大小对这个差值影响最大（成熟间湿度90%时绝对失重为4.86千克，相对失重为1.59%；成熟间湿度增加为100%时绝对失重为2.91千克，相对失重为1.1%，绝对失重差1.95千克）、其次为胴体背膘厚度(X)（X≤10毫米失重6.15千克，X>20毫米失重4.88千克，绝对失重差1.27千克）、再次为胴体冲洗程序（先称重、后冲洗和先冲洗、后称重胴体重差1千克）、肉牛年龄之间、品种之间、胴体重大小、性别之间有差异但很微小。

肉牛胴体成熟期失重所带来的经济损失似乎和肉牛育肥者的关系不大，其实不仅有关系而且关系密切，如育肥牛体膘厚度、胴体大小、育肥牛品种等，没有优质牛胴体就不可能生产高价牛肉，饲养户出售育肥牛就不可能获得较高的价位。

（一）胴体成熟期间加湿技术减少胴体重量的损失

胴体加湿度处理指胴体进入成熟间后在成熟间内利用加湿器增加成熟间湿度处理（12～14小时/天、相对湿度为100%），直到成熟结束；胴体不加湿度处理指胴体进入成熟间后利用原有的成熟间湿度（相对湿度为85%～90%）。未加湿度处理胴体16批913头，在成熟间成熟处理48小时；在成熟间成熟处理48小时中加湿度处理28小时，2批167头胴体；在成熟间成熟处理48小时中加湿度处理18小时，1批98头胴体。加湿度处理和未加湿度处理胴体失重统计（作者资料）列于表8-43。

表8-43表明：

（1）胴体在成熟间加湿度处理可以减少在成熟期的失重

1）在成熟间未加湿度处理48小时，16批913头胴体，每头胴体平均失重4.86千克（相对失重1.68%）；在成熟间成熟处理48小时中加湿度处理28小时，2批167头胴体，每头胴体平均失重2.91千克（相对失重1.13%）；在成熟间加湿度处理48小时中加湿度处理18小时，1批98头胴体，每头胴体平均失重3.70千克相对失重1.50%。

2）成熟处理48小时中加湿度处理28小时，每头胴体平均失重2.91千克（相对失重1.13%）比未加湿度成熟处理48小时，每头胴体平均失重4.86千克（相对失重%）减少失重1.95千克。

3）成熟处理48小时中加湿度处理18小时，每头胴体平均失重3.70千克（相对失重1.50%）比未加湿度处理成熟48小时，每头胴体平均失重 4.86 千克（相对失重%）减少失重 1.16 千克。

表 8-43 加湿度处理和未加湿度处理胴体失重统计

单位：千克、%

项目＼类别	批次	统计数	胴体重		绝对失重	相对失重
			成熟前	成熟后		
加湿48小时	第1批	81头	238.11±45.14	235.14±44.98	2.97±1.04	1.26±0.42
	第2批	86头	290.07±44.94	287.21±44.73	2.86±0.83	1.00±0.29
	小计	167头	264.87±52.14	261.95±51.89	2.91±0.94	1.13±0.38
加湿18小时	第3批	98头	241.13±46.52	237.45±45.79	3.70±1.02	1.50±0.28
未加湿	第1批	30头	383.20±33.61	379.10±33.31	4.10±0.69	1.09±0.16
	第2批	30头	315.70±91.86	309.90±90.67	5.80±1.28	1.91±0.29
	第3批	68头	348.60±44.08	343.70±43.65	5.03±3.02	1.45±0.25
	第4批	50头	348.11±32.87	342.15±32.49	5.95±0.82	1.71±0.21
	第5批	84头	226.07±46.46	221.74±45.76	4.33±0.96	1.93±0.30
	第7批	79头	253.54±46.48	248.95±45.87	4.60±0.85	1.83±0.25
	第8批	105头	297.08±64.51	292.97±63.42	4.10±1.60	1.37±0.42
	第9批	72头	274.76±61.78	269.81±60.86	4.95±1.10	1.81±0.23
	第10批	89头	295.60±50.10	289.47±49.24	6.13±1.26	2.08±0.28
	第11批	59头	287.44±38.90	282.37±38.32	5.07±0.81	1.77±0.19
	第12批	40头	301.77±47.12	297.50±46.56	4.23±0.96	1.41±0.25
	第13批	43头	297.93±46.14	293.00±45.49	4.93±0.84	1.66±0.19
	第14批	57头	303.67±37.03	299.30±36.77	4.37±0.84	1.45±0.26
	第15批	60头	294.40±39.98	289.10±39.36	5.28±0.95	1.80±0.26
	第16批	47头	277.80±34.82	273.70±34.28	4.12±0.89	1.48±0.25
合计	小计	913头	293.81±61.53	288.94±60.86	4.86±1.22	1.68±0.37

（2）加湿度处理时间长，胴体失重少　同样成熟处理 48 小时中加湿度处理 28 小时，每头胴体平均失重 2.91 千克比加湿度处理 18 小时，每头胴体平均减少失重 0.79 千克（21.35%）。加湿度处理增加 10 小时，每头胴体平均失重减少了 0.79 千克。

（3）未加湿的胴体与加湿的胴体的其他方面比较　①胴体表面：未加湿的胴体表面很干燥；加湿的整个胴体表面湿润；②未加湿的胴体与加湿的胴体颜色无差别；③未加湿的胴体与加湿的

胴体分割肉块颜色无差异。

屠宰企业采用胴体加湿技术措施可减少成熟处理时胴体重量的损失，增加效益。

（二）背膘厚度较厚的胴体成熟期失重少（相对失重小）

作者和同事们研究了胴体成熟时间为 72 小时、96 小时、120 小时、168 小时时背膘厚度和胴体成熟期失重的关系。

（1）胴体成熟处理 72 小时时背膘厚度和胴体成熟期失重：胴体成熟处理 72 小时时背膘厚度和胴体成熟期失重的试验数据（作者资料）列于表 8-44。

表 8-44 胴体成熟处理 72 小时背膘厚度（X）和胴体成熟期失重统计

背膘厚度（毫米）\ 项目	成熟前重（千克）	成熟后重（千克）	绝对失重（千克）	相对失重（%）	统计头数
$X\leq 5$	242.08±49.28	237.27±48.27	4.81±1.19	1.98±0.27	151
$5<X\leq 10$	286.59±57.95	281.06±56.94	5.53±1.23	1.93±0.26	51
$10<X\leq 15$	329.24±53.38	323.46±52.68	5.78±1.00	1.77±0.24	25
$X>15$	315.63±49.75	309.76±49.02	5.86±0.92	1.87±0.19	16

表 8-44 表明，在成熟处理 72 小时，胴体背膘厚度厚的，相对失重小；胴体背膘厚度薄的，相对失重大，背膘厚度 $X\leq 5$ 和 $10<X\leq 15$、$X>15$ 之间的差异显著（表 8-45）。

表 8-45 72 小时背膘厚度间的多重比较（相对失重%）

处理（毫米）	数量	$\overline{Xi}$	$\overline{Xi}-1.77$	$\overline{Xi}-1.87$	$\overline{Xi}-1.93$
$X\leq 5$	151	1.98	0.21**	0.11	0.05
$5<X\leq 10$	51	1.93	0.16*	0.06	
$X>15$	16	1.87	0.10		
$10<X\leq 15$	25	1.77			

* 代表差异显著（下同）

** 代表差异非常显著

（2）胴体成熟处理 96 小时时背膘厚度和胴体成熟期失重

胴体成熟处理 96 小时时背膘厚度和成熟期失重的试验数据（作者资料）列于表 8-46 至表 8-50，背膘厚度 X≤5 和 5<X≤10、10<X≤15、X>15 之间的差异非常显著（表 8-47）。

表 8-46　胴体成熟处理 96 小时背膘厚度（X）和胴体成熟期失重统计

背膘厚度（毫米）＼项目	成熟前重（千克）	成熟后重（千克）	绝对失重（千克）	相对失重（%）	头数
X≤5	261.41±57.79	256.95±57.03	4.43±1.02	1.73±0.27	104
5<X≤10	294.59±64.19	290.25±63.28	4.33±1.45	1.48±0.40	46
10<X≤15	307.81±49.81	303.93±48.53	3.88±1.86	1.23±0.53	27
X>15	324.60±62.77	321.44±60.27	3.16±2.59	0.87±0.66	5

表 8-47　96 小时背膘厚度间的多重比较（相对失重%）

处理（毫米）	数量	$\overline{Xi}$	$\overline{Xi}$−0.87	$\overline{Xi}$−1.23	$\overline{Xi}$−1.48
X≤5	104	1.73	0.86 * *	0.50 * *	0.25 * *
5<X≤10	46	1.48	0.61 * *	0.25 * *	
10<X≤15	27	1.23	0.36		
X>15	6	0.87			

表 8-46 表明，在成熟处理 96 小时时，胴体背膘厚度 X>15 的，相对失重仅为 0.87%，胴体背膘厚度薄 X≤5 的，相对失重大，达到 1.73%，背膘厚度 X≤5 和 10<X≤15、X>15 之间的差异非常显著（表 8-47）。

（3）胴体成熟处理 120 小时时背膘厚度和胴体成熟期失重

胴体成熟处理 120 小时时背膘厚度和成熟期失重的试验数据（作者资料）列于表 8-48。

表 8-48 表明，在成熟处理 120 小时时，胴体背膘厚度 X>

15 的，相对失重为 1.59％，胴体背膘厚度薄 X≤5 的，相对失重为 1.52％，背膘厚度 X≤5 和 10＜X≤15、X＞15 之间的差异非常微小。

表 8-48　胴体成熟处理 120 小时背膘厚度（X）和胴体成熟期失重统计

单位：千克、％

项目 背膘厚度（毫米）	成熟前重（千克）	成熟后重（千克）	绝对失重（千克）	相对失重（％）	头数
X≤5	299.50±93.58	295.00±92.36	4.50±1.23	1.52±0.06	4
5＜X≤10	315.33±31.66	310.53±30.89	4.80±1.11	1.52±0.28	3
10＜X≤15	363.14±14.71	357.79±14.21	5.36±0.93	1.47±0.23	7
X＞15	350.64±35.87	345.11±35.59	5.54±0.97	1.59±0.28	86

（4）胴体成熟处理 168 小时时背膘厚度和胴体成熟期失重

胴体成熟处理 168 小时时背膘厚度和成熟期失重的试验数据列于表8-49。

表 8-49　成熟处理 168 小时背膘厚度（X）和胴体成熟期失重统计

单位：千克、％

项目 背膘厚度（毫米）	成熟前重（千克）	成熟后重（千克）	绝对失重（千克）	相对失重（％）	头数
X≤5	201.20±67.57	196.80±66.35	4.40±1.27	2.23±0.26	10
5＜X≤10	365	358.20	6.80	1.86	1
10＜X≤15	367.00±45.35	360.92±46.35	6.05±1.30	1.69±0.48	4
X＞15	380.84±31.73	375.90±31.48	4.94±1.27	1.30±0.33	44

表 8-49 表明，在成熟处理 168 小时时，胴体背膘厚度 X＞15 的，相对失重为 1.30％，胴体背膘厚度薄 X≤5 的，相对失重为 2.23％，背膘厚度 X≤5 和 10＜X≤15、X＞15 之间的差异非常显著（表 8-50）。

表 8-50　168 小时背膘厚度间的多重比较（相对失重%）

处理（毫米）	数量	$\overline{Xi}$	$\overline{Xi}$−1.30	$\overline{Xi}$−1.69
X≤5	10	2.23	0.93**	0.54**
10<X≤15	4	1.69	0.39*	
X>15	44	1.30		
5<X≤10	1			

屠宰企业收购背膘厚度较大的育肥牛，不仅在胴体成熟时能减少损失，也是生产高价牛肉的基础条件，而肉牛育肥饲养户饲养背膘厚度较大的育肥牛虽然投入高，但是获利也高。

（三）调整屠宰工艺、减少胴体成熟期失重

山东某清真肉业有限公司的屠宰线上采用胴体先冲洗、后称重，再进入成熟间的操作顺序。由于冲洗胴体会给胴体表面附带水量，这份水量不仅不能计算为胴体重，也不应属于胴体在成熟过程中的失重量，为此我们测定了 98 头肉牛胴体先冲洗、后称重，和先称重、后冲洗胴体体重的变化，结果如下：冲洗前体重（241.01±47.82）千克，冲洗后称重（242.00±47.89）千克。

98 头牛胴体冲洗后胴体重比冲洗前胴体重增加了 97.5 千克，平均每个胴体冲洗后增加重量（0.994 9±0.35）千克，这就是先冲洗胴体时附带在胴体表面的水量（此研究成果已被该清真肉业有限公司采用，采用后该公司 2003 年度屠宰肉牛 23 000 头，可减少胴体重损失 22 883 千克，相当于 250 千克重的胴体 91.5 头，价值 38.9 万元）。

因此，在设计屠宰生产线的工艺流程时应为胴体先称重、后冲洗。

（四）成熟处理时间长胴体失重多

经测定胴体成熟处理时间长，胴体成熟期失重量多；胴体成熟处理时间短，胴体成熟期失重量少，测定数据（作者资料）列

于表8-51。

表 8-51 胴体成熟处理时间和胴体成熟期失重量统计

单位：千克

成熟时间	成熟前胴体重	成熟后胴体重	绝对失重	相对失重	数量
48 小时	287.44±39.24	282.37±38.65	5.07±0.81	1.77±0.20	57
72 小时	296.11±41.98	291.48±41.46	4.63±1.00	1.57±0.29	228
72 小时	265.23±60.47	260.10±59.45	5.13±1.23	1.94±0.27	243
96 小时	278.42±61.55	274.11±60.79	4.31±1.35	1.57±0.42	182
120 小时	348.41±39.41	342.96±39.01	5.47±0.99	1.57±0.27	100
168 小时	349.48±77.62	344.50±77.21	4.98±1.32	1.50±0.48	60

表 8-51 表明胴体成熟处理时间越长，胴体成熟期的相对失重越小，绝对失重量较高。胴体成熟处理时间的长短会直接影响牛肉的嫩度、风味质量，因此要有足够的胴体成熟处理时间，尤其能够卖价较高的优质牛肉胴体成熟处理时间不能少于 2 天（48 小时），分割肉块二次成熟时间不能少于 5 天（120 小时）。

（五）育肥牛品种和胴体成熟期失重

不同品种牛的胴体在成熟期的失重（作者资料）列于表 8-52。

表 8-52 牛品种和胴体成熟期失重统计

品种	72 小时			96 小时		
	绝对失重（千克）	相对失重（%）	数量（头）	绝对失重（千克）	相对失重（%）	数量（头）
利杂牛	5.31±1.11	2.05±0.26	68	4.28±1.38	1.57±0.44	31
鲁西黄牛	4.22±0.87	1.89±0.28	79	3.36±1.16	1.55±0.48	64
西杂牛	5.75±1.15	1.92±0.23	64	4.80±1.29	1.53±0.40	42
夏杂牛	5.99±1.85	1.88±0.26	26	4.98±1.08	1.66±0.24	35
合计	5.14±1.04	1.94±0.26	237	4.21±1.22	1.66±0.24	172

（续）

品种	120小时			168小时		
	绝对失重（千克）	相对失重（%）	数量（头）	绝对失重（千克）	相对失重（%）	数量（头）
利杂牛	5.26±0.90	1.52±0.26	67	5.20±1.50	1.46±0.37	18
鲁西黄牛	4.83±0.73	1.45±0.26	6	5.82±1.47	1.95±0.38	10
西杂牛	6.23±0.90	1.75±0.25	24	4.97±1.22	1.33±0.42	31
夏杂牛	5.90±0.71	1.43±0.05	2	4.80	1.14	1
合计	5.48±0.88	1.57±0.25	99	4.93±1.33	1.47±0.39	60

表8-52表明：

（1）成熟72小时时，鲁西黄牛绝对失重最少，为4.22千克；西门塔尔杂交牛绝对失重最多，为5.75千克；夏洛来杂交牛的相对失重最小，为1.43%。

（2）成熟168小时时，鲁西黄牛绝对失重最多，为5.82千克；西门塔尔杂交牛绝对失重最少，为4.97千克。

育肥牛的品种和成熟期的长短对绝对失重有影响。

（六）育肥牛胴体重（X）和胴体成熟期失重

（1）成熟处理72小时胴体重和成熟期失重的试验结果　成熟处理72小时胴体重和成熟期失重的试验结果列于表8-53（作者资料）。

表8-53　成熟处理72小时胴体重（X）和胴体成熟期失重统计

胴体重（千克）	成熟前重（千克）	成熟后重（千克）	绝对失重（千克）	相对失重（%）	头数
X≤250	213.98±22.04	209.78±21.62	4.21±0.74	1.97±0.29	117
250<X≤300	274.33±14.90	268.86±14.47	5.47±0.82	1.99±0.25	58
300<X≤350	326.82±15.48	320.65±15.31	4.16±0.78	1.89±0.23	44
X>350	380.17±20.50	373.24±20.48	6.93±0.67	1.83±0.20	24
合计	265.23±19.00	260.10±18.66	4.77±0.76	1.96±0.26	243

表 8-53 表明：

胴体在成熟处理 72 小时时的绝对失重，胴体重大的绝对失重大（P<0.01），因此在成熟过程中对胴体重大的（300 千克以上）应加大湿度，但是相对失重恰恰相反，大于 350 千克的胴体相对失重 1.83%，为四个胴体级别重量中最小，见表 8-54。

表 8-54 成熟处理 72 小时胴体重的多重比较（绝对失重千克）

处理（千克）	数量	$\overline{Xi}$	$\overline{Xi}$−4.16	$\overline{Xi}$−4.21	$\overline{Xi}$−5.47
X>350	24	6.93	2.77**	2.72**	1.46**
250<X≤300	58	5.47	1.31**	1.26**	
X≤250	117	4.21	0.05		
300<X≤350	44	4.16			

（2）成熟处理 96 小时胴体重和成熟期失重的试验结果　成熟处理 96 小时胴体重和成熟期失重的试验结果（作者资料）列于表8-55。

表 8-55 成熟处理 96 小时胴体重（X）和胴体成熟期失重统计

胴体重（千克）	成熟前重（千克）	成熟后重（%）	绝对失重（千克）	相对失重（%）	头数
X≤250	217.54±19.28	213.89±19.26	3.644±0.97	1.69±0.44	71
250<X≤300	272.74±14.97	268.86±14.85	3.89±1.40	1.43±0.52	47
300<X≤350	326.22±14.69	321.09±14.79	5.13±0.99	1.57±0.32	32
X>350	374.03±20.02	368.43±19.57	5.61±0.98	1.50±0.24	32

表 8-55 表明：

胴体在成熟处理 96 小时时的绝对失重，胴体重大的绝对失重大，但是相对失重，胴体重大于 250 千克小于 300 千克的胴体相对失重 1.43%，为 4 个胴体级别重中最小。作者资料表 8-56。

表 8-56　成熟处理 96 小时胴体重的多重比较（绝对失重千克）

处理（千克）	数量	$\overline{Xi}$	$\overline{Xi}-3.64$	$\overline{Xi}-3.89$	$\overline{Xi}-5.13$
$X>350$	32	5.61	1.97^{**}	1.72^{**}	0.48
$300<X\leqslant 350$	32	5.13	1.49^{**}	1.24^{**}	
$250<X\leqslant 300$	47	3.89	0.25		
$X\leqslant 250$	71	3.64			

(3) 成熟处理 120 小时胴体重和成熟期失重的试验结果　成熟处理 120 小时胴体重和成熟期失重的试验结果（作者资料）列于表 8-57。

表 8-57　成熟处理 120 小时胴体重（X）**和胴体成熟期失重统计**

胴体重（千克）	成熟前重（千克）	成熟后重（千克）	绝对失重（千克）	相对失重（%）	头数
$X\leqslant 250$	231.67±15.28	228.20±15.25	3.47±0.12	1.50±0.10	3
$250<X\leqslant 300$	286.00±3.67	281.92±3.60	4.08±1.43	0.52±0.18	5
$300<X\leqslant 350$	328.86±13.80	323.44±14.01	5.42±0.82	1.65±0.27	43
$X>350$	379.08±21.57	373.34±21.49	5.77±0.94	1.52±0.26	49

表 8-57 表明：

胴体在成熟处理 120 小时时的绝对失重，胴体重大的绝对失重大，相对失重也较大，胴体重大于 250 千克小于 300 千克的胴体相对失重 0.52%，为 4 个胴体级别中重量最小，小于 250 千克胴体绝对失重不大，相对失重较大（表 8-58）。

表 8-58　120 小时胴体重的多重比较（绝对失重千克）

处理（千克）	数量	$\overline{Xi}$	$\overline{Xi}-3.47$	$\overline{Xi}-4.08$	$\overline{Xi}-5.42$
$X>350$	49	5.77	2.30^{**}	1.69^{**}	1.35
$300<X\leqslant 350$	43	5.42	1.95^{**}	1.34^{**}	
$250<X\leqslant 300$	5	4.08	0.61		
$X\leqslant 250$	3	3.47			

（4）成熟处理168小时胴体重和成熟期失重的试验结果　成熟处理168小时胴体重和成熟期失重的试验结果（作者资料）列于表8-59。

表8-59　成熟处理168小时胴体重（X）和胴体成熟期失重统计

胴体重（千克）	成熟前重（千克）	成熟后重（千克）	绝对失重（千克）	相对失重（%）	头数
X≤250	175.38±44.72	171.45±43.92	3.93±0.88	2.27±0.28	8
250<X≤300	290.00	283.80	6.20	2.14	1
300<X≤350	334.46±9.65	329.63±9.65	4.83±1.22	1.45±0.37	13
X>350	392.84±23.22	387.62±23.45	5.22±1.35	1.34±0.37	38

胴体重和成熟失重关系在成熟处理时间168小时和72小时不同，胴体重小的相对失重比例大，（作者资料）见表8-60。

表8-60　168小时胴体重的多重比较（绝对失重千克）

处理（千克）	数量	$\overline{Xi}$	$\overline{Xi}-3.93$	$\overline{Xi}-4.83$
X>350	38	5.22	1.29*	0.39
300<X≤350	13	4.83	0.90	
X≤250	8	3.93		
250<X≤300	1			

（七）育肥牛年龄和胴体成熟期失重

肉牛的年龄和胴体在成熟期重量的损失关系，较大年龄牛胴体比较小年龄牛胴体在成熟期绝对重量的损失大，而相对失重小（作者资料，表8-61），尤其在成熟时间达168小时时，年龄大于36月龄的胴体比年龄24<X<36少0.35个百分点；比年龄18<X<24少0.41个百分点；比年龄X<18少0.89个百分点。因此，从胴体在成熟期间失重考虑，选择育肥牛的年龄应该在24～36月（架子牛开始育肥年龄16～26月龄）。

表 8-61 牛年龄和胴体成熟期失重统计

月龄	成熟前重（千克）	成熟后重（千克）	绝对失重（千克）	相对失重（%）	头数
72 小时					
X≤18	259.52±59.57	254.38±58.49	5.13±1.26	1.98±0.26	195
18<X≤24	278.97±57.38	274.00±56.44	4.97±1.10	1.79±0.21	37
24<X≤36	312.40±52.26	306.98±51.72	5.42±1.02	1.76±0.35	10
X>36	399.00	391.60	7.40	1.85	1
96 小时					
X≤18	271.10±59.39	266.83±58.60	4.27±1.32	1.59±0.41	145
18<X≤24	301.82±56.03	297.34±55.03	4.48±1.66	1.48±0.49	22
24<X≤36	305.46±72.39	301.03±72.08	4.43±1.09	1.52±0.45	13
X>36	376.00±26.87	371.10±24.18	4.90±2.69	1.2±0.62	2
120 小时					
X≤18	344.50±41.59	338.76±41.05	5.74±0.84	1.67±0.19	22
18<X≤24	344.51±40.91	339.22±40.47	5.29±1.09	1.54±0.29	55
24<X≤36	363.64±30.55	358.08±30.41	5.60±0.83	1.55±0.24	22
X>36	314.00	307.80	6.20	1.97	1
168 小时					
X≤18	241.90±114.95	237.56±113.82	4.34±1.30	1.98±0.49	10
18<X≤24	354.11±50.94	348.89±50.74	5.22±1.45	1.50±0.46	18
24<X≤36	376.17±41.14	370.83±41.32	5.35±1.27	1.44±0.40	23
X>36	391.56±29.11	387.29±28.91	4.27±0.69	1.09±0.17	9

（八）育肥牛性别和胴体成熟期失重（公牛与阉公牛）

肉牛性别和胴体成熟期失重有无关系，测定的结果（作者资料）列于表 8-62 中。

表 8-62 表明，阉公牛的胴体在成熟过程中重量的损失无论绝对重量或是相对重量，均小于公牛。因此，在选择架子牛育肥

时应该选用阉公牛。

表 8-62　牛性别和胴体成熟期失重统计

单位：千克、%

性别	成熟前重（千克）	成熟后重（千克）	绝对失重（千克）	相对失重（%）	头数
公牛（72 小时）	300.13±57.27	295.23±56.54	4.90±1.02	1.65±0.26	67
公牛（96 小时）	268.87±57.55	263.31±56.37	5.57±1.31	2.07±0.21	70
阉公牛（72 小时）	270.22±62.21	265.13±61.24	5.09±1.18	1.90±0.28	132
阉公牛（96 小时）	265.77±60.65	261.80±60.00	3.97±1.41	1.52±0.49	115
阉公牛（120 小时）	348.41±39.41	342.96±39.01	5.47±0.99	1.57±0.27	100
阉公牛（168 小时）	349.48±77.62	344.50±77.21	4.98±1.32	1.50±0.48	60

（九）胴体成熟期加湿处理的经济效益分析

1. 加湿运营的投入费用

（1）购置加湿器三台合计 12 000 元

1）折旧费（折旧年限 5 年），12 000 元/5 年＝2 400 元；

2）每个成熟间每年使用 100 次（每批胴体成熟时间 48 小时）；

3）每批成熟胴体 80 头，每年的胴体成熟量为 8 000 头；

4）每头胴体在成熟期应负担费用 0.3 元（2 400/8 000）。

（2）电费

1）加湿器的功率为 65 瓦，屠宰一批牛按成熟 48 小时计算，3 台加湿器的用电量为：65×3×48＝9.36 度；

2）电费价为 0.46 元/度；

3）每头胴体负担电费为（9.36×0.46）/80＝4.305 6/80＝0.054 元。

（3）水费

1）水的使用量每小时 6 升/台；

2）成熟 48 小时 3 台加湿器的用水量为：6×3×48＝864 升；

3）水费在当地价格：0.5 元/吨；

4）每头胴体负担水费为（0.864×0.50)/80＝0.005 4 元。

（4）安装加湿器附属设备费用 500 元

每头胴体负担费用为：500 元/8 000 头＝0.062 5 元。

（5）每头胴体负担总费用为：0.3＋0.054＋0.005 4＋0.062 5＝0.422 元。

2. 加湿后减少胴体的损失量

（1）胴体在成熟间加湿成熟 48 小时比不加湿成熟 48 小时减少失重 1.95 千克计算；

（2）每千克胴体按 17 元计算；

（3）每头胴体减少损失（即增加企业利润）1.95 千克×17 元＝33.15 元。

3. 胴体加湿度处理的经济效益 经济效益概算（每头胴体)：①加湿后胴体减少损失（即增加企业毛利润）33.15 元；②加湿度处理后胴体增加的成本 0.422 元；③加湿后每个胴体增加的纯收入 33.15－0.422＝32.73 元。

以此推算：

（1）某肉类公司胴体采用在成熟期成熟间加湿度处理技术，每年屠宰肉牛 5 万头时获得的经济效益为；50 000 头×32.73 元＝164 万元。

（2）某市胴体采用在成熟期成熟间加湿度处理技术，每年屠宰肉牛 31 万头时获得的经济效益为；310 000 头×32.73 元＝1 000万元。

（3）某省胴体采用在成熟期成熟间加湿度处理技术，每年屠宰肉牛 300 万头时获得的经济效益为；3 000 000 头×32.73 元＝9 800 万元。

（4）全国采用在成熟期成熟间加湿度处理技术，每年屠宰肉牛 3 000 万头时获得的经济效益为：30 000 000 头×32.73 元＝98 000 万元。

胴体加湿度处理的经济效益非常显著，也非常可观。

八、提高肉牛销售技巧，增加经济效益

提高牛肉销售价格的策略有：

（1）*销售技巧、销售策略* 制定行之有效的销售策略，鼓励销售人员多销售，和其个人利益结合，又确保企业的最大效益；

（2）*争取优质优价* 虽然目前尚无牛肉的分级优价标准，较严重地影响肉牛经济效益，但应争取优质优价；

（3）*在当前屠宰行业不规范中以质量取胜* 虽然小作坊（一把刀、一根绳、一张草席、一桶水）成本低，但卫生条件差，正规企业可以质量与之竞争；

（4）在当前终端用户多看价、少论质的环境条件下，以质量加信誉争取用户，达到不一样质量的牛肉，有不等同的售价。

第九章

无公害肉牛安全生产常用数据便查表

一、肉牛生理指标

常用数据便查表 1　肉牛生理指标

项　目	范　　围
体　温	37.5～39.5℃
脉　搏	50～60 次/分钟
呼　吸	10～30 次/分钟

资料来源：蒋洪茂，《肉牛高效育肥饲养与管理技术》，2003。

二、牛舍温度

常用数据便查表 2　肉牛舍温度表

牛舍 \ 温度(℃)	最适温度	最低温度	最高温度
肉牛舍	10～15	2～6	25～27
育肥牛舍	7～27	2～6	25～27
哺乳犊牛舍	12～15	3～4	25～27
断奶牛舍	6～8	4	25～27
产　房	15	10～12	25～27

资料来源：蒋洪茂，《黄牛育肥实用技术》，1998。

三、牛舍湿度、风速

常用数据便查表3　牛舍湿度、风速

项目 牛舍	相对湿度（%）	风速（米/秒）
成年肉牛舍	80	0.3
哺乳犊牛舍	70	0.2
育肥牛舍	75	0.3

资料来源：蒋洪茂，《黄牛育肥实用技术》，1998。

四、牛舍面积

常用数据便查表4　牛舍面积　　单位：米^2

项目 牛舍	围栏饲养		拴系饲养		备注
	建筑面积	占地面积	建筑面积	占地面积	
成年母牛舍（每头）	11～12	18～20	6～8	22～24	含运动场面积
后备牛舍（每头）	6～8	15～16	4～5	20	含运动场面积
产房（每头）	8～10	16～20			
哺乳犊牛舍（每头）	2	5			含运动场面积
育肥牛舍（每头）	3～4	7～8	2.5～3.0	10～11	含运动场面积

资料来源：作者汇编。

五、无公害牛场生活饮用水水质卫生标准

常用数据便查表5-1　无公害牛场生活饮用水水质卫生标准

序号	项目	标准（毫克/升）
1	色（°）	色度不超过1.5，并不得呈现其他异色
2	浑浊度	不超过3度，特殊情况不超过5度
3	臭和味	不得有异味，异臭

（续）

序　号	项　　目	标准（毫克/升）
4	肉眼可见	不得含有
5	pH	6.5～8.5
6	总硬度（以碳酸钙计）	450
7	铁	0.300
8	锰	0.100
9	铜	1.000
10	锌	1.000
11	挥发酚类（以苯酚计）	0.002
12	阴离子合成洗涤剂	0.300
13	硫酸盐	250
14	氯化物	250
15	溶解性总固体	1 000
16	氟化物	1.000
17	氰化物	0.050
18	砷	0.050
19	硒	0.010
20	汞	0.001
21	镉	0.010
22	铬（六价）	0.050
23	铅	0.050
24	银	0.050
25	硝酸盐（以氮计）	20
26	氯仿	60 微克/升
27	苯并（a）芘	0.01 微克/升
28	六六六	5 微克/升
29	细菌总数	100 个/毫升

（续）

序　号	项　　目	标准（毫克/升）
30	游离余氟	在一水接触 300 后应不低于 0.3，集中式给水除出厂水应符合上述要求外，管网末梢水不低于 0.25
31	总α放射性	0.1 贝可/升
32	总β放射性	1 贝可/升

资料来源：NY5027—2001。

常用数据便查表 5-2　饮用水水质卫生标准

指　标	项　　目		标准值
感官性状及一般化学指标	色（°）	≤	30
	浑浊度（°）	≤	20
	臭和味	≤	不得有异味异臭
	肉眼可见物	≤	不得含有
	总硬度（以 $CaCO_3$ 计，毫克/升）	≤	1 500
	pH		5.5～9.0
	溶解性总固体（毫克/升）	≤	4 000
	氯化物（Cl^- 计，毫克/升）	≤	1 000
	硫酸盐（SO 计，毫克/升）	≤	500
细菌学指标	大肠菌群（个/升）	≤	犊牛 10 成牛 100
毒理学指标	氟化物（以 F^- 计，毫克/升）	≤	2.0
	氰化物（毫克/升）	≤	0.2
	总砷（毫克/升）	≤	0.2
	铅（毫克/升）	≤	0.1
	铬（六价，毫克/升）	≤	0.1
	镉（毫克/升）	≤	0.05
	总汞（毫克/升）	≤	0.01
	硝酸盐（以 N 计，毫克/升）	≤	30

资料来源：NY 5027—2001。

六、无公害食品牛肉质量考核指标

常用数据便查表6　无公害食品（牛肉）质量考核指标

序　号	项　　目	最高限量（毫克/千克）
1	砷（As）	≤0.5
2	汞（Hg）	≤0.05
3	铜（Cu）	≤10
4	铅（Pb）	≤0.1
5	铬（Cr）	≤1.0
6	镉（Cd）	≤0.1
7	氟（F）	≤2.0
8	亚硝酸盐（$NaNO_2$）	≤3.0
9	六六六	≤0.2
10	蝇毒磷	≤0.5
11	敌百虫	≤0.1
12	敌敌畏	≤0.05
13	盐酸克伦特罗	≤、不得检出（检出线0.01）
14	氯霉素	≤、不得检出（检出线0.01）
15	恩诺沙星	肌肉≤0.1、肝≤0.3、肾≤0.2
16	庆大霉素	肌肉≤0.1、肝≤0.2、肾≤1.0、脂肪≤0.1
17	土霉素	肌肉≤0.1、肝≤0.3、肾≤0.6、脂肪≤0.1
18	四环素	肌肉≤0.1、肝≤0.3、肾≤0.6
19	青霉素	肌肉≤0.05、肝≤0.05、肾≤0.05
20	链霉素	肌肉≤0.5、肝≤0.5、肾≤1.0、脂肪≤0.5
21	泰乐菌素	肌肉≤0.1、肝≤0.1、肾≤1.0
22	氯羟吡啶	肌肉≤0.2、肝≤3.0、肾≤1.5
23	磺胺类	≤0.1
24	乙烯雌酚	≤、不得检出（检出线0.05）

资料来源：无公害食品考核指标。

七、肉牛胸围（厘米）和体重（千克）的关系便查表

常用数据便查表7　肉牛胸围（厘米）和体重（千克）的关系便查表

胸围	体重	胸围	体重	胸围	体重	胸围	体重	胸围	体重
66	36	90	68	114	133	138	222	162	342
68	38	92	72	116	139	140	231	164	355
70	39	94	76	118	145	142	239	166	367
72	41	96	79	120	151	144	248	168	380
74	43	98	84	122	161	146	257	170	396
76	46	100	89	124	170	148	266	172	412
78	49	102	94	126	176	150	275	174	424
80	52	104	99	128	181	152	289	176	436
82	55	106	105	130	187	154	300	178	448
84	58	108	111	132	197	156	310	180	462
86	61	110	117	134	205	158	321	182	476
88	64	112	125	136	214	160	332	184	490

资料来源：蒋洪茂，《肉牛高效育肥饲养与管理技术》，2003。

八、饲料、饲料添加剂卫生指标

常用数据便查表8　饲料、饲料添加剂卫生指标

序号	卫生指标项目	产品名称	指　标	测定方法	备注
1	砷（以总砷计）的允许量（毫克/千克产品）	石粉	≤2.0	GB/T13079	不包括国家主管部门批准使用的有机砷制剂中的砷含量
		硫酸亚铁	≤2.0		
		硫酸镁	≤2.0		
		磷酸盐	≤20.0		
		硫酸锰	≤5.0		
		硫酸铜	≤5.0		
		沸石粉	≤10.0		
		膨润土	≤10.0		
		硫酸锌	≤5.0		以在配合饲料中20%的添加量计
		碘化钾	≤5.0		
		碘酸钙	≤5.0		
		氯化钴	≤5.0		
		氧化锌	≤10.0		
		鱼粉	≤10.0		

（续）

序号	卫生指标项目	产品名称	指　标	测定方法	备注
2	铅（以 Pb 计）的允许量（毫克/千克产品）	精饲料 石粉 鱼粉 磷酸盐 骨粉	≤8.0 ≤10.0 ≤10.0 ≤30.0 ≤10.0	GB/T13080	以在配合饲料中 20% 的添加量计
3	汞（以 Hg 计）的允许量（毫克/千克产品）	石粉	≤0.1 ≤0.5	GB/T13081	
4	镉（以 Cd 计）的允许量（毫克/千克产品）	米糠 鱼粉 石粉	≤1.0 ≤2.0 ≤0.75	GB/T13082	
5	铬（以 Cr 计）的允许量（毫克/千克产品）	皮革蛋白粉	≤200 ≤	GB/T13088	
6	氟（以 F 计）的允许量（毫克/千克产品）	鱼粉 石粉 精料补充料 骨粉 磷酸盐	≤500 ≤2 000 ≤50 ≤1 800 ≤1 800	GB/T13083 HG2636	
7	氰化物(以 HCN 计)的允许量(毫克/千克产品)	木薯干 胡麻饼 胡麻粕	≤100 ≤350 ≤350	GB/T13084	
8	亚硝酸盐(以 $NaNO_2$ 计)的允许量(毫克/千克产品)	鱼粉 配合饲料	≤60 ≤15	GB/T13085	
9	六六六的允许量（毫克/千克产品）	米糠 小麦麸 大豆饼 大豆粕 鱼粉	≤0.05 ≤0.05 ≤0.05 ≤0.05 ≤0.05	GB/T13090	

（续）

序号	卫生指标项目	产品名称	指　标	测定方法	备注
10	滴滴涕的允许量（毫克/千克产品）	米糠	⩽0.02	GB/T13090	
		小麦麸	⩽0.02		
		大豆饼	⩽0.02		
		大豆粕	⩽0.02		
		鱼粉	⩽0.02		
11	游离棉酚的允许量（毫克/千克产品）	棉籽饼	⩽1 200	GB/T13086	
		棉籽粕	⩽1 200		
		配合饲料	⩽60		
12	异硫氰酸酯的允许量（毫克/千克产品）	菜籽饼	⩽4 000	GB/T13087	以丙烯基异硫氰酸酯计
		菜籽粕	⩽4 000		
		配合饲料	⩽500		
13	霉菌的允许量（每克产品中），霉菌数×10^3个	玉米	<40		
		小麦麸	<40		
		米糠	<40		
		豆饼	<50		
		豆粕	<50		
		棉籽饼	<50		
		棉籽粕	<50		
		菜籽饼	<50		
		菜籽粕	<50		
		鱼粉	<20		
		精料补充料	<45		
14	黄曲霉毒素 B_1 允许量（每千克产品中），微克	玉米	⩽50	GB/T17480 或 GB/T8381	
		花生饼	⩽50		
		花生粕	⩽50		
		豆粕	⩽30		
		棉籽饼	⩽50		
		棉籽粕	⩽50		
		菜籽饼	⩽50		
		菜籽粕	⩽50		
		精料补充料	⩽50		
15	沙门氏菌	饲料	不得检出	GB/T13091	

资料来源：GB/T 13078—2000。

九、青贮饲料添加剂种类

常用数据便查表9　青贮饲料添加剂种类

类别	名　称	特　　点	添加量（青贮料量1%）
有机酸	甲酸	挥发性质，酸化，抑制梭状芽孢杆菌生长	0.5
	丙酸	较甲酸酸化力弱，抑制霉菌	0.5
	丙烯酸	较甲酸酸化力弱，抑制梭状杆菌和霉菌	0.5～1.0
	甲丙酸混合液	30%：70%	0.5
无机酸	硫酸	非挥发性；酸化	按说明书添加
	磷酸	酸化	
防腐剂	甲醛 甲酸钠 硝酸钠	挥发性，抑制细菌生长，减少蛋白质的分解	按说明书添加
盐类	甲酸盐 丙酸盐	比甲酸酸化力弱 比丙酸酸化力弱	按说明书添加
糖类	糖蜜	刺激发酵	3%～10%
微生物接种物	乳酸杆菌 其他乳酸菌	刺激乳酸菌生长	按接种物说明添加
酶类	纤维分解酶 半纤维分解酶	分解纤维，细胞壁发酵，释放糖分	按酶类说明添加
非蛋白氮	尿素缩二脲 胺盐	补充蛋白质，提高青贮饲料粗蛋白质含量	0.5
水分调节物	干甜菜渣 粉碎谷物类 粉碎秸秆	调节青贮原料含水量（65%～75%） 防止青贮汁液流失 促进发酵	视原料含水量而定

资料来源：蒋洪茂，《肉牛高效育肥饲养与管理技术》，2003。

十、青贮饲料折成不同含水量饲料换算

常用数据便查表 10　青贮饲料折成不同含水量饲料换算

自然状态饲料含水量%	折成含水量12%的倍数	折成含水量13%的倍数	折成含水量14%的倍数	折成含水量15%的倍数	折成含水量16%的倍数
90	8.800 0	8.700 0	8.600 0	8.500 0	8.400 0
85	5.866 7	5.800 0	5.733 3	5.666 7	5.600 0
80	4.400 0	4.350 0	4.300 0	4.250 0	4.200 0
79	4.190 5	4.142 9	4.095 2	4.047 6	4.000 0
78	4.000 0	3.954 5	3.909 1	3.863 6	3.818 2
77	3.826 1	3.782 6	3.739 1	3.695 7	3.652 2
76	3.666 7	3.625 0	3.583 3	3.541 7	3.500 0
75	3.520 0	3.480 0	3.440 0	3.400 0	3.360 0
74	3.384 6	3.346 2	3.307 7	3.269 3	3.230 7
73	3.259 3	3.222 2	3.185 2	3.148 1	3.111 1
72	3.142 9	3.107 1	3.071 4	3.035 7	3.000 0
71	3.034 5	3.000 0	2.965 5	2.931 0	2.896 6
70	2.933 3	2.900 0	2.866 7	2.833 3	2.800 0
69	2.838 7	2.806 5	2.774 2	2.741 9	2.709 7
68	2.750 0	2.718 8	2.687 5	2.656 3	2.625 0
67	2.666 7	2.636 4	2.606 1	2.575 8	2.545 5
66	2.588 2	2.558 8	2.529 4	2.500 0	2.470 6
65	2.514 3	2.485 7	2.457 1	2.428 6	2.400 0
64	2.444 4	2.416 7	2.388 9	2.361 1	2.333 3
63	2.378 4	2.351 4	2.324 3	2.297 3	2.270 2
62	2.315 8	2.289 5	2.263 2	2.236 8	2.210 5
61	2.256 4	2.230 8	2.205 1	2.179 5	2.153 8
60	2.200 0	2.175 0	2.150 0	2.125 0	2.100 0
55	1.955 6	1.933 3	1.911 1	1.888 9	1.866 7
50	1.760 0	1.740 0	1.720 0	1.700 0	1.680 0
45	1.600 0	1.581 8	1.563 6	1.545 5	1.527 3
40	1.466 7	1.450 0	1.433 3	1.416 7	1.400 0
35	1.353 8	1.338 5	1.323 1	1.307 7	1.292 3
30	1.257 1	1.242 9	1.228 6	1.214 3	1.200 0
25	1.173 3	1.160 0	1.146 7	1.133 3	1.120 0
20	1.100 0	1.087 5	1.075 0	1.062 5	1.050 0

资料来源：蒋洪茂，《肉牛高效育肥饲养与管理技术》，2003。

十一、生长育肥肉牛营养需要（每天每头的养分、NRC标准）

常用数据便查表11　生长育肥肉牛营养需要（每天每头的养分）

体重（千克）	日增重（克）	干物质进食量（千克/头、日、最少）	日粮中粗饲料比例（%）	蛋白质总量（千克）	维持需要（兆焦）	增重需要（兆焦）	总养分（千克）	钙（克）	磷（克）	维生素A（1×1 000国际单位）
100	0	2.1	100	0.18	10.17	0	1.20	4	4	5
	500	2.9	75～80	0.36	10.17	3.72	1.82	14	11	6
	700	2.7	55	0.41	10.17	5.31	2.00	19	13	6
	900	2.8	27	0.45	10.17	7.03	2.09	24	16	7
	1 100	2.7	15	0.50	10.17	8.79	2.32	28	19	7
150	0	2.8	100	0.23	13.81	0	1.60	5	5	6
	500	4.0	75	0.45	13.81	5.02	2.50	14	12	9
	700	3.9	55	0.50	13.81	7.24	2.72	18	14	9
	900	3.8	27	0.55	13.81	9.50	3.00	28	17	9
	1 100	3.7	15	0.59	13.81	11.88	3.09	28	20	9
200	0	3.5	100	0.30	17.15	0	1.90	6	6	8
	500	5.8	85	0.59	17.15	6.23	3.41	14	13	12
	700	5.7	75	0.59	17.15	8.95	3.59	18	16	13
	900	4.9	40	0.59	17.15	11.80	3.72	23	18	13
	1 100	4.6	15	0.64	17.15	14.73	3.90	27	20	13
250	0	4.4	100	0.35	20.25	0	2.30	8	8	9
	700	5.8	60	0.64	20.25	10.59	4.00	18	16	14
	900	6.2	47	0.68	20.25	13.93	4.50	22	19	14
	1 100	6.0	22	0.73	20.25	17.45	4.72	26	21	14
	1 300	6.0	15	0.77	20.25	21.09	5.22	30	23	14
300	0	4.7	100	0.40	23.22	0	2.60	9	9	10
	900	8.1	60	0.82	23.22	15.98	5.40	22	19	16
	1 100	7.6	22	0.82	23.22	20.00	5.58	25	22	16
	1 300	7.1	15	0.82	23.22	24.14	6.00	29	23	16
	1 400	7.3	15	0.86	23.22	26.32	6.22	31	25	16

（续）

体重（千克）	日增重（克）	干物质进食量（千克/头、日、最少）	日粮中粗饲料比例（%）	蛋白质总量（千克）	维持需要（兆焦）	增重需要（兆焦）	总养分（千克）	钙（克）	磷（克）	维生素A（1×1 000国际单位）
350	0	5.3	100	0.46	26.11	0	2.90	10	10	12
	900	8.0	45～55	0.80	26.11	17.95	5.81	20	18	18
	1 100	8.0	20～25	0.83	26.11	22.43	6.22	23	20	18
	1 300	8.0	15	0.87	26.11	27.11	6.81	26	22	18
	1 400	8.2	15	0.90	26.11	29.54	7.00	28	24	18
400	0	5.9	100	0.51	28.83	0	3.30	11	11	13
	1 000	9.4	55	0.86	28.83	22.31	6.81	21	20	19
	1 200	8.5	20～25	0.86	28.83	27.36	7.00	23	21	19
	1 300	8.6	15	0.91	28.83	29.96	7.31	25	23	19
	1 400	9.0	15	0.95	28.83	32.64	7.72	26	23	19
450	0	6.4	100	0.54	31.46	0	3.60	12	12	14
	1 000	10.3	55	0.95	31.46	24.35	7.40	20	20	20
	1 200	10.2	20～25	0.95	31.46	29.87	7.90	23	22	20
	1 300	9.3	15	0.95	31.46	32.76	8.00	24	23	20
	1 400	9.8	15	0.95	31.46	35.65	8.40	25	23	20
500	0	7.0	100	0.60	34.06	0	3.80	19	19	15
	900	10.5	55	0.95	34.06	23.43	7.50	19	19	23
	1 100	10.4	20～25	0.95	34.06	29.33	8.10	20	20	23
	1 200	9.6	15	0.95	34.06	32.34	8.20	21	21	23
	1 300	10.0	15	0.95	34.06	35.44	8.70	22	22	23

资料来源：蒋洪茂，《肉牛高效育肥饲养与管理技术》，2003。

十二、生长育肥肉牛营养需要（日粮干物质中的养分含量、NRC标准）

常用数据便查表12　生长育肥肉牛营养需要（日粮干物质中的养分含量）

体重（千克）	日增重（克）	干物质进食量（千克/头、日、最少）	日粮中粗饲料比例（%）	蛋白质总量（%）	维持需要（兆焦/千克）	增重需要（兆焦/千克）	总养分（%）	钙（%）	磷（%）
100	0	2.1	100	8.7	4.90	0	55	0.18	0.18
	500	2.9	70～80	12.4	5.65	3.14	62	0.48	0.38
	700	2.7	55	14.8	6.69	4.18	70	0.70	0.48
	900	2.8	25～30	16.4	7.57	4.94	77	0.86	0.57
	1 100	2.7	<15	18.2	8.66	5.73	86	1.04	0.70
150	0	2.8	100	8.7	4.90	0	55	0.18	0.18
	500	4.0	70～80	11.0	5.65	3.14	62	0.35	0.32
	700	3.9	55	12.6	6.69	4.18	70	0.46	0.36
	900	3.8	25～35	14.1	7.57	4.94	77	0.61	0.45
	1 100	3.7	<15	15.6	8.66	5.73	86	0.76	0.54
200	0	3.5	100	8.5	4.90	0	55	0.18	0.18
	500	5.8	80～90	9.9	5.23	2.51	58	0.24	0.22
	700	5.7	70～80	10.8	5.86	3.26	64	0.32	0.28
	900	4.9	34～45	12.3	7.11	4.60	75	0.47	0.37
	1 100	4.6	<15	13.6	8.66	5.73	86	0.59	0.43
250	0	4.1	100	8.5	4.90	0	55	0.18	0.18
	700	5.8	55～65	10.7	6.53	3.97	70	0.31	0.28
	900	6.2	45	11.1	6.86	4.27	72	0.35	0.31
	1 100	6.0	20～25	12.1	7.57	4.94	77	0.43	0.35
	1 300	6.0	<15	12.7	8.66	5.73	86	0.50	0.38
300	0	4.7	100	8.6	4.90	0	55	0.18	0.18
	900	8.1	55～65	10.0	6.53	3.97	70	0.27	0.23
	1 100	7.6	20～25	10.8	7.57	4.94	77	0.33	0.29
	1 300	7.1	<15	11.7	8.28	5.48	83	0.41	0.32
	1 400	7.3	<15	11.9	8.66	5.73	86	0.42	0.34

（续）

体重（千克）	日增重（克）	干物质进食量（千克/头、日、最少）	日粮中粗饲料比例（%）	蛋白质总量（%）	维持需要（兆焦/千克）	增重需要（兆焦/千克）	总养分（%）	钙（%）	磷（%）
350	0	5.3	100	8.5	4.90	0	55	0.18	0.18
	900	8.0	45～55	10.0	6.86	4.27	72	0.25	0.22
	1 100	8.0	20～25	10.4	7.57	4.94	80	0.29	0.25
	1 300	8.0	<15	10.8	8.28	5.48	83	0.32	0.28
	1 400	8.2	<15	10.9	8.66	5.73	86	0.34	0.29
400	0	5.9	100	8.5	4.90	0	55	0.18	0.18
	1 000	9.4	45～55	9.4	6.86	4.27	72	0.22	0.21
	1 200	8.5	20～25	10.2	7.57	4.94	80	0.27	0.25
	1 300	8.6	<15	10.4	8.66	5.73	86	0.29	0.26
	1 400	9.0	<15	10.5	8.66	5.73	86	0.29	0.26
450	0	6.4	100	8.5	4.90	0	55	0.18	0.18
	1 000	10.3	45～55	9.3	6.86	4.27	72	0.19	0.19
	1 200	10.2	20～25	9.5	7.57	4.94	80	0.23	0.22
	1 300	9.3	<15	10.4	8.66	5.73	86	0.26	0.25
	1 400	9.8	<15	10.0	8.66	5.73	86	0.26	0.23
500	0	7.0	100	8.5	4.90	0	55	0.18	0.18
	900	10.5	45～55	9.1	6.86	4.27	72	0.18	0.18
	1 100	10.4	20～25	9.2	7.57	4.94	80	0.19	0.19
	1 200	9.6	<15	10.0	8.66	5.73	86	0.22	0.22
	1 300	10.0	<15	9.7	8.66	5.73	86	0.22	0.22

资料来源：蒋洪茂，《肉牛高效育肥饲养与管理技术》，2003。

十三、生长育肥肉牛的净能需要量（每头日兆焦、NRC标准）

常用数据便查表13 生长育肥肉牛的净能需要量（每头日兆焦）

体重（千克）	100	150	200	250	300	350	400	450	500
维持需要（兆焦）	10.17	13.81	17.15	20.25	23.22	26.11	28.83	31.46	34.06
日增重（克）	增重需要（兆焦）								
100	0.71	0.96	1.17	1.42	1.63	1.80	2.01	2.18	2.34
200	1.42	1.92	2.38	2.85	3.26	3.68	4.06	4.44	4.77
300	2.18	2.93	3.64	4.31	4.94	5.56	6.15	6.74	7.28
400	2.93	3.97	4.94	5.86	6.69	7.53	8.33	9.08	9.79
500	3.72	5.02	6.23	7.41	8.45	9.50	10.50	11.46	12.43
600	4.52	6.11	7.57	9.00	10.29	11.55	12.76	13.93	15.06
700	5.31	7.24	8.95	10.59	12.13	13.64	15.06	16.44	17.78
800	6.15	8.37	10.33	12.26	14.06	15.77	17.45	19.04	20.59
900	7.03	9.50	11.80	13.93	15.98	17.95	19.83	21.67	23.43
1 000	7.87	10.67	13.22	15.69	17.95	20.17	22.31	24.35	26.32
1 100	8.79	11.88	14.73	17.45	20.00	22.43	24.81	27.07	29.33
1 200	9.67	13.10	16.23	19.25	22.05	24.77	27.36	29.87	32.34
1 300	10.59	14.35	17.82	21.09	24.14	27.11	29.96	32.76	35.44
1 400	11.55	15.65	19.37	22.97	26.32	29.54	32.64	35.65	38.58
1 500	12.51	16.95	21.00	24.89	28.49	32.01	35.40	38.62	41.76

资料来源：蒋洪茂，《肉牛高效育肥饲养与管理技术》，2003。

十四、生长肥育牛的营养需要（肉牛能量单位、综合净能）

常用数据便查表 14　生长肥育牛的营养需要（肉牛能量单位、综合净能）

体重（千克）	日增重（千克）	干物质（千克）	肉牛能量单位（RND）	综合净能（兆焦）	粗蛋白质（克）	钙（克）	磷（克）
150	0	2.66	1.46	11.76	236	5	5
	0.3	3.29	1.87	15.10	377	14	8
	0.4	3.49	1.97	15.90	421	17	9
	0.5	3.70	2.07	16.74	465	19	10
	0.6	3.91	2.19	17.66	507	22	11
	0.7	4.12	2.30	18.58	548	25	12
	0.8	4.33	2.45	19.75	589	28	13
	0.9	4.54	2.61	21.05	627	31	14
	1.0	4.75	2.80	22.64	665	34	15
	1.1	4.95	3.02	20.35	704	37	16
	1.2	5.16	3.25	26.28	739	40	16
175	0	2.98	1.63	13.18	265	6	6
	0.3	3.63	2.09	16.90	403	14	9
	0.4	3.85	2.20	17.78	447	17	9
	0.5	4.07	2.32	18.70	489	20	10
	0.6	4.29	2.44	19.71	530	23	11
	0.7	4.51	2.57	20.75	571	26	12
	0.8	4.72	2.79	22.05	609	28	13
	0.9	4.94	2.91	23.47	650	31	14
	1.0	5.16	3.12	25.23	686	34	15
	1.1	5.38	3.37	27.20	724	37	16
	1.2	5.59	3.63	29.29	759	40	17
200	0	3.30	1.80	14.56	293	7	7
	0.3	3.98	2.32	18.70	428	15	9
	0.4	4.21	2.43	19.62	472	17	10
	0.5	4.44	2.56	20.67	514	20	11
	0.6	4.66	2.69	21.76	555	23	12
	0.7	4.89	2.83	22.47	593	26	13

（续）

体重（千克）	日增重（千克）	干物质（千克）	肉牛能量单位（RND）	综合净能（兆焦）	粗蛋白质（克）	钙（克）	磷（克）
200	0.8	5.12	3.01	24.31	631	29	14
	0.9	5.34	3.21	25.90	669	31	15
	1.0	5.57	3.45	27.82	708	34	16
	1.1	5.80	3.71	29.96	743	37	17
	1.2	6.03	4.00	32.30	778	40	17
225	0	3.60	1.87	15.10	320	7	7
	0.3	4.31	2.56	20.71	452	15	10
	0.4	4.56	2.69	21.76	494	18	11
	0.5	4.78	2.83	22.89	535	20	12
	0.6	5.02	2.98	24.10	576	23	13
	0.7	5.26	3.14	25.36	614	26	14
	0.8	5.49	3.33	26.90	652	29	14
	0.9	5.73	3.55	28.66	691	31	15
	1.0	5.96	3.81	30.79	726	34	16
	1.1	6.20	4.10	33.10	761	37	17
	1.2	6.44	4.42	35.69	796	39	18
250	0	3.90	2.20	17.78	346	8	8
	0.3	4.64	2.81	22.72	475	16	11
	0.4	4.88	2.95	23.85	517	18	12
	0.5	5.13	3.11	25.10	558	21	12
	0.6	5.37	3.27	26.44	599	23	13
	0.7	5.62	3.45	27.82	637	26	14
	0.8	5.87	3.65	29.50	672	29	15
	0.9	6.11	3.89	31.38	711	31	16
	1.0	6.36	4.18	33.72	746	34	17
	1.1	6.60	4.49	36.28	781	36	18
	1.2	6.85	4.84	39.08	814	39	18
275	0	4.19	2.40	19.37	372	9	9
	0.3	4.96	3.07	24.77	501	16	12
	0.4	5.21	3.22	25.98	543	19	13
	0.5	5.47	3.39	27.36	581	21	13
	0.6	5.72	3.57	28.79	619	24	11
	0.7	5.98	3.75	30.29	657	26	15
	0.8	6.23	3.98	32.13	696	29	16

（续）

体重（千克）	日增重（千克）	干物质（千克）	肉牛能量单位（RND）	综合净能（兆焦）	粗蛋白质（克）	钙（克）	磷（克）
275	0.9	6.49	4.23	34.18	731	31	16
	1.0	6.74	4.55	36.74	766	34	17
	1.1	7.00	4.89	39.50	798	36	18
	1.2	7.25	5.60	42.51	834	39	19
300	0	4.47	2.60	21.00	397	10	10
	0.3	5.26	3.32	26.78	523	17	12
	0.4	5.53	3.48	28.12	565	19	13
	0.5	5.79	3.66	29.58	603	21	14
	0.6	6.06	3.86	31.13	641	24	15
	0.7	6.32	4.06	32.76	679	26	15
	0.8	6.58	4.31	34.77	715	29	16
	0.9	6.85	4.58	36.99	750	31	17
	1.0	7.11	4.92	39.71	785	34	18
	1.1	7.38	5.29	42.68	818	36	19
	1.2	7.64	5.69	45.98	850	38	19
325	0	4.75	2.78	22.43	421	11	11
	0.3	5.57	3.54	28.58	547	17	13
	0.4	5.84	3.72	30.04	586	19	14
	0.5	6.12	3.91	31.59	624	22	14
	0.6	6.39	4.12	33.26	662	24	15
	0.7	6.66	4.36	35.02	700	26	16
	0.8	6.94	4.60	37.15	736	29	17
	0.9	7.21	4.90	39.54	771	31	18
	1.0	7.49	5.25	42.43	803	33	18
	1.1	7.76	5.65	45.61	839	36	19
	1.2	8.03	6.08	49.12	868	38	20
350	0	5.02	2.95	23.85	445	12	12
	0.3	5.87	3.76	30.38	569	18	14
	0.4	6.15	3.95	31.92	607	20	14
	0.5	6.43	4.16	33.60	645	22	15
	0.6	6.72	4.38	35.40	683	24	16
	0.7	7.00	4.61	37.24	719	27	17
	0.8	7.28	4.89	39.50	757	29	17
	0.9	7.57	5.21	42.05	789	31	18

（续）

体重（千克）	日增重（千克）	干物质（千克）	肉牛能量单位（RND）	综合净能（兆焦）	粗蛋白质（克）	钙（克）	磷（克）
350	1.0	7.85	5.59	45.15	824	33	19
	1.1	8.13	6.01	48.53	857	36	20
	1.2	8.41	6.47	52.26	889	38	20
375	0	5.28	3.13	25.27	469	12	12
	0.3	6.16	3.99	32.22	593	18	14
	0.4	6.45	4.19	33.85	631	20	15
	0.5	6.74	4.41	35.61	669	22	16
	0.6	7.03	4.65	37.53	704	25	17
	0.7	7.32	4.89	39.50	743	27	17
	0.8	7.62	5.19	41.88	778	29	18
	0.9	7.91	5.52	44.60	810	31	19
	1.0	8.20	5.93	47.87	845	33	19
	1.1	8.49	6.26	50.54	878	35	20
	1.2	8.79	6.75	54.48	907	38	20
400	0	5.55	3.31	26.74	492	13	13
	0.3	6.45	4.22	34.06	613	19	15
	0.4	6.76	4.43	35.77	651	21	16
	0.5	7.06	4.66	37.66	689	23	17
	0.6	7.36	4.91	39.66	727	25	17
	0.7	7.66	5.17	41.76	763	27	18
	0.8	7.96	5.49	44.31	798	29	19
	0.9	8.26	5.64	47.15	830	31	19
	1.0	8.56	6.27	50.63	866	33	20
	1.1	8.87	6.74	54.43	895	35	21
	1.2	9.17	7.26	58.66	927	37	21
425	0	5.80	3.48	28.08	515	14	14
	0.3	6.73	4.43	35.77	636	19	16
	0.4	7.04	4.65	37.57	674	21	17
	0.5	7.35	4.90	39.54	712	23	17
	0.6	7.66	5.16	41.67	747	25	18
	0.7	7.97	5.44	43.89	783	27	18
	0.8	8.29	5.77	46.57	818	29	19
	0.9	8.60	6.14	49.58	850	31	20
	1.0	8.91	6.59	53.22	886	33	20

（续）

体重（千克）	日增重（千克）	干物质（千克）	肉牛能量单位（RND）	综合净能（兆焦）	粗蛋白质（克）	钙（克）	磷（克）
425	1.1	9.22	7.09	57.24	918	35	21
	1.2	9.53	7.64	61.67	947	37	22
450	0	6.06	3.63	29.33	538	15	15
	0.3	7.02	4.63	37.41	659	20	17
	0.4	7.34	4.87	39.33	697	21	17
	0.5	7.66	5.12	41.38	732	23	18
	0.6	7.98	5.40	43.60	770	25	19
	0.7	8.30	5.69	45.94	806	27	19
	0.8	8.62	6.03	48.74	841	29	20
	0.9	8.94	6.43	51.92	873	31	20
	1.0	9.26	6.90	55.77	906	33	21
	1.1	9.58	7.42	59.96	938	35	22
	1.2	9.90	8.00	64.60	967	37	22
475	0	6.31	3.79	30.63	560	16	16
	0.3	7.30	4.84	39.08	681	20	17
	0.4	7.63	5.09	41.09	719	22	18
	0.5	7.96	5.35	43.26	754	24	19
	0.6	8.29	5.64	45.61	789	25	19
	0.7	8.61	5.94	48.03	825	27	20
	0.8	8.94	6.31	51.00	860	29	20
	0.9	9.27	6.72	54.31	892	31	21
	1.0	9.60	7.22	58.32	928	33	21
	1.1	9.93	7.77	62.76	957	35	22
	1.2	10.26	8.37	67.61	989	36	23
500	0	6.56	3.95	31.92	582	16	16
	0.3	7.58	5.04	40.71	700	21	18
	0.4	7.91	5.30	42.84	738	22	19
	0.5	8.25	5.58	45.10	776	24	19
	0.6	8.59	5.88	47.53	811	26	20
	0.7	8.93	6.20	50.08	847	27	20
	0.8	9.27	6.58	53.18	882	29	21
	0.9	9.61	7.01	56.65	912	31	21
	1.0	9.94	7.53	60.88	947	33	22
	1.1	10.28	8.10	65.48	979	34	23
	1.2	10.62	8.73	70.54	1 011	36	23

资料来源：肉牛营养需要和饲养标准。

十五、生长母牛的营养需要（肉牛能量单位、综合净能）

常用数据便查表 15　生长母牛的营养需要（肉牛能量单位、综合净能）

体重（千克）	日增重（千克）	干物质（千克）	肉牛能量单位（RND）	综合净能（兆焦）	粗蛋白质（克）	钙（克）	磷（克）
150	0	2.66	1.46	11.76	236	5	5
	0.3	3.29	1.90	15.31	377	13	6
	0.4	3.49	2.00	16.15	421	16	9
	0.5	3.70	2.11	17.07	465	19	10
	0.6	3.91	2.24	18.07	507	22	11
	0.7	4.12	2.36	19.08	548	25	11
	0.8	4.33	2.52	20.33	589	28	12
	0.9	4.54	2.69	21.76	627	31	13
	1.0	4.75	2.91	23.47	665	34	14
175	0	2.98	1.63	13.18	265	6	6
	0.3	3.63	2.12	17.15	403	14	8
	0.4	3.85	2.24	18.07	447	17	9
	0.5	4.07	2.37	19.12	489	19	10
	0.6	4.29	2.50	20.21	530	22	11
	0.7	4.51	2.64	21.34	571	25	12
	0.8	4.72	2.81	22.72	609	28	13
	0.9	4.94	3.01	24.31	650	30	14
	1.0	5.15	3.24	26.19	686	33	15
200	0	3.30	1.80	14.56	293	7	7
	0.3	3.98	2.34	18.92	428	14	9
	0.4	4.21	2.47	19.46	472	17	10
	0.5	4.44	2.61	21.09	514	20	11
	0.6	4.66	2.76	22.30	555	22	12
	0.7	4.89	2.92	23.43	593	25	13
	0.8	5.12	3.10	25.06	631	28	14
	0.9	5.34	3.32	26.78	669	30	14
	1.0	5.57	3.58	28.87	708	33	15

（续）

体重（千克）	日增重（千克）	干物质（千克）	肉牛能量单位（RND）	综合净能（兆焦）	粗蛋白质（克）	钙（克）	磷（克）
225	0	3.60	1.87	15.10	320	7	7
	0.3	4.31	2.60	20.71	452	15	10
	0.4	4.55	2.74	21.76	494	17	11
	0.5	4.78	2.89	22.89	535	20	12
	0.6	5.02	3.06	24.10	576	23	12
	0.7	5.26	3.22	25.36	614	25	13
	0.8	5.49	3.44	26.90	652	28	14
	0.9	5.73	3.67	29.62	691	30	15
	1.0	5.96	3.95	31.92	726	33	16
250	0	3.90	2.20	17.78	346	8	8
	0.3	4.64	2.84	22.97	475	15	11
	0.4	4.88	3.00	24.23	517	18	11
	0.5	5.13	3.17	25.01	558	20	12
	0.6	5.37	3.35	27.03	599	23	13
	0.7	5.62	3.53	28.53	637	25	14
	0.8	5.87	3.76	30.38	672	28	15
	0.9	6.11	4.02	32.47	711	30	15
	1.0	6.36	4.33	34.98	746	33	17
275	0	4.19	2.40	19.37	372	9	9
	0.3	4.96	3.10	25.06	501	16	11
	0.4	5.21	3.27	26.40	543	18	12
	0.5	5.47	3.45	27.87	581	20	13
	0.6	5.72	3.65	29.46	619	23	14
	0.7	5.98	3.85	31.09	657	25	14
	0.8	6.23	4.10	33.10	696	28	15
	0.9	6.49	4.38	35.35	731	30	16
	1.0	6.74	4.72	38.07	766	32	17
300	0	4.47	2.60	21.00	397	10	10
	0.3	5.26	3.35	27.07	523	16	12
	0.4	5.53	3.54	28.58	565	18	13
	0.5	5.79	3.74	30.17	603	21	14
	0.6	6.06	3.95	31.88	641	23	14
	0.7	6.32	4.17	33.64	679	25	15
	0.8	6.58	4.44	35.82	715	28	16
	0.9	6.85	4.74	38.24	750	30	17
	1.0	7.11	5.10	41.17	785	32	17

（续）

体重（千克）	日增重（千克）	干物质（千克）	肉牛能量单位（RND）	综合净能（兆焦）	粗蛋白质（克）	钙（克）	磷（克）
325	0	4.75	2.78	22.43	421	11	11
	0.3	5.57	3.59	28.95	547	17	13
	0.4	5.84	3.78	30.54	586	19	14
	0.5	6.12	3.99	32.22	624	21	14
	0.6	6.39	4.22	34.06	662	23	15
	0.7	6.66	4.46	35.98	700	25	16
	0.8	6.94	4.74	38.28	736	28	16
	0.9	7.21	5.06	40.88	771	30	17
	1.0	7.49	5.45	44.02	803	32	18
350	0	5.02	2.95	23.85	445	12	12
	0.3	5.87	3.81	30.75	569	17	14
	0.4	6.15	4.02	32.47	607	19	14
	0.5	6.43	4.24	34.27	645	21	15
	0.6	6.72	4.49	36.23	683	23	16
	0.7	7.00	4.74	38.24	719	25	16
	0.8	7.28	5.04	40.71	757	28	17
	0.9	7.57	5.38	43.47	789	30	18
	1.0	7.85	5.80	46.82	824	32	18
375	0	5.28	3.13	25.27	469	12	12
	0.3	6.16	4.04	32.59	593	18	14
	0.4	6.45	4.26	34.39	631	20	15
	0.5	6.74	4.50	36.32	669	22	16
	0.6	7.03	4.76	38.41	704	24	17
	0.7	7.32	5.03	40.58	743	26	17
	0.8	7.62	5.35	43.18	778	28	18
	0.9	7.91	5.71	46.11	810	30	19
	1.0	8.20	6.15	49.66	845	32	19
400	0	5.55	3.31	26.74	492	13	13
	0.3	6.45	4.26	34.43	613	18	15
	0.4	6.76	4.50	36.36	651	20	16
	0.5	7.06	4.76	38.41	689	22	16
	0.6	7.36	5.03	40.58	727	24	17
	0.7	7.66	5.31	42.89	763	26	17

(续)

体重（千克）	日增重（千克）	干物质（千克）	肉牛能量单位（RND）	综合净能（兆焦）	粗蛋白质（克）	钙（克）	磷（克）
400	0.8	7.96	5.65	45.65	798	28	18
	0.9	8.26	6.04	48.74	830	29	19
	1.0	8.56	6.50	52.51	866	31	19

资料来源：肉牛营养需要和饲养标准。

十六、妊娠期母牛的营养需要（肉牛能量单位、综合净能）

常用数据便查表 16　妊娠期母牛的营养需要（肉牛能量单位、综合净能）

体重（千克）	妊娠月份	干物质（千克）	肉牛能量单位（RND）	综合净能（兆焦）	粗蛋白质（克）	钙（克）	磷（克）
300	6	6.32	2.80	22.60	409	14	12
	7	6.43	3.11	25.12	477	16	12
	8	6.60	3.50	28.26	587	18	13
	9	6.77	3.97	32.05	735	20	13
350	6	6.86	3.12	25.19	449	16	13
	7	6.98	3.45	27.87	517	18	14
	8	7.15	3.87	31.24	627	20	15
	9	7.32	4.37	35.30	775	22	15
400	6	7.39	3.43	27.69	488	18	15
	7	7.51	3.78	30.56	556	20	16
	8	7.68	4.23	34.13	666	22	16
	9	7.84	4.76	38.47	814	24	17
450	6	7.90	3.73	30.12	526	20	17
	7	8.02	4.11	33.15	594	22	18
	8	8.19	4.58	36.99	704	24	18
	9	8.36	5.15	41.58	852	27	19
500	6	8.40	4.03	32.51	563	22	19
	7	8.52	4.42	35.72	631	24	19
	8	8.69	4.92	39.76	741	26	20
	9	8.86	5.53	44.62	889	29	21

（续）

体重（千克）	妊娠月份	干物质（千克）	肉牛能量单位（RND）	综合净能（兆焦）	粗蛋白质（克）	钙（克）	磷（克）
550	6	8.89	4.31	34.83	599	24	20
	7	9.00	4.73	38.23	667	26	21
	8	9.17	5.26	42.47	777	29	22
	9	9.34	5.90	47.61	925	31	23

资料来源：肉牛营养需要和饲养标准。

十七、哺乳母牛的营养需要（肉牛能量单位、综合净能）

常用数据便查表 17　哺乳母牛的营养需要（肉牛能量单位、综合净能）

体重（千克）	干物质（千克）	肉牛能量单位（RND）	综合净能（兆焦）	粗蛋白质（克）	钙（克）	磷（克）
300	4.74	2.36	19.04	332	10	10
350	5.02	2.65	21.38	372	12	12
400	5.55	2.93	23.64	411	13	13
450	6.06	3.20	25.82	449	15	15
500	6.56	3.46	27.91	486	16	16
550	7.04	3.72	30.04	522	18	18

资料来源：肉牛营养需要和饲养标准。

十八、哺乳母牛每千克泌乳的营养需要（肉牛能量单位、综合净能）

常用数据便查表 18　哺乳母牛每千克泌乳的营养需要
（肉牛能量单位、综合净能）

干物质（千克）	肉牛能量单位（RND）	综合净能（兆焦）	粗蛋白质（克）	钙（克）	磷（克）
0.45	0.32	2.57	85	2.46	1.12

资料来源：肉牛营养需要和饲养标准。

十九、哺乳母牛各哺乳月预计泌乳量（4%乳脂率）（肉牛能量单位、综合净能）

常用数据便查表 19　哺乳母牛各哺乳月预计泌乳量（4%乳脂率）（肉牛能量单位、综合净能）

泌乳量 \ 哺乳月	1	2	3	4	5	6
较好	10.00	9.10	8.20	7.30	6.40	5.50
平均	7.50	6.90	6.20	5.50	4.80	4.20
较差	5.00	4.60	4.10	3.70	3.20	2.80

资料来源：肉牛营养需要和饲养标准。

二十、育成母牛的营养需要量（NRC 标准）

常用数据便查表 20　育成母牛的营养需要量

体重（千克）	日增重（克）	干物质（千克）	粗蛋白（克）	维持净能（兆焦）	增重净能（兆焦）	钙（克）	磷（克）	胡萝卜素（毫克）
125	0	2.2	210	12.0	0	4	4	16.5
	0.6	3.2	460	12.0	6.23	19	9	19.5
	0.8	3.4	520	12.0	8.49	21	11	20.0
150	0	2.5	240	13.9	0	5	5	18.5
	0.6	4.1	480	13.9	6.9	20	10	22.0
	0.8	4.7	540	13.9	9.6	25	12	23.5
200	0	3.1	290	17.1	0	7	7	21.5
	0.6	4.9	520	17.1	8.6	20	11	26.5
	0.8	5.9	570	17.1	11.9	23	12	30.0
250	0	3.7	350	20.3	0	9	9	24.5
	0.6	5.7	560	20.3	10.2	19	12	31.5
	0.8	6.9	610	20.3	14.1	23	13	37.5
300	0	4.3	395	23.2	0	10	10	30.0
	0.4	5.9	550	23.2	7.4	16	12	34.5
	0.8	7.7	640	23.2	16.1	22	14	42.0

（续）

体重（千克）	日增重（克）	干物质（千克）	粗蛋白（克）	维持净能（兆焦）	增重净能（兆焦）	钙（克）	磷（克）	胡萝卜素（毫克）
350	0	4.8	450	26.1	0	11	11	30.5
	0.4	6.2	590	26.1	8.3	17	14	37.0
	0.6	7.8	640	26.1	13.1	19	14	43.5
400	0	5.4	490	28.8	0	12	12	33.0
	0.2	6.2	550	28.8	4.2	16	14	38.0
	0.4	8.0	630	28.8	9.2	17	15	46.0

资料来源：主要参考文献（资料）。

二十一、常用饲料成分与营养价值

常用数据便查表21　常用饲料成分与营养价值（肉牛能量单位、综合净能）

（一）青绿饲料类

饲料名称	样品说明	干物质（%）	蛋白质（%）	钙（%）	磷（%）	消化能（兆焦/千克）	综合净能（兆焦/千克）	肉牛能量单位（RND/千克）
大麦青割	北京，5月上旬	15.7 100.0	2.0 12.7	— —	— —	1.80 11.45	0.86 5.48	0.11 0.68
甘薯藤	11省市，15样品平均值	13.00 100.0	2.1 16.2	0.20 1.54	0.05 0.38	1.37 10.55	0.63 4.84	0.08 0.60
黑麦草	北京，意大利黑麦草	18.0 100.0	3.3 18.3	0.13 0.72	0.05 0.28	2.22 12.33	1.11 6.17	0.14 0.76
苜蓿	北京，盛花期	26.2 100.0	3.8 14.5	0.34 1.30	0.01 0.04	2.42 9.22	1.02 3.87	0.13 0.48
沙打旺	北京	14.9 100.0	3.5 23.5	0.20 1.34	0.05 0.34	1.75 11.76	0.85 5.68	0.10 0.70
象草	广东湛江	20.0 100.0	2.0 10.0	0.15 0.25	0.02 0.10	2.23 11.13	1.02 5.12	0.13 0.63
野青草	黑龙江	18.9 100.0	3.2 16.9	0.24 1.27	0.03 0.16	2.06 10.92	0.93 4.93	0.12 0.61

（续）

饲料名称	样品说明	干物质（%）	蛋白质（%）	钙（%）	磷（%）	消化能（兆焦/千克）	综合净能（兆焦/千克）	肉牛能量单位（RND/千克）
野青草	北京，狗尾草为主	25.3 100.0	1.7 6.7	— —	0.12 0.47	2.53 10.01	1.14 4.50	0.14 0.56
玉米青贮	4省市5样品平均值	22.7 100.0	1.6 7.0	0.10 0.44	0.06 0.26	2.25 9.90	1.00 4.40	0.12 0.54
玉米青贮	吉林双阳，收获后黄干贮	25.0 100.0	1.4 5.6	0.10 0.40	0.02 0.08	1.70 6.78	0.61 2.44	0.08 0.30
玉米大豆青贮	北京	21.8 100.0	2.1 9.6	0.15 0.69	0.06 0.28	2.20 10.09	1.05 4.82	0.13 0.60
冬大麦青贮	北京，7样品平均值	22.2 100.0	2.6 11.7	0.05 0.23	0.03 0.14	2.47 11.14	1.18 5.33	0.15 0.66
胡萝卜叶青贮	青海西宁，起苔	19.7 100.0	3.1 15.7	0.35 1.78	0.03 0.15	2.01 10.18	0.95 4.81	0.12 0.60
苜宿青贮	青海西宁，盛花期	33.7 100.0	5.3 15.7	0.50 1.48	0.10 0.30	3.13 9.29	1.32 3.93	0.16 0.49
甘薯蔓青贮	上海	18.3 100.0	1.7 9.3	— —	— —	1.53 8.38	0.64 3.52	0.08 0.44
甜菜叶青贮	吉林	37.5 100.0	4.6 12.3	0.39 1.04	0.10 0.27	4.26 11.36	2.14 5.69	0.26 0.70

（二）块根、块茎、瓜果类

饲料名称	样品说明	干物质（%）	蛋白质（%）	钙（%）	磷（%）	消化能（兆焦/千克）	综合净能（兆焦/千克）	肉牛能量单位（RND/千克）
甘薯	北京	24.6 100.0	1.1 4.5	— —	0.07 0.28	3.70 15.05	2.07 8.43	0.26 1.04
甘薯	7省市8样品平均值	25.0 100.0	1.0 4.0	0.13 0.52	0.05 0.20	3.83 15.31	2.14 8.55	0.26 1.06
胡萝卜	张家口	9.3 100.0	0.8 8.6	0.05 0.54	0.03 0.32	1.45 15.60	0.82 8.87	0.10 1.10
胡萝卜	12省市13样品平均值	12.0 100.0	1.1 9.2	0.15 1.25	0.09 0.75	1.85 15.44	1.05 8.73	0.13 1.08
马铃薯	10省市10样品平均值	22.0 100.0	1.6 7.5	0.02 0.09	0.03 0.14	3.29 14.97	1.82 8.28	0.23 1.02

（续）

饲料名称	样品说明	干物质（%）	蛋白质（%）	钙（%）	磷（%）	消化能（兆焦/千克）	综合净能（兆焦/千克）	肉牛能量单位（RND/千克）
甜菜	8 省市 9 样品平均值	15.0 100.0	2.0 13.3	0.06 0.40	0.04 0.27	1.94 12.93	1.01 6.71	0.12 0.83
甜菜丝干	北京	88.6 100.0	7.3 8.2	0.66 0.74	0.07 0.08	12.25 13.82	6.49 7.33	0.80 0.91
芜菁甘蓝	3 省市 5 样品平均值	10.0 100.0	1.0 10.0	0.06 0.60	0.02 0.20	1.58 15.80	0.91 9.05	0.11 1.12

（三）干草类

饲料名称	样品说明	干物质（%）	蛋白质（%）	钙（%）	磷（%）	消化能（兆焦/千克）	综合净能（兆焦/千克）	肉牛能量单位（RND/千克）
羊草	黑龙江，4 样品平均值	91.6 100.0	7.5 8.1	0.37 0.40	0.18 0.20	8.78 9.59	3.70 4.04	0.46 0.50
苜蓿干草	北京，苏联苜蓿 2 号	92.4 100.0	16.8 18.2	1.95 2.11	0.28 0.30	9.79 10.59	4.51 4.89	0.56 0.60
苜蓿干草	北京，下等	88.7 100.0	11.6 13.1	1.24 1.40	0.39 0.44	7.67 8.64	3.13 3.53	0.39 0.44
野干草	北京，秋白草	85.2 100.0	6.8 8.0	0.41 0.48	0.31 0.36	7.86 9.22	3.43 4.03	0.42 0.50
野干草	河北，野草	87.9 100.0	9.3 10.6	0.33 0.38	— —	8.42 9.58	3.54 4.03	0.44 0.50
黑麦草	吉林	87.8 100.0	17.0 19.4	0.39 0.44	0.24 0.27	10.42 11.86	5.00 5.70	0.62 0.71
碱草	内蒙古，结实期	91.7 100.0	7.4 8.1	— —	— —	6.54 7.13	2.37 2.58	0.29 0.32
大米草	江苏，整株	83.2 100.0	12.8 15.4	0.42 0.50	0.02 0.02	7.65 9.19	3.29 3.95	0.41 0.49

(四) 农副产品类

饲料名称	样品说明	干物质(%)	蛋白质(%)	钙(%)	磷(%)	消化能(兆焦/千克)	综合净能(兆焦/千克)	肉牛能量单位(RND/千克)
玉米秸	辽宁，3 样品平均值	90.0	5.9	—	—	5.83	2.53	0.31
		100.0	6.6	—	—	6.48	2.81	0.35
小麦秸	新疆，墨西哥种	89.6	5.6	0.05	0.06	5.32	1.96	0.24
		100.0	6.3	0.06	0.07	5.93	2.18	0.27
小麦秸	北京，冬小麦	43.5	4.4	—	—	2.54	0.91	0.11
		100.0	10.1	—	—	5.85	2.10	0.26
稻草	浙江，晚稻	89.4	2.5	0.07	0.05	4.84	1.92	0.24
		100.0	2.8	0.08	0.06	5.42	2.16	0.27
稻草	河南	90.3	6.2	0.56	0.17	4.64	1.79	0.22
		100.0	6.9	0.62	0.19	5.17	1.99	0.25
谷草	黑龙江，粟秸秆，2样品平均值	90.7	4.5	0.34	0.03	6.33	2.71	0.34
		100.0	5.0	0.37	0.03	6.98	2.99	0.37
甘薯蔓	7 省市 31 样品平均值	88.0	8.1	1.55	0.11	7.53	3.28	0.41
		100.0	9.2	1.76	0.13	8.69	3.78	0.47
花生蔓	山东，伏花生	91.3	11.0	2.46	0.04	9.48	4.31	0.53
		100.0	12.0	2.69	0.04	10.39	4.72	0.58

(五) 谷 实 类

饲料名称	样品说明	干物质(%)	蛋白质(%)	钙(%)	磷(%)	消化能(兆焦/千克)	综合净能(兆焦/千克)	肉牛能量单位(RND/千克)
玉米	23 省市 120 样品平均值	88.4	8.6	0.08	0.21	14.47	8.06	1.00
		100.0	8.7	0.09	0.24	16.36	9.12	1.13
玉米	北京，黄玉米	88.0	8.5	0.02	0.21	14.87	8.40	1.04
		100.0	9.7	0.02	0.21	16.90	9.55	1.18
高粱	17 省市 38 样品平均值	89.3	8.7	0.09	0.28	13.31	7.08	0.88
		100.0	9.7	0.10	0.31	14.90	7.90	0.98
高粱	北京，红高粱	87.0	8.5	0.09	0.36	13.09	6.98	0.86
		100.0	9.8	0.10	0.41	15.04	8.02	0.99
大麦	20 省市 49 样品平均值	88.8	10.8	0.12	0.29	13.31	7.19	0.89
		100.0	12.1	0.14	0.33	14.99	8.10	1.00
稻谷	9 省市 34 样品平均值	90.6	8.3	0.13	0.28	13.00	6.98	0.86
		100.0	9.2	0.14	0.31	14.35	7.71	0.95

（续）

饲料名称	样品说明	干物质（%）	蛋白质（%）	钙（%）	磷（%）	消化能（兆焦/千克）	综合净能（兆焦/千克）	肉牛能量单位（RND/千克）
燕麦	11 省市 17 样品平均值	90.3 100.0	11.6 12.8	0.15 0.17	0.33 0.37	13.28 14.70	6.96 7.70	0.86 0.95
小麦	15 省市 28 样品平均值	91.8 100.0	12.1 13.2	0.11 0.12	0.36 0.39	14.82 16.14	8.29 9.03	1.03 1.12

（六）糠 麸 类

饲料名称	样品说明	干物质（%）	蛋白质（%）	钙（%）	磷（%）	消化能（兆焦/千克）	综合净能（兆焦/千克）	肉牛能量单位（RND/千克）
小麦麸	全国 115 样品平均值	88.6 100.0	14.4 16.3	0.18 0.20	0.78 0.88	11.37 13.24	5.86 6.61	0.73 0.82
小麦麸	山东，39 样品平均值	89.3 100.0	15.0 16.8	0.14 0.16	0.54 0.60	11.47 12.84	5.66 6.33	0.70 0.78
玉米皮	北京	87.9 100.0	10.17 11.5	— —	— —	10.12 11.51	4.59 5.22	0.57 0.65
米糠	4 省市 13 样品平均值	90.2 100.0	12.1 13.4	0.14 0.16	1.04 1.15	13.93 15.44	7.22 8.00	0.89 0.99
高粱糠	2 省市 8 样品平均值	91.1 100.0	9.6 10.5	0.07 0.08	0.81 0.89	14.02 15.39	7.40 8.13	0.92 1.01
黄面粉	北京，土面粉	87.2 100.0	9.5 10.9	0.08 0.09	0.44 0.50	14.24 16.33	8.08 9.26	1.00 1.15
大豆皮	北京	91.0 100.0	18.8 20.7	— —	0.35 0.38	11.25 12.36	5.40 5.94	0.67 0.74

（七）饼 粕 类

饲料名称	样品说明	干物质（%）	蛋白质（%）	钙（%）	磷（%）	消化能（兆焦/千克）	综合净能（兆焦/千克）	肉牛能量单位（RND/千克）
豆饼	13 省，机榨，42 样品平均值	90.6 100.0	43.0 47.5	0.32 0.35	0.50 0.55	14.31 15.80	7.41 8.17	0.91 1.01
豆饼	四川，溶制法	89.0 100.0	45.8 51.2	0.32 0.36	0.67 0.75	13.48 15.15	6.97 7.83	0.86 0.97

（续）

饲料名称	样品说明	干物质（%）	蛋白质（%）	钙（%）	磷（%）	消化能（兆焦/千克）	综合净能（兆焦/千克）	肉牛能量单位（RND/千克）
菜籽饼	13省，机榨，21样品平均值	92.2	36.4	0.73	0.95	13.52	6.77	0.84
		100.0	39.5	0.79	1.03	14.66	7.35	0.91
胡麻饼	8省，机榨，11样品平均值	92.0	33.1	0.58	0.77	13.76	7.01	0.87
		100.0	36.0	0.63	0.84	14.95	7.62	0.94
花生饼	9省，机榨，34样品平均值	89.0	46.4	0.24	0.52	14.44	7.41	0.92
		100.0	51.6	0.27	0.58	16.06	8.24	1.02
棉籽饼	上海，去壳浸提，2样品平均值	88.3	39.4	0.23	2.01	12.05	5.95	0.74
		100.0	44.6	0.26	2.28	13.65	6.74	0.83
棉籽饼	4省市，去壳机榨6样品平均值	89.6	32.5	0.27	0.81	13.11	6.62	0.82
		100.0	36.3	0.30	0.90	14.63	7.39	0.92
向日葵饼	北京，去壳浸提	92.6	46.1	0.53	0.35	10.97	4.93	0.61
		100.0	49.8	0.57	0.38	11.84	5.32	0.66

（八）糟渣类

饲料名称	样品说明	干物质（%）	蛋白质（%）	钙（%）	磷（%）	消化能（兆焦/千克）	综合净能（兆焦/千克）	肉牛能量单位（RND/千克）
酒糟	吉林，高粱酒糟	37.7	9.3	—	—	5.83	3.03	0.38
		100.0	24.7	—	—	15.46	8.05	1.00
酒糟	贵州，玉米酒糟	21.0	4.0	—	—	2.69	1.25	0.15
		100.0	19.0	—	—	12.89	5.94	0.73
粉渣	玉米粉渣，6省7样品平均值	15.0	2.8	0.02	0.02	2.41	1.33	0.16
		100.0	12.0	0.13	0.13	16.1	8.86	1.10
粉渣	马铃薯粉渣，3省3样品平均值	15.0	1.0	0.06	0.04	1.90	0.94	0.12
		100.0	6.7	0.40	0.27	12.67	6.29	0.78
啤酒糟	2省3样品平均值	23.4	6.8	0.09	0.18	2.98	1.38	0.17
		100.0	29.1	0.38	0.77	12.27	5.91	0.73
甜菜渣	黑龙江	8.4	0.9	0.08	0.05	1.00	0.52	0.06
		100.0	10.7	0.95	0.60	22.92	6.17	0.76
豆腐渣	2省4样品平均值	11.0	3.3	0.05	0.03	1.77	0.93	0.12
		100.0	30.0	0.45	0.27	16.09	8.49	1.05
酱油渣	宁夏银川，豆饼3份，麸皮2份	24.3	7.1	0.11	0.03	3.62	1.73	0.21
		100.0	29.2	0.45	0.12	14.89	7.14	0.88

（九）矿物质饲料类

饲料名称	样品说明	干物质（%）	钙（%）	磷（%）
贝壳粉	浙江舟山	98.8	34.76	0.02
蛋壳粉	四川	—	37.00	0.15
骨粉	河南南阳	91.0	31.82	13.39
砺粉	北京	99.6	39.23	0.23
石粉	云南昆明	92.1	33.98	0
磷酸氢钙	四川	风干	23.20	18.60
碳酸钙	浙江湖州	99.1	35.19	0.14

资料来源：肉牛营养需要和饲养标准。

二十二、食品动物禁用的兽药及其他化合物清单

常用数据便查表 22　食品动物禁用的兽药及其他化合物清单表

序号	兽药及其他化合物名称	禁止用途	禁用动物
1	β-兴奋剂类：克仑特罗 Clenbulerol，沙丁胺醇 Salbutamol，西马特罗 Cimaterol，及其盐、酯及其制剂	所有用途	所有食品动物
2	性激素类：己烯雌酚 Diethrylstilbestrol 及其盐、酯及其制剂	所有用途	所有食品动物
3	具有雌激素样作用的物质：玉米赤霉醇 Zeranol，去甲雄三烯醇酮 Trenbolone，醋酸甲孕酮 Mengestrol Acetate 及制剂	所有用途	所有食品动物
4	氯霉素 Chlorampbenicol succinate 及其盐、酯（包括：琥珀氯霉素及制剂）	所有用途	所有食品动物
5	氨苯砜 Dapsone 及制剂	所有用途	所有食品动物
6	硝基呋喃类：呋喃唑酮 Furnzolidone，呋喃它酮 Furaltabone，呋喃苯烯酸钠 Niurstyrenate及制剂	所有用途	所有食品动物
7	硝基化合物：硝基酚钠 Sodiumnitrophenolate，硝喃烯腙 Nitrovin 及制剂	所有用途	所有食品动物
8	催眠、镇静类：安眠酮 Methaqualone 及制剂	所有用途	所有食品动物
9	林丹（丙体六六六）Lindane	杀虫剂	所有食品动物

（续）

序号	兽药及其他化合物名称	禁止用途	禁用动物
10	毒杀芬（氯化烯）Camahechlor	杀虫剂、清塘剂	所有食品动物
11	呋喃丹（克百威）Carbofuran	杀虫剂	所有食品动物
12	杀虫脒（克死螨）Chlordimeform	杀虫剂	所有食品动物
13	双甲脒 Amitraz	杀虫剂	所有食品动物
14	酒石酸锑钾 Antimony potassium tartrate	杀虫剂	所有食品动物
15	锥虫胂胺 Tryparsamide	杀虫剂	所有食品动物
16	孔雀石绿 Malachite green	抗菌、杀虫剂	所有食品动物
17	五氯酚酸钠 Pendachlorophenol sodium	杀螺剂	所有食品动物
18	各种汞制剂包括：氯化亚汞（甘汞）Calomel，硝酸亚汞 Mercurous nitrate，醋酸汞 Mercurous acetate，吡啶基醋酸汞 Pyridyl mercurous acetate	杀虫剂	所有食品动物
19	性激素类：甲基睾丸酮 Methyltestosterone，丙酸丸酮 Testosterone propionate，苯丙酸诺龙 Nandrolone phenylpropionate，苯甲酸雌二醇 Estradiol Benzoate 及其盐、酯及制剂	促生长	所有食品动物
20	催眠、镇静类：氯丙嗪 Chlopromazine，地西泮（安定）Diazepam 及其盐、酯及制剂	促生长	所有食品动物
21	硝基咪唑类：甲基唑 Metronidazole，地美硝唑 Dimetronidazole 及其盐、酯及制剂	促生长	所有食品动物

1. 禁用清单序号 1-18 所列品种的原料药及其单方、复方制剂产品停止生产，已在兽药国家标准、农业部专业标准及兽药地方标准中收载的品种，废止其质量标准，撤销其产品批准文号；已在我国注册登记的进口兽药，废止其进口兽药质量标准，注销其“进口兽药登记许可证”。

2. 截至 2002 年 5 月 15 日，禁用清单序号 1-18 所列品种的原料药及其单方、复方制剂产品停止经营和使用。

3. 禁用清单序号 19-21 所列品种的原料药及其单方、复方制剂产品不准以抗应剂、提高饲料报酬、促进动物生长为目的在食品动物饲养过程中使用。

资料来源：农业部《食品动物禁用的兽药及其他化合物清单》。

二十三、允许使用的饲料添加剂品种目录

常用数据便查表 23　允许使用的饲料添加剂品种目录

类别	添加剂名称
饲料级氨基酸 7 种	L-赖氨酸盐酸盐；DL-蛋氨酸；DL-羟基蛋氨酸；DL-羟基蛋氨酸钙；N-羟甲基蛋氨；L-色氨酸；L-苏氨酸
饲料级维生素 26 种	β-胡萝卜素；维生素 A；维生素 A 乙酸酯；维生素 A 棕榈酸酯；维生素 D；维生素 E；维生素 E 乙酸酯；维生素 K（亚硫酸氢钠甲萘醌）；二甲基嘧啶醇亚硫酸甲萘醌；维生素 B_1（盐酸硫胺）；维生素 B_1（硝酸硫胺）；维生素 B_2（核黄素）；维生素 B_6；烟酸；烟酰胺；D-泛酸钙；DL-泛酸钙；叶酸；维生素 B_{12}（氰钴胺）；维生素 C（L-抗坏血酸）；L-抗坏血酸钙；L-抗坏血酸-2-磷酸酯；D-生物素；氯化胆碱；L-肉碱盐酸盐；肌醇
饲料级矿物质、微量元素 43 种	硫酸钠；氯化钙；磷酸二氢钠；磷酸氢二钠；磷酸二甲氢；磷酸氢二甲；碳酸钙；氯化钙；磷酸氢钙；磷酸二氢钙；磷酸三钙；乳酸钙；七水硫酸镁；一水硫酸镁；氧化镁；氯化镁；七水硫酸亚铁；一水硫酸亚铁；三水乳酸亚铁；六水柠檬酸亚铁；富马酸亚铁；甘氨酸铁；蛋氨酸铁；五水硫酸铜；一水硫酸铜；蛋氨酸铜；七水硫酸锌；一水硫酸锌；无水硫酸锌；氧化锌；蛋氨酸锌；一水硫酸锰；氯化锰；碘化钾；碘酸钙；六水氯化钴；一水氯化钴；亚硒酸钠；酵母铜；酵母铁；酵母锰；酵母硒
饲料级酶制剂 12 类	蛋白酶（黑曲酶、枯草芽孢杆菌）；淀粉酶（地衣芽孢杆菌、黑曲酶）；支链淀粉酶（嗜酸乳杆菌）；果胶酶（黑曲酶）；脂肪酶；纤维素酶（reesei 木酶）；麦芽糖酶（枯草芽孢杆菌）；木聚糖酶（insolens 腐殖酶）；β-聚葡糖酶（枯草芽孢杆菌、黑曲酶）；甘露聚糖酶（缓慢芽孢杆菌）；植酸酶（黑曲酶、米曲酶）；葡萄糖氧化酶（青酶）
饲料级微生物添加剂 12 种	干酪乳杆菌；植物乳杆菌；粪链球菌；尿链球菌；乳酸片球菌；枯草芽孢杆菌；钠豆芽孢杆菌；嗜酸乳杆菌；乳链球菌；啤酒酵母菌；产元假丝酵母；沼泽红假单胞菌
饲料级非蛋白氮 9 种	尿素；硫酸铵；液氮；磷酸氢二铵；磷酸二氢铵；缩二脲；异丁叉二脲；磷酸脲；羟甲基脲

（续）

类别	添加剂名称
抗氧剂 4 种	乙氧基喹啉；二丁基羟基甲苯（BHT）；丁基羟基茴香醚（BHA）；没食子酸丙酯
防腐剂、电解质平衡剂 25 种	甲酸；甲酸钙；甲酸铵；乙酸；双乙酸钠；丙酸；丙酸钙；丙酸钠；丙酸铵；丁酸；乳酸；苯甲酸钠；山梨酸；山梨酸钠；山梨酸钾；富马酸；柠檬酸；酒石酸；苹果酸；磷酸；氢氧化钠；氯化钾；氢氧化铵
着色剂 6 种	β-阿朴-8′-胡萝卜素醛；辣椒红；β-阿朴-8′-胡萝卜素酸乙酯；虾青素；β-胡萝卜素-4，-4-二酮（班蝥黄）；叶黄素（万寿菊花提取物）
调味剂、香料 6 种（类）	糖精钠；谷氨酸钠；5′-鸟苷酸钠；5′-鸟苷酸二钠；血根碱；食品用香料均可用作饲料添加剂
黏结剂、抗结块剂和稳定剂 13 种（类）	α-淀粉；海藻酸钠；羟甲基纤维素钠；丙二醇；二氧化硅；硅酸钙；三氧化二铝；蔗糖脂肪酸酯；山梨醇酐脂肪酸钠；甘油脂肪酸酯；硬脂酸钙；聚氧乙烯 20 山梨醇酐单油酸酯；聚丙烯酸树脂Ⅱ
其他 10 种	糖萜素；甘露低聚糖；肠膜蛋白素；果寡糖；乙酰氧肟酸；天然类固醇萨酒皂角苷（YUCCA）；大蒜素；甜菜碱；聚乙烯吡咯烷酮（PVPP）；葡萄糖山梨醇
说明：1997 年 7 月 26 日中华人民共和国农业部发布公告，公布了“允许使用的饲料添加剂品种目录”	

资料来源：农业部《允许使用的饲料添加剂品种目录》。

二十四、屠宰加工生产牛肉过程中各环节的适宜温度、湿度

常用数据便查表 24　屠宰加工生产牛肉过程中各环节的适宜温度、湿度

序号	场所名称	温度（℃）	序号	场所名称	温度（℃）
1	待宰牛舍	7～27	5	分割车间	9～11
2	屠宰车间	16	6	分割时胴体肉温度	7～9
3	胴体预冷间	－15～－20	7	速冻车间	－35
4	成熟车间	0～4	8	冷鲜肉贮存库	－1

（续）

序号	场所名称	温度（℃）	序号	场所名称	温度（℃）
9	低温贮藏库	−25	14	冬季相对湿度	75%
10	肉块中心温度	−18～−19	15	夏季相对湿度	57%
11	包装车间	9～11	16	夏季最热相对湿度	79%
12	压缩机房	9～11	17	风速　夏季 冬季	2.4 m^3/h 1.6 m^3/h
13	办公室	25			

资料来源：作者汇编。

二十五、长度换算表

常用数据便查表 25　长度换算表

	英寸	英尺	码	竿	英里	厘米	米	千米
1英寸	1	0.083 3	0.027 8	0.005 1	0.000 016	2.54	0.025 4	
1英尺	12	1	0.333 3	0.060 6	0.000 19	30.48	0.304 8	0.000 31
1码	36	3	1	0.181 8	0.000 57	91.44	0.914 4	0.000 9
1竿	198	16.5	5.5	1	0.003 13	502.92	5.029 2	0.005
1英里	63 360	5 280	1 760	320	1	160 934	1 609.34	1.609 3
1厘米	0.392 7	0.032 8	0.010 9	0.001 98		1	0.01	0.000 01
1米	39.37	3.280 8	1.093 6	0.198 8	0.000 62	100	1	0.001
1千米	39 370	3 280.8	1 093.6	198.839	0.621	100 000	1 000	1

1米（m）=100厘米（cm）=1 000毫米（mm）

1厘米=10毫米=0.01米

1毫米=0.001米=0.1厘米=1 000微米（μm）

1微米=0.001毫米=1 000纳米（nm）

1纳米=0.001微米

1英里=1.61千米

1海里=1.853千米

资料来源：作者汇编。

二十六、重量换算表

常用数据便查表 26　重量换算表

	盎司	磅	短吨	公吨	长吨	克	千克	毫克	微克
1 盎司	1	0.062 5				28.349	0.028 4		
1 磅	16	1	0.000 5	0.000 45	0.000 45	453.59	0.454		
1 短吨	32 000	2 000	1	0.907 2	0.892 9	907 184	9 071.18		
1 公吨	35 274	2 240.6	1.102 3	1	0.984 2	1 000 000	1 000		
1 长吨	35 840	224	1.12	1.016	1	1 016 046	1 016		
1 克	0.035	0.002 2				1	0.001	1 000	1 000 000
1 千克	35.274	0.204 4	0.001 1	0.001	0.000 98	1 000	1	1 000 000	

资料来源：作者汇编。

二十七、面积换算表

常用数据便查表 27　面积换算表

	英寸^2	英尺^2	码^2	竿^2	英亩	英里^2	厘米^2	米^2	公顷
1 英寸^2	1	0.006 9	0.000 77				6.451 6	0.000 65	
1 英尺^2	144	1	0.111 1	0.003 67			929.03	0.092 9	
1 码^2	1 296	9	1	0.033 1			8 361.3	0.836 1	
1 竿^2	39 204	272.25	30.25	1	0.006 25			25.293	0.002 53
1 英亩		43 560	4 840	160	1	0.001 56		4 946.9	0.404 7
1 英里^2			3 097 600	1 024	64	1		2 589 988	259
1 厘米^2	0.155	0.001 08	0.000 12				1	0.000 1	
1 米^2		10.764	1.196	0.039 5	0.000 25		1 000	1	
1 公顷		107 639	11 595.9	395.37	2.471	0.003 86		1 000	

1 英亩＝6.076 4 亩

1 亩＝666.66 米^2

1 公顷＝15.015 亩

1 千米^2＝1 000 000 米^2＝1 500 亩

资料来源：作者汇编。

二十八、肉牛常用饲料成分

常用数据便查表 28　肉牛常用饲料

饲料		水分（%）	在干物质中									备注
			代谢能		维持净能（兆焦/千克）	增重净能（兆焦/千克）	粗蛋白质（%）	可消化粗蛋白质（克）	粗纤维（%）	钙（%）	磷（%）	
名称	产地		兆焦/千克	兆卡/千克								
一、青绿饲料												
岸杂1号		76.1	8.75	2.09	5.15	2.43	15.5	98	33.1	—	—	三样平均
绊根草	湖北	76.2	8.37	2.00	4.94	2.05	11.3	160	34.5	0.56	0.14	—
白菜	湖南	89.1	11.30	2.70	7.03	4.69	10.1	70	28.4	1.46	0.64	—
白菜	广州	95.3	9.55	2.28	5.69	3.22	40.4	348	14.9	4.26	0.21	—
白茅	湖北	64.2	7.29	1.74	4.31	0.79	4.2	16	44.4	0.31	0.10	—
冰草	北京	75.4	8.62	2.06	5.10	2.30	10.7	88	30.9	0.73	0.28	西伯利亚种
冰草	北京	71.2	8.75	2.09	5.15	2.43	13.2	70	32.6	0.42	0.31	蒙古种
大白菜	北京	95.6	10.68	2.55	6.53	4.14	25.0	173	9.1	1.36	0.91	小百口
大白菜	北京	95.4	11.10	2.65	6.86	4.48	23.9	165	8.7	0.87	0.87	小青口
大白菜	上海	95.5	9.63	2.30	5.73	3.26	22.2	153	11.1	2.44	0.67	—

（续）

饲料		水分（%）	在干物质中									备注
			代谢能		维持净能（兆焦/千克）	增重净能（兆焦/千克）	粗蛋白质（%）	可消化粗蛋白质（克）	粗纤维（%）	钙（%）	磷（%）	
名称	产地		兆焦/千克	兆卡/千克								
大白菜	长沙	93.0	10.17	2.43	6.15	3.72	25.7	177	11.4	1.43	0.71	—
大麦青割	北京	84.3	9.42	2.25	5.61	3.05	12.7	89	29.9	0.57	0.32	—
大麦青割	上海	83.3	10.98	2.60	6.69	4.31	31.1	246	18.0	—	0.60	—
大麦青割	南京	91.2	10.17	2.43	6.15	3.72	27.6	218	19.4	—	—	—
大豆青割	北京	64.8	8.54	2.04	5.02	2.22	9.7	73	28.7	1.02	0.83	—
大豆青割	扬州	74.3	9.84	2.35	5.90	3.43	16.7	127	27.6	—	1.17	—
大豆青割	浙江	75.0	9.50	2.27	5.65	3.14	21.6	164	23.0	0.44	0.12	—
大早熟麦	北京	67.0	8.04	1.92	4.73	1.67	10.3	52	35.5	0.45	0.21	—
多叶老芒麦	北京	70.0	8.96	2.14	5.31	2.64	17.3	113	25.7	0.57	0.27	—
甘薯藤	南京	87.6	9.55	2.28	5.69	3.18	16.9	110	19.4	—	2.10	—
甘薯藤	湖北	88.2	8.83	2.11	5.23	2.52	20.3	132	16.9	—	—	
甘薯藤	广西	87.3	10.09	2.41	6.07	3.68	17.3	113	18.1	—		夏栽

（续）

饲料		水分（%）	在干物质中									备注
			代谢能		维持净能（兆焦/千克）	增重净能（兆焦/千克）	粗蛋白质（%）	可消化粗蛋白质（克）	粗纤维（%）	钙（%）	磷（%）	
名称	产地		兆焦/千克	兆卡/千克								
甘薯藤	广西	85.5	9.21	2.20	5.48	2.89	11.7	76	17.2	—	—	秋栽
甘薯藤	四川	70.0	7.83	1.87	4.60	1.42	6.3	31	24.3	2.00	0.30	成熟期
甘薯藤	四川	87.9	8.83	2.11	5.23	2.51	11.6	75	19.0	1.40	0.41	
甘薯藤	贵州	89.1	8.58	2.505	5.06	2.26	15.6	101	18.3	2.48	0.28	
甘薯藤	11省市	87.0	8.67	2.07	5.10	2.34	16.2	105	19.2	1.53	0.38	15个样品均值
甘蔗尾	广东	75.4	7.87	1.88	4.64	1.51	6.1	26	31.3	0.28	0.41	
甘蓝包	上海	87.7	11.64	2.78	7.32	4.85	11.4	85	11.4	—	0.41	
甘蓝包	广州	92.2	9.50	2.27	5.65	3.18	16.7	135	12.8	0.77	0.51	
甘蓝包	广州	92.4	8.92	2.13	5.27	2.59	15.8	107	15.8	1.56	0.26	外叶
甘蓝包	广西	89.1	10.84	2.59	6.65	4.27	11.9	89	11.9	—	—	外叶
狗尾草	湖北	89.9	7.83	1.87	4.60	1.46	10.9	58	31.7	—	—	
黑麦草	北京	83.7	10.01	2.39	6.02	3.60	21.5	159	20.9	0.61	0.25	意大利黑麦
黑麦草	北京	82.0	10.17	2.43	6.11	3.72	18.3	136	23.3	0.72	0.27	

（续）

饲料		水分（%）	在干物质中										备注
			代谢能		维持净能（兆焦/千克）	增重净能（兆焦/千克）	粗蛋白质（%）	可消化粗蛋白质（克）	粗纤维（%）	钙（%）	磷（%）		
名称	产地		兆焦/千克	兆卡/千克									
黑麦草	北京	80.8	10.17	2.43	6.15	3.72	17.3	127	25.0	0.78	0.26		
黑麦草	南京	83.7	10.55	2.52	6.44	4.06	12.9	95	24.5	—	—		
黑麦草	广西	77.2	8.25	1.97	4.85	1.88	7.5	40	29.8	—	—		抽穗期
黑麦草	四川	86.8	8.75	2.09	5.15	2.42	16.7	97	28.0	1.36	0.63		第一次收割
胡萝卜	上海	85.6	8.71	2.08	5.15	2.38	28.5	191	14.6	5.35	0.42		
胡萝卜秧	四省市	88.0	9.17	2.19	5.44	2.80	18.3	123	18.3	3.17	—		
花生藤	浙江	70.7	8.00	1.91	4.73	1.63	15.4	106	21.2	—	0.81		
花生藤	广州	75.4	7.58	1.81	4.48	1.17	10.2	61	35.4	2.15	—		
芜菁甘蓝	湖南	90.0	9.17	2.19	5.43	2.85	24.0	180	16.0	2.20	—		
坚尼草	广州	74.4	8.58	2.05	5.06	2.26	7.9	41	33.6	—	—		抽穗期
坚尼草	广西	76.6	7.70	1.84	4.56	1.30	6.8	34	38.9	—	—		拔节期
坚尼草	广西	67.3	7.58	1.81	4.48	1.17	3.7	18	40.4	—			抽穗期

（续）

饲料		水分（%）	在干物质中									备注
			代谢能		维持净能（兆焦/千克）	增重净能（兆焦/千克）	粗蛋白质（%）	可消化粗蛋白质（克）	粗纤维（%）	钙（%）	磷（%）	
名称	产地		兆焦/千克	兆卡/千克								
聚合草	沧洲	88.2	8.37	2.00	4.94	2.05	17.8	107	11.9	2.37	0.08	始花期
聚合草	湖南	90.0	8.42	2.01	4.94	2.09	23.0	168	10.0	—	—	花期
聚合草	成都	90.4	8.75	2.09	5.15	2.43	27.1	163	11.5	1.77	0.50	现蕾期
萝卜叶	北京	89.4	8.67	2.07	5.10	2.34	17.9	147	8.5	0.14	0.10	
萝卜叶	重庆	91.7	10.34	2.47	6.28	3.89	26.5	217	14.5	2.2	0.05	
马铃薯秧	哈尔滨	87.9	6.45	1.54	3.97	—	22.5	94	20.7	1.90	0.70	
芒草	湖南	65.5	7.91	1.89	4.64	1.13	4.0	28	33.9	0.46	0.06	
苜蓿	北京	73.8	7.58	1.81	4.48	1.17	14.5	100	35.9	1.30	0.38	
苜蓿	吉林	75.0	8.96	2.14	5.31	2.64	20.8	162	31.6	2.08	2.24	
苜蓿	南京	71.2	9.55	2.28	5.69	3.18	17.7	138	26.4	1.22	1.53	
苜蓿	陕西	79.8	8.62	2.06	5.10	2.30	17.8	139	32.2	2.33	0.30	
苜蓿	四川	85.8	10.84	2.59	6.65	4.27	26.1	188	18.3	0.92	0.21	

（续）

饲料		水分（%）	在干物质中									备注
名称	产地		代谢能 兆焦/千克	代谢能 兆卡/千克	维持净能（兆焦/千克）	增重净能（兆焦/千克）	粗蛋白质（%）	可消化粗蛋白质（克）	粗纤维（%）	钙（%）	磷（%）	
苜蓿	四川	86.1	11.05	2.64	6.82	4.44	22.3	161	19.4	0.94	0.36	
苜蓿	四川	86.1	10.47	2.50	6.36	3.97	26.6	192	20.9	1.29	0.54	
牛尾草	北京	78.7	10.89	2.60	6.69	4.31	21.1	163	23.0	0.89	0.23	
荞麦苗	贵州	80.2	9.09	2.17	5.40	2.76	19.2	129	24.2	3.48	0.71	
荞麦苗	四川	82.6	8.96	2.14	5.31	2.64	11.5	77	30.5	—	0.29	
三叶草	北京	20.3	9.92	2.37	5.94	3.51	16.8	109	28.9	1.32	0.33	红三叶
三叶草	武昌	88.6	10.43	2.49	6.32	3.93	16.7	117	18.4	—	—	现蕾期
三叶草	武昌	86.1	9.80	2.34	5.86	3.39	15.8	103	23.7	—	—	初花期
三叶草	武昌	87.3	5.99	1.43	5.98	3.56	14.2	92	26.0	—	—	盛花期
雀麦草	武昌	79.6	10.26	2.45	6.19	3.81	27.9	179	23.0	0.64	0.34	
雀麦草	北京	74.7	10.22	2.44	6.15	3.77	16.2	104	30.0	2.53	0.28	
三叶草	广西	20.4	9.76	2.33	5.82	3.39	12.2	80	25.5	—	—	
三叶草	贵州	21.5	10.05	2.40	6.07	3.64	20.0	136	22.2	—	—	

（续）

饲料		水分（%）	在干物质中									备注
			代谢能		维持净能（兆焦/千克）	增重净能（兆焦/千克）	粗蛋白质（%）	可消化粗蛋白质（克）	粗纤维（%）	钙（%）	磷（%）	
名称	产地		兆焦/千克	兆卡/千克								
沙打旺	北京	85.1	9.67	2.31	5.77	3.31	23.5	174	15.4	1.34	0.34	
苕子	南京	86.9	10.85	2.41	6.07	3.64	26.7	198	20.5	2.06	0.53	
苕子	浙江	85.0	9.59	2.29	5.73	3.22	26.7	181	28.0	—	—	现蕾
苕子	浙江	85.0	9.46	2.26	5.65	3.14	21.3	145	32.7	—	—	初花
苕子	广州	85.6	10.13	2.42	6.11	3.68	27.1	200	23.6	0.83	0.14	
苕子	贵州	83.2	9.76	2.33	5.82	3.35	25.0	174	25.0	—	—	盛花
苏丹草	广西	81.5	9.21	2.20	5.48	2.89	10.3	64	29.2	0.48	0.15	拔节
苏丹草	广西	80.3	9.38	2.24	5.56	3.01	8.6	54	31.5	—	—	抽穗
甜菜叶	浙江	89.0	9.71	2.32	5.82	3.35	24.5	182	10.0	0.55	0.09	
甜菜叶	宁夏	92.6	8.58	2.05	5.06	2.26	25.7	190	13.5	1.62	—	德国种
甜菜叶	宁夏	93.3	8.62	2.06	5.10	2.30	26.9	199	11.9	1.49	—	内蒙古种

（续）

饲料		水分（%）	在干物质中										备注
			代谢能		维持净能（兆焦/千克）	增重净能（兆焦/千克）	粗蛋白质（%）	可消化粗蛋白质（克）	粗纤维（%）	钙（%）	磷（%）		
名称	产地		兆焦/千克	兆卡/千克									
甜菜叶	新疆	91.3	9.29	2.22	5.52	2.97	23.0	170	11.5	1.26	0.46		
通心菜	上海	90.1	9.67	2.31	5.77	3.31	23.2	200	10.1	1.01	—		
通心菜	广州	90.0	11.14	2.66	6.90	4.48	21.0	181	19.0	1.20	0.20		
象草	湖南	83.6	9.34	2.33	5.56	2.97	14.6	91	29.3	0.24	—		
象草	广州	86.6	8.96	2.14	5.31	2.64	11.2	69	29.9	0.52	0.45		
象草	广州	91.7	8.79	2.10	5.19	2.47	19.3	135	26.5	0.60	0.36		
向日葵 to	广州	89.7	8.67	2.07	5.10	2.34	4.9	23	19.4	0.97	0.10		
向日葵 yi	两省市	83.0	8.58	2.05	5.06	2.26	15.9	100	10.6	4.35	0.24		
小麦青割	北京	70.2	9.55	2.28	5.69	3.18	16.1	101	28.9	0.89	0.09		春小麦
鸭茅	北京	79.4	8.37	2.00	4.94	2.05	15.5	93	28.6	2.38	0.29		
鸭茅	北京	78.8	8.04	1.92	4.73	1.72	13.2	79	28.3	0.52	0.28		
燕麦青割	北京	80.3	10.72	2.56	6.57	4.18	14.7	106	27.4	0.56	0.36		抽穗
燕麦青割	黑龙江	74.5	8.96	2.14	5.31	2.64	16.1	88	28.2	0.35	0.24		

（续）

饲料		水分（%）	在干物质中									备注
			代谢能		维持净能（兆焦/千克）	增重净能（兆焦/千克）	粗蛋白质（%）	可消化粗蛋白质（克）	粗纤维（%）	钙（%）	磷（%）	
名称	产地		兆焦/千克	兆卡/千克								
燕麦青割	广西	77.9	8.88	2.12	5.23	2.55	10.9	60	30.8	—	—	扬花期
燕麦青割	广州	80.4	8.16	1.95	4.81	1.80	11.2	80	33.2	—	—	
小冠花	北京	80.0	9.88	2.36	5.94	3.47	20.0	148	21.0	1.55	0.30	
野稗草	北京	81.5	8.21	1.96	4.81	1.88	16.2	101	27.0	1.03	0.27	
似高粱	北京	81.6	9.29	2.22	5.52	2.97	12.0	73	28.3	0.71	0.16	
似高粱	湖南	81.5	8.54	2.04	5.02	2.22	6.5	40	33.0	1.14	0.43	
野青草	北京	74.7	8.25	1.97	4.85	1.88	6.7	38	28.1	—	0.47	狗尾草为主
野青草	北京	65.5	8.00	1.91	4.73	1.63	11.0	68	29.9	0.41	0.32	稗草为主
野青草	黑龙江	81.1	8.92	2.13	5.27	2.59	16.9	105	30.2	1.27	0.16	
野青草	广州	70.4	8.46	2.02	4.98	2.13	7.8	44	35.1	—	—	
野青草	广西	67.2	8.37	2.00	4.94	2.05	7.0	40	35.1	—	—	
玉米青割	北京	73.1	10.89	2.60	6.69	4.31	7.8	54	17.8	0.30	0.30	

（续）

饲料		水分（%）	在干物质中										备注
			代谢能		维持净能（兆焦/千克）	增重净能（兆焦/千克）	粗蛋白质（%）	可消化粗蛋白质（克）	粗纤维（%）	钙（%）	磷（%）		
名称	产地		兆焦/千克	兆卡/千克									
玉米青割	哈尔滨	82.1	9.67	2.31	5.77	3.31	6.1	37	29.1	0.34	0.22		
玉米青割	黑龙江	77.1	9.71	2.32	5.82	3.31	6.6	40	30.1	—	0.09		叶
玉米青割	上海	87.2	9.38	2.24	5.56	3.05	9.4	57	32.8	0.63	0.47		
玉米青割	上海	82.4	9.42	2.25	5.61	3.10	8.5	52	33.0	0.51	0.28		未抽穗
玉米青割	上海	81.5	9.25	2.21	5.48	2.89	8.1	49	29.2	0.32	—		抽穗
玉米青割	宁夏	84.6	10.13	2.42	6.11	3.68	14.0	105	29.9	0.49	0.37		西德1号
玉米青割	宁夏	75.9	10.10	2.41	6.07	3.68	12.9	96	27.4	0.37	0.33		西德2号
玉米青割	四川	91.1	10.43	2.49	6.32	3.93	15.7	118	29.2	0.79	—		
玉米青割	北京	72.9	9.76	2.33	5.82	3.39	3.0	12	29.2	0.33	0.37		
玉米青割	北京	81.4	10.38	2.48	6.32	3.89	14.0	105	27.4	0.11	0.05		
紫云英	北京	83.5	10.30	2.46	6.23	3.85	26.1	188	18.2	1.39	0.42		
紫云英	上海	83.8	10.01	2.39	6.02	3.60	19.8	140	25.3	1.30	0.31		

（续）

饲料		水分（%）	在干物质中									备注
			代谢能		维持净能（兆焦/千克）	增重净能（兆焦/千克）	粗蛋白质（%）	可消化粗蛋白质（克）	粗纤维（%）	钙（%）	磷（%）	
名称	产地		兆焦/千克	兆卡/千克								
紫云英	南京	90.0	12.06	2.88	7.74	5.15	26.0	187	11.0	—	—	初花
紫云英	南京	91.0	11.01	2.63	6.78	4.39	14.4	103	16.7	—	—	盛花
紫云英	浙江	90.2	10.97	2.62	6.78	4.35	28.6	206	13.3	—	—	初花
紫云英	八省市	87.0	10.43	2.49	6.32	3.93	22.3	158	19.2	1.38	0.53	平均值
二、青贮饲料类												
草木樨青贮	西宁	68.4	8.25	1.97	4.85	1.88	16.1	118	32.3	1.68	0.25	
冬大麦青贮	北京	77.8	9.17	2.19	5.44	2.80	11.7	74	29.7	0.23	0.14	
甘薯藤青贮	北京	66.9	7.66	1.83	4.52	1.34	6.0	26	18.4	1.39	0.45	
甘薯藤青贮	广西	78.3	8.16	1.95	4.81	1.80	12.9	55	21.7	—	—	
甘薯藤青贮	上海	81.7	6.91	1.65	4.14	0.33	9.3	37	24.6	—	—	
甜菜叶青贮	吉林	62.5	9.34	2.33	5.56	3.01	12.3	82	19.7	1.04	0.26	

（续）

饲料		水分（%）	在干物质中									备注
			代谢能		维持净能（兆焦/千克）	增重净能（兆焦/千克）	粗蛋白质（%）	可消化粗蛋白质（克）	粗纤维（%）	钙（%）	磷（%）	
名称	产地		兆焦/千克	兆卡/千克								
甘蓝菜青贮	广州	75.0	11.05	2.64	6.82	4.44	21.6	149	17.6	1.56	0.04	
玉米青贮	双阳	75.0	5.61	1.34	3.51	—	5.6	11	35.6	0.40	0.08	黄贮
玉米青贮	浙江	71.8	8.62	2.06	5.10	2.30	5.5	27	31.5	0.31	0.27	
玉米青贮	黑龙江	74.4	10.72	2.56	6.57	4.18	8.2	52	25.0	—	0.31	
玉米青贮	四川	77.3	8.37	2.00	4.94	2.01	7.1	35	30.4	0.44	0.26	五样品均值
玉米青贮	浙江	75.0	8.50	2.03	5.02	2.18	6.0	30	30.8	—	—	乳熟
玉米 大豆混贮	北京	78.2	8.33	1.99	4.90	2.01	9.6	45	31.7	0.69	—	
胡萝卜青贮	甘肃	76.4	9.76	2.33	5.82	3.39	8.9	44	18.6	1.06	0.13	
胡萝卜叶青贮	西宁	80.3	8.37	2.00	4.94	2.05	15.7	104	28.9	1.78	0.15	
苜蓿青贮	西宁	66.3	7.66	1.83	4.52	1.26	15.7	94	38.0	1.48	0.30	盛花

（续）

饲料		水分（%）	在干物质中									备注
			代谢能		维持净能（兆焦/千克）	增重净能（兆焦/千克）	粗蛋白质（%）	可消化粗蛋白质（克）	粗纤维（%）	钙（%）	磷（%）	
名称	产地		兆焦/千克	兆卡/千克								
三、块根　块茎　瓜果类												
鲜甘薯	十一省市	75.3	12.56	3.00	8.20	5.48	4.2	23	3.6	0.52	0.27	11 样品均值
干甘薯	八省市	10.0	12.73	3.04	8.37	5.56	4.3	6	2.6	0.17	0.13	40 样品均值
胡萝卜	张家口	90.7	13.10	3.13	8.79	5.82	8.6	63	8.6	0.54	0.32	
胡萝卜	黑龙江	86.3	12.98	3.10	8.62	5.73	10.2	75	10.2	0.44	0.36	红色
胡萝卜	黑龙江	86.4	13.15	3.14	8.83	5.82	9.7	71	12.7	0.52	—	黄色
胡萝卜	上海	88.4	13.40	3.20	9.08	5.98	7.8	57	12.1	1.38	0.34	
胡萝卜	十二省市	88.0	13.02	3.11	8.70	5.73	9.2	67	10.0	1.25	0.75	13 样品均值
萝卜	北京	91.8	12.39	2.96	8.03	5.36	7.3	52	9.8	0.61	0.37	白萝卜
萝卜	浙江	93.0	12.27	2.93	7.91	5.27	12.9	91	10.0	—	—	长大萝卜

（续）

饲料		水分（%）	在干物质中									备注
名称	产地		代谢能 兆焦/千克	代谢能 兆卡/千克	维持净能（兆焦/千克）	增重净能（兆焦/千克）	粗蛋白质（%）	可消化粗蛋白质（克）	粗纤维（%）	钙（%）	磷（%）	
萝卜	成都	93.0	11.68	2.79	7.36	4.90	18.6	132	12.9	1.00	0.57	红色
萝卜	十一省市	93.0	12.06	2.88	7.74	5.44	12.9	91	10.0	0.70	0.43	11样品均值
马铃薯	十省市	78.0	12.31	2.94	7.95	5.31	7.3	40	3.2	0.09	0.14	
木薯粉	广西	6.0	12.90	3.08	8.54	5.65	3.3	0	2.4	—	—	
南瓜	黑龙江	90.0	12.23	2.92	7.87	5.27	16.0	112	10.0	—	—	饲用瓜
南瓜	成都	93.6	12.23	2.92	7.87	5.27	10.9	77	12.5	—	—	
南瓜	九省市	90.0	12.39	2.96	8.03	5.36	10.0	70	12.0	0.40	0.20	
甜菜	黑龙江	90.1	9.25	2.21	5.48	2.93	14.0	0	15.2	0.30	—	
甜菜	贵州	86.5	11.47	2.74	7.20	4.73	6.7	0	5.2	0.22	0.30	
甜菜	八省市	85.0	9.21	2.20	5.48	2.87	13.3	0	11.3	0.40	0.27	

（续）

饲料		水分（%）	在干物质中									备注
			代谢能		维持净能（兆焦/千克）	增重净能（兆焦/千克）	粗蛋白质（%）	可消化粗蛋白质（克）	粗纤维（%）	钙（%）	磷（%）	
名称	产地		兆焦/千克	兆卡/千克								
干甜菜渣	东北	11.4	113.5	2.71	7.07	4.64	8.2	54	22.1	0.74	0.08	
甘蓝	湖南	90.0	11.85	2.83	7.53	4.98	18.0	128	22.0	1.40	0.50	
甘蓝	湖南	88.5	13.69	3.27	9.41	6.15	13.9	104	8.7	0.52	0.43	
甘蓝	三省	90.0	12.98	3.10	8.62	5.73	10.0	71	13.0	0.60	0.20	
四、干草类												
白茅	南京	9.1	7.16	1.71	4.27	0.37	8.1	29	32.3	0.30	0.10	
稗草	黑龙江	6.6	7.12	1.70	4.23	0.63	5.4	7	39.6	—	—	
绊根草	湖南	7.4	7.37	1.76	4.35	0.96	10.4	53	30.5	0.56	0.14	
草木樨	江苏	11.7	7.54	1.80	4.44	1.13	19.0	120	31.6	2.74	0.02	
大豆干草	黑龙江	5.4	7.75	1.85	4.56	1.38	12.5	75	30.3	1.59	0.74	
大米草	江苏	16.8	7.58	1.81	4.48	1.17	15.4	92	36.4	0.50	0.02	
黑麦草	吉林	12.2	9.76	2.33	5.82	3.39	19.4	136	23.2	0.44	0.27	

（续）

饲料		水分（%）	在干物质中									备注
			代谢能		维持净能（兆焦/千克）	增重净能（兆焦/千克）	粗蛋白质（%）	可消化粗蛋白质（克）	粗纤维（%）	钙（%）	磷（%）	
名称	产地		兆焦/千克	兆卡/千克								
黑麦草	四川	9.2	8.33	1.99	4.90	2.01	12.8	79	30.1	—	—	
胡枝子	江西	5.3	7.49	1.79	4.44	1.09	17.5	86	38.6	0.99	0.12	
混合牧草	内蒙古	9.9	7.58	1.81	4.48	1.17	15.4	93	38.2	—	—	夏季
混合牧草	内蒙古	7.8	8.00	1.91	4.73	1.67	10.4	37	29.5	—	—	秋季
混合牧草	内蒙古	11.3	6.82	1.63	4.10	0.25	2.6	5	40.5	—	—	冬季
芨芨草	内蒙古	10.7	9.17	2.19	5.44	2.85	20.8	137	33.1	—	—	
芨芨草	内蒙古	10.7	6.99	1.67	4.18	0.50	12.0	17	43.9	—	—	
碱草	内蒙古	9.7	9.25	2.21	5.48	2.89	21.0	133	28.7	—	—	营养期
碱草	内蒙古	9.9	7.95	1.90	4.89	1.59	14.9	54	35.0	—	—	抽穗期
碱草	内蒙古	9.7	6.82	1.63	4.10	0.25	8.1	45	45.0	—	—	结实期
茭草	湖南	10.8	9.63	2.30	5.73	3.26	25.0	158	23.8	—	—	

(续)

饲料		水分(%)	在干物质中									备注
			代谢能		维持净能(兆焦/千克)	增重净能(兆焦/千克)	粗蛋白质(%)	可消化粗蛋白质(克)	粗纤维(%)	钙(%)	磷(%)	
名称	产地		兆焦/千克	兆卡/千克								
芦苇	新疆	8.7	6.57	1.57	3.97	—	9.6	58	35.4	0.12	0.12	
芦苇	两省市	4.3	6.36	1.52	3.85	—	5.7	29	36.3	0.08	0.10	2样品均值
米儿蒿	张北牧场	10.8	8.42	2.01	4.94	2.09	13.3	76	27.7	1.22	0.91	结籽期
苜蓿干草	北京	7.6	8.71	2.08	5.15	2.38	18.2	120	31.9	2.11	0.30	苏2号
苜蓿干草	黑龙江	6.1	9.76	2.33	5.82	3.39	19.1	147	26.4	—	—	紫花
苜蓿干草	黑龙江	6.9	8.46	2.02	4.98	2.13	14.0	112	37.1	—	—	野生
苜蓿干草	吉林	12.6	9.46	2.26	5.65	3.10	22.7	174	29.1	—	—	公主1号一茬
苜蓿干草	吉林	11.7	8.92	2.13	5.27	2.59	25.0	165	33.4	1.63	0.22	公主1号三茬
苜蓿干草	吉林	12.3	9.00	2.15	5.31	2.68	20.9	138	35.9	1.68	0.22	公主1号一茬
苜蓿干草	河南	11.6	7.79	2.10	5.19	2.47	17.5	126	28.7	1.24	0.25	
苜蓿干草	新疆	8.7	9.34	2.23	5.56	3.01	20.5	135	30.4	1.43	0.20	

（续）

饲料		水分（%）	在干物质中									备注
			代谢能		维持净能（兆焦/千克）	增重净能（兆焦/千克）	粗蛋白质（%）	可消化粗蛋白质（克）	粗纤维（%）	钙（%）	磷（%）	
名称	产地		兆焦/千克	兆卡/千克								
苜蓿干草	新疆	7.2	8.67	2.07	5.10	2.34	16.3	107	34.4	2.36	0.22	
披碱草	河北	5.1	7.03	1.68	4.18	0.50	8.11	45	46.8	0.32	0.01	
披碱草	吉林	11.2	7.24	1.73	4.31	0.75	7.10	35	36.3	0.44	0.33	
雀麦草	内蒙古	8.4	7.70	1.84	4.56	1.30	13.9	69	30.0	—	—	
雀麦草	内蒙古	6.8	7.45	1.78	4.39	1.00	11.1	70	33.0	—	—	
雀麦草	黑龙江	5.7	6.82	1.63	4.10	0.29	13.9	25	36.2	—	—	
雀麦草	湖南	9.1	9.25	2.21	5.48	2.93	16.4	98	25.0	0.70	0.14	
苕子	浙江	12.7	9.80	2.34	5.86	3.43	26.3	174	27.7	1.29	0.36	现蕾
苕子	浙江	9.5	9.29	2.22	5.52	2.97	21.1	139	32.9	—	—	初花
苕子	浙江	4.4	9.17	2.19	5.44	2.85	18.6	123	33.1	—	—	盛花
苏丹草	黑龙江	14.2	8.71	2.08	5.15	2.38	12.2	71	33.3	0.38	0.16	
苏丹草	辽宁	10.0	7.75	1.85	4.56	1.38	7.0	23	37.9	—	—	

（续）

饲料		水分（%）	在干物质中									备注
			代谢能		维持净能（兆焦/千克）	增重净能（兆焦/千克）	粗蛋白质（%）	可消化粗蛋白质（克）	粗纤维（%）	钙（%）	磷（%）	
名称	产地		兆焦/千克	兆卡/千克								
苏丹草	南京	8.5	7.95	1.90	4.69	1.59	7.5	38	30.4	—	—	
黑麦干草	北京	13.5	7.79	1.86	4.60	1.42	8.9	53	32.8	0.43	0.36	
黑麦干草	广西	13.2	8.50	20.3	5.02	2.13	14.7	86	28.8	—	0.23	
羊草	黑龙江	8.4	8.00	1.91	4.73	1.63	8.1	40	32.1	0.40	0.20	
野干草	北京	14.8	7.29	1.74	4.31	0.84	8.0	50	32.3	0.48	0.36	秋白草
野干草	河北	6.9	7.66	1.83	4.52	1.26	7.9	45	28.0	0.66	0.42	禾本科
野干草	河北	12.1	7.87	1.88	4.64	1.51	10.6	53	28.4	0.38	—	野草
野干草	内蒙古	8.6	7.45	1.78	4.39	1.05	6.8	41	33.4	—	—	
野干草	吉林	9.4	7.29	1.74	4.31	0.84	9.8	59	37.2	0.60	0.10	山草
野干草	山东	7.9	7.20	1.72	4.27	0.71	8.3	50	33.7	0.49	0.08	野草
野干草	上海	9.1	6.57	1.57	3.93	—	6.9	40	23.1	0.34	0.32	杂草

（续）

饲料		水分（%）	在干物质中										备注
名称	产地		代谢能 兆焦/千克	代谢能 兆卡/千克	维持净能（兆焦/千克）	增重净能（兆焦/千克）	粗蛋白质（%）	可消化粗蛋白质（克）	粗纤维（%）	钙（%）	磷（%）	
野干草	河南	9.2	7.37	1.76	4.35	0.92	7.6	48	31.4	0.56	0.24	杂草
野干草	广东	16.0	7.37	1.76	4.35	0.92	3.9	13.0	34.5	0.04	0.02	杂草
野干草	新疆	8.3	7.16	1.71	4.27	0.71	7.4	38	40.1	0.67	0.09	草原野干草
野干草	新疆	9.8	7.08	1.69	4.23	0.54	8.5	31	37.5	—	0.09	羽毛草为主
野干草	新疆	11.0	6.66	1.59	4.02	0.04	7.0	42	32.8	0.04	0.13	芦苇为主
针茅	内蒙古	11.6	6.57	1.57	3.97	—	9.1	46	51.6	—	—	
针茅	内蒙古	11.2	6.66	1.59	4.02	0.08	9.5	47	51.4	—	—	
紫云英	江苏	9.2	10.68	2.55	6.53	4.14	28.4	219	13.0	—	—	初花
紫云英	江苏	12.0	10.30	2.46	6.23	3.81	25.3	205	22.2	4.13	0.60	盛花
紫云英	江苏	9.2	9.04	2.16	5.36	2.72	21.4	139	22.2	—	—	结实

五、农副产品类

名称	产地	水分（%）	代谢能 兆焦/千克	代谢能 兆卡/千克	维持净能（兆焦/千克）	增重净能（兆焦/千克）	粗蛋白质（%）	可消化粗蛋白质（克）	粗纤维（%）	钙（%）	磷（%）	备注
蚕豆秸	浙江	6.9	7.45	1.78	4.39	1.05	16.4	77	35.4	—	—	—

（续）

饲料		水分（%）	在干物质中									备注
名称	产地		代谢能 兆焦/千克	代谢能 兆卡/千克	维持净能（兆焦/千克）	增重净能（兆焦/千克）	粗蛋白质（%）	可消化粗蛋白质（克）	粗纤维（%）	钙（%）	磷（%）	
大麦秸	宁夏	4.8	7.75	1.85	4.56	1.38	6.1	18	35.5	0.15	0.02	—
大麦秸	新疆	11.6	6.24	1.49	3.81	—	5.5	19	38.2	0.06	0.07	—
大豆秸	吉林	10.3	6.53	1.56	3.93	—	3.6	10	52.1	0.68	0.03	
大豆秸	辽宁	6.3	6.36	1.52	3.85	—	5.1	15	54.1	—	—	
大豆秸	河南	7.3	6.20	1.48	3.76	—	9.8	28	48.1	1.33	0.22	
稻草	江苏	4.9	6.78	1.62	4.06	0.21	3.8	2	28.4	—	—	
稻草	浙江	8.4	7.83	1.87	4.60	1.42	4.7	0	32.3	—	—	1%石灰水处理
稻草	浙江	10.6	7.03	1.68	4.18	0.54	2.8	2	27.0	0.08	0.06	
稻草	福建	16.7	7.03	1.68	4.18	0.50	3.7	2	31.0	—	0.06	
稻草	湖北	15.0	7.03	1.68	4.18	0.50	3.4	2	25.2	0.11	0.05	
稻草	广西	10.7	6.70	1.60	4.02	0.13	2.7	2	26.9	—	—	早稻
稻草	广西	10.3	6.78	1.62	4.06	0.21	3.5	2	31.8	—	—	晚稻

（续）

饲料		水分（%）	在干物质中										备注
			代谢能		维持净能（兆焦/千克）	增重净能（兆焦/千克）	粗蛋白质（%）	可消化粗蛋白质（克）	粗纤维（%）	钙（%）	磷（%）		
名称	产地		兆焦/千克	兆卡/千克									
稻草	宁夏	7.8	6.78	1.62	4.06	－0.21	3.5	2	35.4	0.16	0.04		
瘪稻谷	广东	11.5	5.02	1.20	3.26	—	6.3	21	27.0	0.18	0.26		
甘薯藤	北京	9.5	7.16	1.71	4.27	0.67	14.6	63	25.3	1.90	0.29		
甘薯藤	山东	10.0	8.08	1.93	4.77	1.72	8.4	33	34.1	1.81	0.09		
甘薯藤	云南	8.3	8.16	1.95	4.81	1.80	16.0	95	19.8	1.47	0.48		
甘薯藤	七省市	12.0	8.00	1.91	4.73	1.63	9.2	36	32.4	1.76	0.13		25样品均值
高粱秸	辽宁	4.8	7.91	1.89	4.64	1.55	3.9	8	35.6	—	—		
谷草	黑龙江	9.3	7.62	1.82	4.52	1.21	5.0	28	35.9	0.37	0.03		
花生藤	南京	10.0	9.04	2.16	5.36	2.72	14.3	115	24.6	0.13	0.01		
花生藤	山东	8.7	8.42	2.01	4.94	2.09	12.0	96	32.4	2.69	0.04		
藤草	宁夏	9.3	7.62	1.82	4.52	1.21	5.7	32	32.9	0.27	—		
荞麦秸	宁夏	4.6	5.99	1.43	3.68	—	4.4	22	41.6	0.12	0.02		

（续）

饲料		水分（%）	在干物质中									备注
			代谢能		维持净能（兆焦/千克）	增重净能（兆焦/千克）	粗蛋白质（%）	可消化粗蛋白质（克）	粗纤维（%）	钙（%）	磷（%）	
名称	产地		兆焦/千克	兆卡/千克								
小麦秸	北京	54.6	6.66	1.59	4.02	0.38	10.1	14	36.1	—	—	
小麦秸	宁夏	8.4	5.61	1.34	3.51	—	3.1	9	44.7	0.28	0.03	
小麦秸	新疆	10.4	6.91	1.65	4.14	0.38	6.3	9	35.6	0.06	0.07	
燕麦秸	河北	7.0	8.12	1.94	4.77	1.80	7.5	25	28.4	0.18	0.01	
莜麦秸	河北	4.8	6.99	1.67	4.18	0.50	9.2	18	46.2	0.30	0.11	
玉米秸	黑龙江	6.7	9.88	2.36	5.94	3.47	8.4	28	24.0	—	—	
玉米秸	辽宁	10.0	9.55	2.28	5.69	3.18	6.6	22	27.7	—	—	
玉米秸	江苏	8.2	9.59	2.29	5.73	3.22	6.5	22	26.3	—	—	
玉米秸	河南	8.7	9.50	2.27	5.65	3.14	9.3	32	26.2	0.43	0.25	
玉米叶	黑龙江	8.4	9.63	2.30	5.73	3.26	7.2	24	27.5	0.09	0.13	
玉米果穗包叶		8.5	10.93	2.61	6.74	4.35	4.15	12	36.8	—	—	
六、谷实类												
大米	江苏	13.0	13.52	3.23	9.25	6.07	10.1	77	0.8	0.05	0.29	糯米
大米	广东	12.9	13.36	3.19	9.04	5.94	7.8	59	2.2	—	—	
大米	九省市	12.5	13.48	3.22	9.16	6.02	9.7	74	0.9	0.07	0.24	16样品均值
大米	湖南	11.8	13.27	3.17	8.95	5.90	10.0	76	2.7	0.06	0.32	碎米
大米	三省市	13.4	13.61	3.25	9.33	6.07	8.2	62	0.8	0.02	0.12	二样品均值
大麦	河北	11.2	12.02	2.87	7.07	5.10	13.0	95	8.7	0.26	0.52	
大麦	二十省市	11.2	12.35	2.95	7.99	5.31	12.2	89	5.3	0.14	0.33	49样品均值
稻谷	江苏	11.2	12.06	2.88	7.74	5.15	8.7	50	9.7	0.07	0.18	粳稻
稻谷	浙江	13.0	11.60	2.77	7.28	4.85	10.5	61	10.2	—	0.36	早稻

（续）

饲料		水分（%）	在干物质中									备注
名称	产地		代谢能 兆焦/千克	代谢能 兆卡/千克	维持净能（兆焦/千克）	增重净能（兆焦/千克）	粗蛋白质（%）	可消化粗蛋白质（克）	粗纤维（%）	钙（%）	磷（%）	
稻谷	湖北	9.7	11.56	2.76	7.28	4.77	7.5	44	12.3	—	—	中稻
稻谷	湖南	8.4	11.72	2.80	7.41	4.90	9.4	54	9.9	0.05	0.17	杂交晚稻
稻谷	九省市	9.4	11.81	2.82	7.49	4.98	9.2	53	9.4	0.14	0.31	34样品均值
高粱	北京	13.0	12.35	2.95	7.99	5.36	9.8	56	1.7	0.10	0.41	红高粱
高粱	北京	11.6	12.06	2.88	7.74	5.15	9.0	52	2.7	0.06	2.38	杂交多穗
高粱	黑龙江	12.7	12.39	2.96	8.03	5.36	9.2	52	1.7	0.02	0.44	
高粱	吉林	14.0	11.85	2.83	7.55	5.02	8.0	46	2.3	0.14	0.27	小粒高粱
高粱	辽宁	7.0	12.39	2.96	8.03	5.36	10.5	60	1.5	—	—	
高粱	广州	14.8	12.14	2.90	7.78	5.19	9.6	55	2.1	0.10	0.19	
高粱	贵州	14.8	12.23	2.92	7.87	5.27	7.4	42	2.7	0.04	0.36	
高粱	十七省市	10.7	12.27	2.93	7.91	5.23	9.7	56	2.5	0.10	0.31	38样品均值
荞麦	上海	10.4	11.97	2.86	7.66	5.06	11.2	81	11.2	—	0.16	
荞麦	湖南	10.5	11.97	2.86	7.66	5.10	10.5	77	9.3	—	—	
荞麦	贵州	13.8	9.88	2.36	5.94	3.47	8.5	61	17.6	0.02	0.35	
荞麦	十一省市	12.9	11.47	2.74	7.20	4.73	11.4	83	13.2	0.10	0.34	14样品均值
小麦	北京	12.5	13.52	3.23	9.25	6.07	10.1	78	0.9	0.08	0.55	
小麦	湖南	10.0	13.44	3.21	9.12	5.98	12.9	101	0.9	0.03	0.20	
小麦	广东	3.4	13.10	3.13	8.79	5.82	15.9	124	3.5	0.32	—	
小麦	十五省市	8.2	13.27	3.17	8.95	5.90	13.2	103	2.6	0.12	0.39	28样品均值
小米	北京	13.8	13.40	3.20	9.08	5.94	10.7	77	0.9	0.05	0.32	
小米	八省市	13.2	13.36	3.19	9.04	5.94	10.3	74	1.5	0.06	0.37	9样品均值

（续）

饲料		水分（%）	在干物质中									备注
名称	产地		代谢能 兆焦/千克	代谢能 兆卡/千克	维持净能（兆焦/千克）	增重净能（兆焦/千克）	粗蛋白质（%）	可消化粗蛋白质（克）	粗纤维（%）	钙（%）	磷（%）	
燕麦	河北	6.5	11.97	2.86	7.66	5.10	12.5	94	10.8	0.16	0.46	
燕麦	十一省市	9.7	12.10	2.89	7.78	5.19	12.8	100	9.9	0.17	0.37	17样品均值
玉米	北京	11.8	13.44	3.21	9.12	5.98	8.8	61	2.4	0.02	0.41	白玉米
玉米	北京	12.0	13.90	3.32	9.67	6.23	9.7	72	1.5	0.02	0.24	黄玉米
玉米	黑龙江	10.8	13.98	3.34	9.75	6.28	11.0	82	1.9	—	—	
玉米	云南	11.3	13.65	3.26	9.37	6.11	8.6	59	2.5	0.02	0.25	黄玉米
玉米	云南	10.1	13.57	3.24	9.29	6.07	9.8	68	2.8	0.06	0.21	白玉米
玉米	二十三省市	11.6	13.44	3.21	9.12	5.98	9.7	67	2.3	0.09	0.24	120样品均值
七、糠麸类												
大豆皮	北京	9.0	10.17	2.43	6.15	3.72	20.7	99	27.6	—	0.38	
大豆皮	北京	13.0	12.02	2.87	7.70	5.10	17.7	124	6.6	0.38	0.55	
高粱糠	两省	8.9	12.64	3.02	8.28	5.52	10.5	60	4.4	0.08	0.89	8样品均值
黑麦麸	甘肃	8.1	10.89	2.60	6.69	4.31	14.9	113	8.7	0.04	0.52	细粉
黑麦麸	甘肃	8.3	8.25	1.97	4.85	1.92	8.7	50	20.8	0.05	0.14	粗粉
黄面粉	湖南	12.2	13.52	3.23	9.25	6.07	12.6	99	0.9	0.14	0.15	三等面粉
黄面粉	北京	12.5	12.81	3.06	8.45	5.61	19.2	150	7.1	—	0.14	次粉
黄面粉	北京	12.8	13.44	3.21	9.12	5.98	10.9	85	1.5	0.09	0.50	土面
米糠	广东	10.9	12.35	2.95	7.99	5.36	11.9	86	7.3	0.11	1.69	
米糠	上海	11.6	13.57	3.24	9.29	6.07	16.1	116	7.1	0.25	—	
米糠	四川	7.9	11.89	2.84	7.57	5.02	15.2	109	10.4	0.13	1.74	杂交中稻
米糠	四省市	9.8	12.69	3.03	8.33	5.56	13.4	97	10.2	0.16	1.15	13样品均值

（续）

饲料		水分（%）	在干物质中									备注
			代谢能		维持净能（兆焦/千克）	增重净能（兆焦/千克）	粗蛋白质（%）	可消化粗蛋白质（克）	粗纤维（%）	钙（%）	磷（%）	
名称	产地		兆焦/千克	兆卡/千克								
小麦麸	山西	12.8	10.89	2.60	6.69	4.31	15.9	121	10.6	—	—	
小麦麸	山东	10.7	10.55	2.52	6.44	4.06	16.8	131	11.5	0.16	0.60	
小麦麸	上海	11.8	10.76	2.57	6.61	4.23	13.3	103	11.5	0.12	0.99	
小麦麸	江苏	14.0	10.84	2.59	6.65	4.31	17.4	136	11.5	0.41	0.93	
小麦麸	河南	11.7	10.59	2.53	6.44	4.06	17.7	134	9.6	0.24	0.99	
小麦麸	广东	12.2	10.93	2.61	4.74	4.35	14.5	110	9.8	0.13	1.05	
小麦麸	贵州	9.2	9.63	2.30	5.73	3.26	13.0	84	12.9	—	—	
小麦麸	吉林	10.7	10.93	2.61	6.74	4.35	14.7	111	9.2	0.28	1.01	
小麦麸	云南	10.2	11.05	2.64	6.83	4.44	15.5	118	9.7	0.17	1.02	
小麦麸	四川	10.2	10.93	2.61	6.74	4.35	15.8	120	8.1	0.16	20.7	
小麦麸	四川	12.0	10.76	2.57	6.61	4.23	17.5	133	9.3	0.14	0.97	
小麦麸	全国	11.4	10.89	2.60	6.69	4.31	16.3	124	10.4	0.20	0.88	
玉米皮	北京	12.1	9.46	2.26	5.65	3.10	11.5	60	15.7	—	—	
玉米皮	六省市	11.8	10.89	2.60	6.69	4.31	11.0	63	10.3	0.32	0.40	
八、豆类												
蚕豆	上海	11.0	12.14	2.90	7.78	5.19	30.9	235	9.1	0.12	0.44	
蚕豆	广东	12.0	12.23	2.92	7.87	5.27	32.4	246	9.2	—	0.20	
蚕豆	十四省	12.0	12.18	2.91	7.82	5.23	28.3	215	8.5	0.17	0.45	
大豆	北京	9.8	15.24	3.64	11.38	6.90	44.3	399	7.0	0.31	0.68	
大豆	吉林	10.0	15.78	3.77	12.13	7.15	40.6	365	5.1	0.06	0.47	
大豆	黑龙江	9.2	14.28	3.41	10.13	6.44	34.9	241	14.0	0.34	0.53	
大豆	上海	12.0	15.03	3.59	11.09	6.82	46.0	414	7.8	—	0.53	
大豆	河南	10.0	15.32	3.66	11.51	6.95	42.0	378	6.2	0.37	0.46	

（续）

饲料		水分（%）	在干物质中									备注
			代谢能		维持净能（兆焦/千克）	增重净能（兆焦/千克）	粗蛋白质（%）	可消化粗蛋白质（克）	粗纤维（%）	钙（%）	磷（%）	
名称	产地		兆焦/千克	兆卡/千克								
大豆	广东	12.0	15.03	3.59	11.09	6.82	45.0	405	5.7	—	0.30	
大豆	贵州	12.0	14.49	3.46	10.38	6.53	42.6	384	10.1	0.19	0.63	
大豆	十六省市	12.0	15.24	3.64	11.38	6.90	42.0	378	5.8	0.31	0.55	
黑豆	河北	5.3	14.61	3.49	10.54	6.61	43.0	387	7.3	0.29	0.63	
黑豆	内蒙古	7.7	14.57	3.48	10.50	6.61	37.6	338	10.0	—	0.75	
槐豆	贵州	14.4	12.14	2.90	7.78	5.23	25.1	191	6.7	0.46	0.55	
九、饼粕类												
菜籽饼	上海	10.3	10.76	2.57	6.61	4.23	44.6	384	13.0	—	—	
菜籽粕	四川	7.5	10.89	2.60	6.69	4.31	44.2	380	14.5	0.80	1.16	
菜籽饼	十三省市	7.8	12.06	2.88	7.74	5.15	39.5	340	11.6	0.79	1.03	
菜籽饼	两省市	9.9	11.93	2.85	7.61	5.06	37.8	322	15.8	0.93	1.82	土榨
豆饼	北京	8.9	12.90	3.08	8.54	5.69	49.1	417	6.5	0.31	0.67	
豆饼	上海	12.4	12.94	3.09	8.58	5.69	49.5	421	8.0	0.34	0.57	
豆粕	四川	11.0	12.43	2.97	8.08	5.40	51.5	463	6.7	0.36	0.75	
豆饼	河南	4.9	13.15	3.14	8.83	5.82	47.9	408	6.2	0.61	0.05	
豆饼	河南	12.7	13.19	3.15	8.87	5.86	46.6	396	6.0	0.49	0.38	热榨
豆饼	吉林	10.0	13.10	3.13	8.78	5.82	46.4	395	5.7	0.38	0.86	热榨
豆饼	黑龙江	9.0	13.27	3.17	8.95	5.90	45.9	390	5.5	—	—	机榨
豆饼	广东	11.0	12.94	3.09	8.58	5.73	47.9	407	5.7	0.35	0.55	机榨
豆饼	十三省市	9.4	12.98	3.10	8.62	5.73	47.5	403	6.3	0.35	0.55	42样品均值

（续）

饲料		水分（%）	在干物质中									备注
			代谢能		维持净能（兆焦/千克）	增重净能（兆焦/千克）	粗蛋白质（%）	可消化粗蛋白质（克）	粗纤维（%）	钙（%）	磷（%）	
名称	产地		兆焦/千克	兆卡/千克								
胡麻饼	北京	8.9	12.22	1.88	7.87	5.23	39.4	347	9.8	0.43	0.95	亚麻仁饼
胡麻饼	内蒙古	6.2	12.05	1.85	7.74	5.15	34.4	296	12.9	0.66	1.07	亚麻仁饼
胡麻饼	黑龙江	11.2	12.47	1.94	8.12	5.44	30.6	270	11.0	—	—	亚麻仁饼
胡麻饼	新疆	7.6	12.43	1.93	8.08	5.40	34.5	304	9.0	0.80	0.80	
胡麻饼	八省市	8.0	12.30	1.90	7.95	5.31	36.0	317	10.7	0.63	0.84	11样品均值
花生饼	北京	11.0	13.14	2.11	8.83	5.82	46.9	422	5.5	0.26	0.72	机榨
花生饼	山东	11.0	13.35	2.16	9.04	5.94	55.2	497	6.0	0.34	0.33	10样品均值
花生粕	上海	9.9	11.97	1.83	7.66	5.10	54.2	487	6.1	—	—	浸提
花生饼	南京	11.5	12.27	1.89	7.91	5.27	44.6	402	4.1	0.37	0.62	
花生饼	河南	8.0	13.27	2.14	8.95	5.90	53.9	485	5.4	0.18	0.64	6样品均值
花生饼	广东	11.0	13.15	2.11	8.83	5.82	52.5	472	4.6	0.21	0.69	9样品均值
花生饼	四川	8.0	12.43	1.93	8.08	5.40	49.8	403	12.0	—	0.62	机榨
花生粕	四川	8.0	11.51	1.73	7.24	4.77	51.5	417	14.1	0.22	0.71	浸提
花生饼	九省市	10.0	13.27	2.14	8.95	5.86	51.6	439	5.9	0.28	0.58	32样品均值
米糠粕	上海	9.2	10.34	1.50	6.28	3.85	17.5	119	10.2	—	—	脱脂
米糠饼	广东	17.5	10.68	1.56	6.53	4.14	18.5	126	12.2	—	—	
米糠粕	云南	10.1	9.38	1.33	5.56	3.01	16.6	113	13.3	0.16	1.13	浸提
米糠饼	七省市	9.3	10.55	1.54	6.44	4.02	16.8	114	9.8	0.13	0.20	13样品均值
绵籽饼	上海	15.6	8.46	1.19	4.98	2.09	24.5	181	24.4	0.92	0.75	浸提
棉仁粕	上海	11.7	11.22	1.67	6.99	4.56	44.6	361	11.8	0.26	2.28	土榨
棉仁饼	湖南	6.2	9.55	1.36	5.69	3.18	23.1	171	25.2	0.28	0.59	浸提
棉仁粕	四川	7.5	11.22	1.67	6.99	4.56	44.3	359	13.0	0.17	1.30	6样品均值
棉仁饼	四省市	10.4	12.14	1.86	7.78	5.19	36.3	294	11.9	0.30	0.90	浸提
向日葵粕	北京	7.4	9.71	1.39	5.82	3.35	49.8	443	12.7	0.57	0.57	

（续）

饲料		水分（%）	在干物质中									备注
			代谢能		维持净能（兆焦/千克）	增重净能（兆焦/千克）	粗蛋白质（%）	可消化粗蛋白质（克）	粗纤维（%）	钙（%）	磷（%）	
名称	产地		兆焦/千克	兆卡/千克								
向日葵饼	内蒙古	6.7	6.66	0.96	4.02	0.04	18.6	155	42.0	0.43	1.01	
向日葵粕	吉林	7.5	7.37	1.04	4.35	0.92	34.7	288	24.6	0.31	0.91	复浸
椰字饼	广东	9.7	13.90	2.31	9.67	6.23	18.4	131	15.9	0.04	0.21	
玉米胚芽饼	北京	7.0	11.26	1.68	7.03	4.60	18.8	119	16.0	0.05	0.53	
芝麻饼	广西	10.9	12.02	1.84	7.70	5.15	42.6	341	7.2	—	—	
芝麻饼	河南	9.3	12.64	1.98	8.28	5.52	45.3	408	6.5	2.52	0.19	
芝麻饼	十省市	8.0	12.48	1.94	8.12	5.44	42.6	341	7.8	2.45	1.29	13样品均值
十、糟渣类												
豆腐渣	广东	89.9	12.23	2.13	8.91	5.86	30.7	261	23.8	0.50	0.30	黄豆
豆腐渣	两省市	89.0	13.36	2.16	9.04	5.94	30.0	255	19.1	0.45	0.27	4样品均值
粉渣	北京	86.0	10.72	1.57	6.57	4.14	15.0	102	20.0	0.43	0.21	绿豆粉渣
粉渣	河北	85.0	13.57	2.22	9.29	6.07	10.7	92	9.3	0.07	0.33	玉米粉渣
粉渣	上海	91.1	11.85	1.80	7.53	5.02	11.2	78	15.7	0.34	0.56	玉米淀粉渣
粉渣	六省市	85.0	13.23	2.13	8.91	5.86	12.0	103	9.3	0.13	0.13	玉米粉渣
粉渣	湖南	85.0	9.63	1.37	5.73	3.26	9.3	63	30.0	0.87	0.13	玉米蚕豆渣
粉渣	云南	85.0	8.75	1.23	5.15	2.43	14.7	100	35.3	0.47	0.07	蚕豆粉渣
粉渣	河南	85.0	9.46	1.35	5.65	3.10	23.3	150	18.0	0.87	—	碗豆粉渣
粉渣	四川	90.1	10.22	1.47	6.15	3.77	14.1	96	25.3	0.51	0.20	碗豆粉渣
粉渣	福建	85.0	12.69	1.99	8.33	5.56	2.0	0	5.3	—	—	甘薯粉渣
粉渣	贵州	89.1	10.59	1.54	6.44	4.10	15.6	106	20.2	—	—	巴豆粉渣
粉渣	三省市	85.0	10.51	1.53	6.40	4.02	6.7	0	8.7	0.40	0.27	马铃薯渣
粉浆	上海	98.0	14.24	2.41	10.08	6.44	15.0	129	5.0	—	0.50	玉米浆
甘蔗渣	广东	4.5	5.15	0.80	3.35	—	1.2	0	51.9	—	—	

（续）

饲料		水分（%）	在干物质中									备注
名称	产地		代谢能 兆焦/千克	代谢能 兆卡/千克	维持净能（兆焦/千克）	增重净能（兆焦/千克）	粗蛋白质（%）	可消化粗蛋白质（克）	粗纤维（%）	钙（%）	磷（%）	
酱油渣	四川	77.6	10.43	1.51	6.32	3.93	31.7	212	15.2	0.49	0.13	黄豆2麸皮1
酱油渣	宁夏	75.7	12.23	1.88	7.87	5.27	29.2	196	13.6	0.45	0.12	黄豆3麸皮2
酒糟	吉林	79.3	12.73	2.00	8.37	5.56	24.7	178	9.0	—	—	高粱
酒糟	江苏	79.7	14.11	2.37	9.92	6.36	29.6	213	5.4	—	—	米酒
酒糟	河南	65.0	7.75	1.09	4.56	1.34	16.3	98	16.9	3.26	0.29	甘薯干
酒糟	湖南	65.0	3.1	0.62	2.59	—	8.0	8	21.4	0.63	0.34	甘薯粉，玉米5%
酒糟	四川	65.0	10.09	1.45	6.07	3.68	18.3	110	14.3	0.26	0.20	
酒糟	贵州	79.0	10.51	1.53	6.40	4.02	19.0	114	11.0	—	—	玉米
木薯渣	广东	9.0	12.69	1.99	8.33	5.52	3.3	0	6.2	0.35	0.02	
啤酒糟	上海	88.5	11.10	1.64	6.86	4.48	28.7	209	18.3	0.52	0.35	
啤酒糟	黑龙江	86.4	9.67	1.46	6.11	3.31	26.5	193	16.9	0.44	0.59	
啤酒糟	两省	76.6	10.47	1.61	6.74	3.97	29.0	212	16.7	0.38	0.77	3样品均值
甜菜渣	北京	84.8	9.84	1.49	6.23	3.43	8.6	43	18.4	0.72	0.13	
甜菜渣	黑龙江	89.7	9.84	1.49	6.23	3.47	11.1	55	31.1	0.96	0.34	2样品均值
糖蜜	广东	26.8	10.63	1.65	6.90	4.10	13.1	39	0.1	—	—	甘蔗，糖蜜
饴糖渣	内蒙古	77.1	11.89	1.93	8.08	5.02	33.2	242	9.2	0.44	0.70	
饴糖渣	四川	77.4	10.89	1.70	7.11	4.31	31.0	226	2.2	0.04	0.18	大米95%大麦5%
饴糖渣	四川	83.6	10.97	1.72	7.20	4.35	8.5	62	10.4	0.12	—	玉米
饴糖渣	湖南	71.5	9.84	1.49	6.23	3.43	31.6	343	14.4	—	0.46	麦芽糖
柑橘渣		90.5	13.31	3.18	9.00	5.19	7.1		15.0	2.04	0.15	
柑橘渣		10.0	11.63	2.78	8.24	5.52	7.3		14.0	2.18	0.13	
十一、动物性饲料												
牛乳	北京	87.0	19.93	4.76			25.4	244	—	0.92	0.69	

（续）

饲料		水分（%）	在干物质中									备注
			代谢能		维持净能（兆焦/千克）	增重净能（兆焦/千克）	粗蛋白质（%）	可消化粗蛋白质（克）	粗纤维（%）	钙（%）	磷（%）	
名称	产地		兆焦/千克	兆卡/千克								
牛乳	广东	88.3	19.01	4.54	19.96	8.28	26.5	254	—	—	—	
牛乳	北京	87.0	19.93	5.37	22.47	8.54	25.4	244	—	0.92	0.69	
牛乳	黑龙江	90.4	13.65	3.26	10.08	6.11	38.5	362	—	—	—	脱脂
牛乳	黑龙江	87.7	19.43	4.64	19.41	8.41	25.2	242	—	0.98	0.73	全脂
牛乳	上海	86.7	20.10	4.80	20.08	8.58	24.8	238	—	0.90	0.68	
牛乳	四川	88.0	19.55	4.67	21.42	8.41	26.7	256	—	0.83	0.83	
牛奶		88.0	19.66	4.7	17.53	8.41	25.8		—	—	—	
脱脂牛奶		90.4	14.06	3.36	9.71	6.28	25.8		0.0	1.26	1.03	
脱脂奶粉		94.0	13.01	3.11	8.66	5.73	35.6		0.2	1.34	1.10	
牛奶粉	北京	2.0	19.76	4.72	21.97	8.49	26.7	254	—	1.05	0.90	
鱼粉	北京	11.2	12.35	2.95	8.58	5.31	56.8	499	—	5.21	3.70	橡皮鱼、带鱼
鱼粉	天津	9.0	9.84	2.35	6.23	3.47	58.1	512	—	—	—	淡水鱼
鱼粉	上海	10.5	14.91	3.56	11.84	6.74	67.4	593	—	3.94	0.70	
鱼粉	浙江	8.8	8.33	1.99	5.15	2.01	42.3	372	—	6.72	1.13	
鱼粉	浙江	3.2	12.52	2.99	8.74	5.44	52.5	462	—	—	—	淡水鱼
鱼粉	广东	9.2	12.27	2.93	8.49	5.27	51.1	450	—	—	—	
鱼粉	日本	11.0	11.89	2.84	8.08	5.06	67.6	595	—	5.07	3.00	三样品均值
鱼粉	秘鲁	11.0	12.81	3.06	9.08	5.65	68.0	598	—	4.39	3.26	八样品均值

（续）

饲料		水分（%）	在干物质中									备注
			代谢能		维持净能（兆焦/千克）	增重净能（兆焦/千克）	粗蛋白质（%）	可消化粗蛋白质（克）	粗纤维（%）	钙（%）	磷（%）	
名称	产地		兆焦/千克	兆卡/千克								
十二、矿物质饲料												
石灰石粉	北京	0.0	—	—	—	—	—	—	—	33.8	0.02	
磷灰石	北京	0.2	—	—	—	—	—	—	—	33.1	18.0	
磷酸氢钙	北京	4.0	—	—	—	—	—	—	—	23.1	18.7	
磷酸钠	北京	3.3	—	—	—	—	—	—	—	—	26.0	
贝壳粉	北京	0.0	—	—	—	—	—	—	—	38.1	0.1	
骨粉	北京	5.0	—	—	—	—	—	—	—	30.5	14.3	
骨粉	北京	5.0	—	—	—	—	—	—	—	22.0	11.0	
石粉	北京	0.0	—	—	—	—	—	—	—	36.0	—	
石粉	河北	0.0	—	—	—	—	—	—	—	33.0	—	

资料来源：蒋洪茂，《优质牛肉生产技术》，1995。

二十九、肉牛经济性能表型值计算方法

繁殖性能测定

1. 母牛受配率：(受配母牛数/适繁母牛数)×100%；

2. 母牛受胎率：(受胎怀孕母牛数/受配母牛数)×100%；

3. 配种指数：(受胎母牛配种的总情期数/受胎母牛数)×100%；

4. 母牛情期受胎率：（在一个情期内怀孕母牛数/受配母牛数)×100%；

5. 母牛产犊率：(产犊母牛数/妊娠母牛总数)×100%；

6. 犊牛成活率：(6月龄断奶成活犊牛数/产犊总数)×100%；

7. 犊牛死亡率：(死亡犊牛数/产犊总数)×100%；

8. 繁殖成活率：(年内成活犊牛数/适繁母牛数)×100%；

9. 难产率：(难产母牛数/产犊母牛数)×100%；

10. 黄牛肉用指数：公牛体重（千克）和体高（厘米）之比值（BPI)；

肉用型	BPI≥5.6；
肉役兼用型	BPI 4.5～5.5；
役肉兼用型	BPI 3.6～4.4；
役用（原始）型	BPI ≤3.6；

生长、肥育性能测定

1. 体尺

(1) 头长　用卷尺测量枕骨脊至鼻镜的长度。

(2) 额宽　用卡尺测量牛两眼角上缘外侧的距离。

(3) 头宽　用卡尺测量牛角角基间的距离。

(4) 体高　用测杖测量鬐甲最高点至地面的垂直距离。

(5) 十字部高　用测杖测量由腰角连线中点至地面的垂直距离。

(6) 尻尖高（臀端高）　用测杖测量尻尖至地面的垂直距离。

(7) 胸深　用测杖测量由鬐甲到胸骨下缘的垂直距离。

(8) 胸宽　用卡尺测量牛两肩胛后缘间的距离。

(9) 胸围　用卷尺测量肩胛后缘胸部的圆周长度。

(10) 体直长　用测杖测量由肩端前缘至尻尖的水平距离。

(11) 体斜长①　用测杖测量由肩端前缘至尻尖的直线长度。

(12) 体斜长②　用卷尺测量由肩端前缘到尻尖的软尺距离。

(13) 尻长　用卡尺测量腰角前缘至尻尖的直线距离。

(14) 臀长　用卷尺测量腰角前缘至坐骨节后突的长度。

(15) 腰角宽　用卡尺测量两腰角外缘间的距离。

(16) 臀端宽　用卡尺测量臀端外缘间的直线距离。

(17) 前管围　用卷尺测量左前肢管骨上1/3最细处的周长。

2. 肉牛体重

(1) 入场（入栏）体重　入场（入栏）时即时测量的体重。

(2) 肥育结束体重　肥育结束日早晨喂料饮水前（已停料停水10小时）测量的体重。

(3) 出场（出栏）体重　出场（出栏）时即时测量的体重。

(4) 肉牛运输前体重　肉牛装上运输车辆前（1小时内）测量的体重。

(5) 肉牛运输后体重　肉牛经运输到达目的地后（1小时内）测量的体重。

(6) 肉牛计价体重　肉牛交易时测量的体重。

3. 日增重（克）

(1) 每次称重的时间一致，早晨空腹即第一次喂牛前。

(2) 绝对日增重（克）=[期末体重（千克）－期初体重（千克）]/饲养日。

(3) 相对增重（%）=(期末体重－期初体重)/期初体重×100%。

4. 肥育牛饲养日计算

(1) 按照实际饲养日计算；按月计有28、30或31天之分。

(2) 采用“计头不计尾，计尾不计头”的原则，即饲养天数从牛体重称量第一天开始计算，就不能再计算最后一次称重日，饲养天数不是从牛体重称量的第一天开始计算，就应该计算到最后一次称重日；或饲养天数从牛进场（围栏）的第一天开始计算，就不能再计算牛最后的出栏日，饲养天数不是从牛进场（围栏）的第一天开始计算，就应该计算到最后的出栏日。

5. 饲料报酬（饲料回报率、转化率）

（1）总饲料报酬　饲料消耗总量（含水量12%）/净增体重。

（2）精饲料（含能量、蛋白质）报酬　精饲料消耗量（含水量12%）/净增体重。

（3）青、粗、青贮饲料报酬　青粗饲料消耗总量（含水量12%）/净增体重。

（4）肉牛育肥期饲料消耗量计算

1）按照实际饲养天数计算饲料消耗量；按月计有28、30或31天之分。

2）采用“计头不计尾，计尾不计头”的原则，如饲料消耗量从牛进场（或进围栏、或称重）的第一天开始计量，就不再计量牛出场（出围栏、或称重）当天的消耗量。如饲料消耗量从牛进场（或进围栏、或称重）的第二天开始计量，就应计量牛出场（出围栏、或称重）当天的消耗量。

3）饲料报酬的计算因饲料含水量不同而失去可比性，故应把所有饲料的含水量都校正为12%后再计算。

6. 料重比　是指肥育牛增加1千克体重（活重）和消耗的饲料重量之比，也可称为饲料报酬或饲料利用效率。

精料料重比＝精饲料（含能量、蛋白质、含水量12%）消耗量（千克）/增重千克体重；

饲料料重比＝饲料消耗量（含水量12%、千克）/增重千克体重。

7. 料肉比　是指肥育牛增加1千克牛肉重量和消耗的饲料重量之比。

精料料肉比＝精饲料（含能量、蛋白质、含水量12%）消耗量（千克）/增重千克净肉重；

饲料料肉比＝饲料（含水量12%）消耗量（千克）/增重千克净肉重。

8. 肉牛出栏率

（1）出栏率＝全年出栏（场）牛数（包括出售活牛和屠宰牛）/上年年末存栏牛总数×100%。

（2）肉牛肥育出栏率＝年内肥育出栏牛数/年初可肥育牛数×100%。

（3）肉牛肥育出栏率＝年内肥育出栏牛数/（年初可肥育牛数＋年内购入架子牛数）×100%。

（4）肉牛育成率＝年内育成合格牛数/年初可肥育牛数×100%。

9. 肉牛死亡率　年内肉牛死亡头数/年内饲养头数×100%。

屠宰产肉性能

1. 屠宰性能测定

（1）屠宰前体重　肉牛屠宰前1小时内（已经停食24小时，停水8小时）称量的体重。

（2）热胴体重量　胴体经过劈半、修整、冲洗后称量的重量。

（3）冷却胴体重量　胴体经过成熟（排酸）过程后、分割前称量的重量。

（4）胴体表面脂肪覆盖率＝（胴体表面脂肪面积/胴体表面面积）×100%。

（5）胴体产肉率＝（胴体产肉净重/胴体重）×100%。

（6）净肉率＝（净肉重/屠宰前体重）×100%。

（7）分割损耗率：100%－[（分割产品重/胴体重）×100%]的余数。

分割产品主要包括肉、骨、筋和脂肪。

（8）屠宰率

1）热胴体屠宰率＝热胴体重量/屠宰前体重×100%；

2）冷胴体屠宰率＝冷却胴体重量/屠宰前体重×100%。

（9）胴体　指牛尸体除去皮、头、尾、内脏（不包括肾脏和肾脂肪）、腕、跗关节以下的四肢、生殖器官及其周围脂肪。

2. 大理石花纹等级测定

（1）测定部位　垂直切割胸肋第12～13处背最长肌（日本为胸肋5～6处背最长肌）。

（2）测定方法　制成标准图版比对（可参照“优质牛肉生产技术，中国农业出版社1995版”。我国分6级、日本分12级）。

3. 牛肉嫩度测定

（1）设备　①肌肉剪切仪；②取样器（直径1.27厘米）；③恒温水浴锅；④温度计。

（2）取样　①部位，胸肋第11～13横切面背最长机；②样品规格，长3厘米；宽3厘米；厚2厘米。

（3）处理　①将室温水加入浴锅；②将样品置于水浴锅；③将温度计插入样品的中心位置；④加热，保持水温70℃，20分钟；⑤取出，置于室温下；⑥用取样器取样，顺肌肉丝纹走向取10个肉柱；⑦将单个肉柱置肌肉剪切仪剪切；⑧记录每个肉注剪切值（千克）。

（4）剪切值（千克）处理、存档

4. 牛肉保水（系水）力（%）测定

牛肉保水力系指肉块不受任何外力只受重力作用下液体的保持能力，分为4级，1级最好：

保水力（%）	≥92	≤91.9≥90.0	≤89.9≥85.0	≤84.9≥80.0
级别	1	2	3	4

滴水损失法：

（1）测定条件　①肉牛屠宰后2小时取样；②取样部位：胸

肋第11～13横切面背最长机。

（2）样品规格　切成2厘米×3.5厘米×5厘米肉片。

（3）处理　①称量肉片原始重；②备充气的塑料袋，肉片悬浮其中（不接触塑料袋壁）；③置于恒温（4℃）条件24小时、48小时后称重；④计算滴水损失量；保水力＝滴水后肉片重/肉片原始重×100％。

5. 熟肉率（％）测定

（1）测定条件

1）取样条件　①屠宰后48小时内取样；②10～13胸肋背最长肌（外脊）。

2）样品规格　长度8厘米、宽度8厘米、厚度2厘米。

（2）测定　①隔水蒸煮20分钟；②取出立即称量肉块。

（3）熟肉率＝(熟肉重/生肉重)×100％。

6. 肉味

（1）测定条件

1）取样条件　①屠宰后48小时内取样；②12～13胸肋背最长肌（外脊）。

2）样品规格　长度2厘米、宽度2厘米、厚度2厘米。

（2）测定　①沸水中煮70分钟；②不加任何调味品；③水肉比为3∶1。

（3）品味　①请有经验人士品味；②评分，1分最低，9分最好。

附录一　农产品安全质量无公害畜禽肉产地环境要求（节录）

GB/T18407.3—2001

1　范围

GB/T18407 的本部分规定了无公害畜禽肉类产品加工环境的质量要求、试验方法、评价原则、防疫措施及其他要求。

本部分适用于在我国境内的畜禽养殖场、屠宰厂、畜禽类产品加工以及产品预报输贮存单位。

3　术语和定义

下列术语和定义适用于 GB/T18407 的本部分。

全进全出

将同一生产单元内的所有畜禽同时转进转出，并进行清洗、消毒、净化的养殖模式，这样可有效切断疫病的传播途径，防止病原微生物在群体中形成连续感染和交叉感染。

4　要求

4.1　选址和设施

4.1.1　畜禽养殖地、屠宰和畜禽类产品加工厂必修选择在生态环境良好、无或不直接受工业“三废”及农业、城镇生活、医疗废弃物污染的生产区域。选址应参照国家相关标准的规定，避开水源防护区、风景名胜区、人口密集区等环境敏感地区，符合环境保护、兽医防疫要求，场区布局合理，生产区生活区严格分开。

4.1.2 养殖区周围 500 m 范围内、水源上游没有对产地环境构成威胁的污染源，包括工业“三废”、农业废弃物、医院污水及废弃物、城市垃圾和生活污水等污物。

4.1.3 与水源有关的地方，疫病高发区，不能作为无公害畜禽肉类产品生产、加工地。

4.1.4 养殖地应设置防止渗漏、径流、飞扬且具一定容量的专用的贮存设施和场所，设有粪尿污水处理设施，畜禽粪便处理后应符合 GB7959 和 GB 14554 的规定，畜禽病肉尸及其产品无害化处理应符合 GB 16548 的有关规定，排放出的生产和加工废水应符合 GB8978 的有关规定。

4.1.5 饲养和加工场地应设有与生产相适应的消毒设更衣室、兽医室等，并配备工作所需要的仪器设备，肉类加工厂卫生应符合 GB 12694 的有关规定。

4.2 畜禽饮用水、大气环境

4.2.1 畜禽饮用水质量指标应符合表 1 的要求。

表 1 畜禽饮用水质量指标

项 目	指 标
砷，mg/L	≤0.050
汞，mg/L	≤0.001
铅，mg/L	≤0.050
铜，mg/L	≤1.000
铬，mg/L	≤0.050
镉，mg/L	≤0.010
氰化物，mg/L	≤0.050

（续）

项　　目	指　　标
氟化物（以 F 计），mg/L	≤1.000
氯化物（以 Cl 计），mg/L	≤250.0
六六六，mg/L	≤0.001
滴滴涕，mg/L	≤0.005
总大肠菌群，个/L	≤3.000
pH	6.5～8.5

4.2.2　生产加工环境空气质量应符合表 2 的要求。

表 2　环境空气质量指标

<table>
<tr><th>项　　目</th><th>日平均</th><th>1 小时平均</th></tr>
<tr><td>总悬浮颗粒物（标准状态），mg/m³</td><td>≤0.30</td><td></td></tr>
<tr><td>二氧化硫（标准状态），mg/m³</td><td>≤0.15</td><td>≤0.50</td></tr>
<tr><td>氮氧化物（标准状态），mg/m³</td><td>≤0.12</td><td>≤0.24</td></tr>
<tr><td>氟化物，μg/dm³ · d</td><td>≤3（月平均）</td><td></td></tr>
<tr><td>铅（标准状态），μg/m³</td><td colspan="2">季平均≤1.50</td></tr>
</table>

4.2.3　畜禽场空气环境质量应符合表 3 的要求。

表 3

<table>
<tr><th rowspan="3">序号</th><th rowspan="3">项　目</th><th rowspan="3">单　位</th><th rowspan="3">场　区</th><th colspan="4">舍　　区</th></tr>
<tr><th colspan="2">禽　舍</th><th rowspan="2">猪　舍</th><th rowspan="2">牛　舍</th></tr>
<tr><th>雏</th><th>成</th></tr>
<tr><td>1</td><td>氨气</td><td>mg/m³</td><td>5</td><td>10</td><td>15</td><td>25</td><td>20</td></tr>
<tr><td>2</td><td>硫化氢</td><td>mg/m³</td><td>2</td><td>2</td><td>10</td><td>10</td><td>8</td></tr>
<tr><td>3</td><td>二氧化碳</td><td>mg/m³</td><td>750</td><td colspan="2">150</td><td>1 500</td><td>1 500</td></tr>
<tr><td>4</td><td>可吸入颗粒物（标准状态）</td><td>mg/m³</td><td>1</td><td colspan="2">4</td><td>1</td><td>2</td></tr>
<tr><td>5</td><td>总悬浮颗粒物（标准状态）</td><td>mg/m³</td><td>2</td><td colspan="2">8</td><td>3</td><td>4</td></tr>
<tr><td>6</td><td>恶臭</td><td>稀释倍数</td><td>50</td><td colspan="2">70</td><td>70</td><td>70</td></tr>
</table>

4.3 水质要求

无公害畜禽类产品加工水质应符合附表 1 的要求。

4.4 防疫要求

4.4.1 按照《中华人民共和国动物防疫法》及 GB 16549 规定的要求进行。

4.4.2 采用“全进全出”养殖管理模式，生产地应有隔离区。

4.4.3 实施灭鼠、灭蚊、灭蝇，禁止其他家畜禽进入养殖场内。

4.4.4 发现疫情应立即向当地动物防疫监督机构报告，接受防疫机构的指导，尽快控制，病死畜禽按 GB16548 规定进行无害化处理。

4.5 消毒要求

4.5.1 养殖场应建立消毒制度，定期开展场内外环境消毒、畜禽体表消毒、饮用水消毒等不同消毒方式。

4.5.2 使用的消毒药安全、高效、低毒、低残留。

4.5.3 进出车辆和人员应严格消毒。

5 试验方法

5.1 畜禽饮水、加工水质检测

5.1.1 砷的测定按 GB/T7485 执行。

5.1.2 汞的测定按 GB/T7468 执行。

5.1.3 铜、铅、仡的测定按 GB/T7475 执行。

5.1.4 六价铬的测定按 GB/T7467 执行。

5.1.5 氰化物的测定按 GB/T7486 执行。

5.1.6 氟化物的测定按 GB/T7483 执行。

5.1.7 氯化物的测定按 GB/T11896 执行。

5.1.8 六六六、滴滴涕的测定按 GB/T7492 执行。

5.1.9 大肠菌群的测定按 GB/T4789.3 执行。

5.1.10 pH 的测定按 GB/T6920 执行。

5.2 环境空气质量检测

5.2.1 总悬浮颗粒物的测定按 GB/T15432 执行。

5.2.2 二氧化硫的测定按 GB/T 15262 执行。

5.2.3 氮氧化物的测定按 GB/T 15436 执行。

5.2.4 氟化物的测定按 GB/T 15433 执行。

5.2.5 铅的测定按 GB/T 15264 执行。

5.3 场区、舍区环境质量检测

5.3.1 氨气的测定按 GB/T 14668 执行。

5.3.2 硫化氢的测定按中国环境监测总站《污染环境统一监测分析方法》（废水部分）执行。

5.3.3 二氧化碳的测定按国家环保总局《水和废水监测分析方法》执行。

5.3.4 可吸入颗粒物的测定场区按 GB11667 执行，舍内按 GB/T17095 执行。

5.3.5 恶臭的测定按 GB/T14675 执行。

6 评价原则

6.1 无公害畜禽类产品生产加工环境质量必须符合 GB/T18407 的本部分的规定。

6.2 取样方法按相应的国家标准或行业标准执行。

6.3 检验结果的数据修约按 GB/T8170 执行。

附录二　标准化养殖场　肉牛（节录）

2013 年 5 月

1　范围

本标准规定了标准化肉牛肥育场的选址、布局、实施与设备、管理防疫、环境与保护等基本要求内容。

本标准适用于出栏 500 头或存栏 200 头以上标准化肉牛肥育场建设、生产与管理。

3　术语和定义

本标准采用下列定义

3.1　舍饲肥育

在牛舍内采用拴系饲养或者群养进行肥育的方式。舍外可设运动场。

3.2　肥育场

对架子牛进行强度饲养已达到肉牛快速生长的肉牛场。

3.3　牛场废弃物

主要包括牛粪、牛尿、草料、垫料、死牛、废弃兽医用品和污水。

3.4　隔离牛舍

饲养新进场进行观察、检疫、驱虫、治疗等过渡阶段的肉牛舍。

3.5　净道

牛群周转、饲养员行走、场内运送饲料车辆出入的专用道路。

3.6 污道

场内向外运输粪便等废弃物或淘汰牛的专用道路。

4 基本要求

4.1 肉牛肥育牛场不得位于《中华人民共和国畜牧法》明令禁止的区域，土地使用符合相关法律法规与区域内土地使用规划。

4.2 具备县级以上（含县级）畜牧兽医部门颁发的《动物防疫合格证》，两年内无重大动物疫病和产品质量安全事件发生，无非法添加物使用记录。

4.3 具备县级以上（含县级）畜牧兽医行政部门备案记录证明；按照农业部《畜禽标识和养殖档案管理办法》要求，建立养殖档案。

4.4 肉牛肥育牛场规模为年出栏肥育肉牛 500 头以上或肉牛存栏 200 头以上。

5 选址与布局

5.1 场址选择

5.1.1 肉牛肥育牛场场址选择必须符合国家畜牧主管部门制定的养殖场规范布局总体要求；符合当地土地利用发展规划和村镇建设发展规划要求。

5.1.2 场址要地势开阔、高燥向阳、通风、排水良好，坡度不宜大于 25 度；场地地形整齐、宽阔、有足够的面积，一般肉牛肥育场的场区占地总面积按每 1 头存栏牛 40～50 米^2 计算，不同规模的肥育牛场占地总面积的调整系数为 10%～20%。

5.1.3 场地土壤质量符合《土壤环境质量标准》(GB 15618) 规定。

5.2 基础设施

5.2.1 水源稳定，供水充足，取用方便，水质应符合《无公害食品畜禽饮用水水质标准》(NY 5031) 的要求。

5.2.2 电力供应充足可靠，符合《工业与民用供电系统设计规范》（GBJ 52）的要求。通讯基础设施良好。

5.2.3 交通便利，卫生防疫无污染。场界距离居民区和其他畜牧场应大于500米，距离交通主干道不少于500米。周围1 500米以内无化工厂、畜产品加工厂、屠宰厂、兽医院等容易产生污染的企业和单位。

5.3 场地规划布局

5.3.1 肉牛肥育场按功能一般分为管理区、生产区、饲料区和粪污处理区，各功能区之间宜相距50米，牛场周围及各区之间应设防疫隔离带。

5.3.2 管理区一般设在场区常年主导风向的上风向及地势较高区域；隔离区设在场区下风向或侧风向及地势低高区域；饲料加工区域生产区分离，位置应方便车辆运输。

5.3.3 牛场与外界应有专用道路与交通干线连接。场内道路分净道和污染道，两者严格分开，不得交叉混用。道路宽度一般不小于4米，转弯半径不小于8米。道路净空高4米内没有障碍物。

6 生产设施与设备

6.1 饲养工艺

肉牛肥育场采用分段肥育的饲养生产工艺，分隔离期和肥育期两阶段；也可以采用直线肥育的饲养工艺。

6.2 肥育牛舍

6.2.1 牛舍建筑形式可采用全开放式（敞棚）、半开放式或有窗式牛舍；屋顶形式可采用钟楼式、半钟楼式、双坡式或拱顶式，牛舍屋顶应加隔热层或保温层。

6.2.2 牛舍采用砖混结构或轻钢结构。每栋牛舍长度根据牛的数量和牛场总体规划布局而定；牛舍跨度格局由牛舍内部布置确定，单列式布置牛舍的跨度一般为5.1～6.5米；双列式布置牛舍的跨度一般为10.0～12.0米，可采用对头式或对尾式饲养；牛舍的高度不宜太低，牛舍檐口高度一般不低于3.0米，双列式布置牛舍的檐口高度一般不低于3.6米，且随着牛舍的高度增加而增高；两栋牛舍间距为檐口高度的4～5倍为宜。

6.2.3 牛舍总建筑面积一般按照每头存栏牛6.0～8.0米^{2}计算。其他附属建筑面积一般按照每头存栏牛2.0～3.0米^{2}计算为宜。

6.2.4 采用拴系饲养的牛床长度一般为1.8米，床面材料以砖、混凝土为宜，并向粪尿沟有1.5%～3.0%的坡度。采用小群饲养一般加垫料，也可以设坡度向粪尿沟倾斜。

6.3 牛舍设备

6.3.1 牛栏杆根据饲养方式确定，小群饲养栏杆根据牛的大小设计1.3～1.5米高度。栏内可设置刷毛机等设施。

6.3.2 采用有槽帮食槽或地面食槽，人工或机械饲喂。

6.3.3 饮用水可采用自动饮水器或食槽供水。

6.3.4 清粪方式采用人工或机械清粪。

6.3.5 环境控制设备包括风机等防暑降温设备。

6.4 运动场中的设备

运动场中的设备有补料槽、饮水实施，按20～30头牛设置一个饮水槽。

6.5 场区设备

6.5.1 饲料加工与贮存设施符合下列要求：青贮贮备量每头牛每天10～15千克计算，应满足牛场全年需要量。青贮窖（池）按500～600千克/米^{3}设计容量；饲草（粗饲料）贮备量每头牛每天5千克计算，应满足牛场3～6个月需要量。高密度草捆密度350千克/米^{3}粗饲料贮备应有干草棚，精饲料贮备量应能满足牛场1～2个月需要量。牛场设有粉碎机、搅拌机等相应的加工设备。

6.5.2 牛场水源稳定，有水质检验报告。有水贮备设施或配套饮水设备，宜采用无塔恒压给水装置供水，或选用水塔、蓄水池、压力罐供水，供水压力为147～196千帕。牛场给水设计应按每头肥育牛日需水量为40～50升，每人日需水量为100升，每日供水量按牛场日需水量的2.5倍计算；生活与管理区给水、排放按工业与民用建筑有关规定执行。

6.5.3 牛场的电力负荷为二级。当地不能保证二级供电要求时，应设置自备发电机组。大中型肥育场应配置信息交流、通信联络设备。

6.5.4 牛场消防应采取经济合理、安全可靠的消防设施，符合《村镇建筑设计防火规范》（GBJ 39-90）的规定；消防通道可利用场内道路，并与场外公路相通；采用生产、生活、消防合一的给水系统。

6.5.5 实验室设备应满足生产所需要的兽医化验、营养分析、环境检测等工作的仪器设备。

6.5.6 设有保定架和装（卸）牛台。在没有颈枷设施的肉牛养殖场，必须配备保定架。装（卸）牛台既可以为固定的永久性设施，也可以为用钢管和木材等制作的可移动设施。

7 生产管理与防疫

7.1 生产管理

7.1.1 牛场制定各种生产管理制度，并严格执行。

7.1.2 生产过程应有详细记录并建立档案，如肥育牛场购牛时有动物检疫合格证明；有牛群周转（品种、来源，进出场数量、月龄、体重）记录；饲料采购与消耗；药品采购与使用、防病防治、疫苗接种记录、病死牛处理记录；设备使用、维护；人员管理等记录档案。

7.1.3 应有1名以上经过畜牧兽医专业知识培训的技术人员，取得技术岗位证书，持证上岗。或与当地专业畜牧兽医服务机构签订有技术服务协议。

7.2 卫生防疫

7.2.1 牛场四周建有围墙或防疫沟，并配有绿化隔离带设施，牛场大门入口处设有车辆强制消毒设施。大门口消毒池长≥4米，宽≥3米，深≥0.2米，消毒池应设有遮雨棚。

7.2.2 生产区应与生活区严格有隔离，在生产区入口处设人员消毒更衣室，在牛舍入口处设地面消毒池。

7.2.3 粪污处理区与病死牛处理区按夏季主导风向设于生产区的下风向处。

7.2.4 病死牛只处理及建设应符合《畜禽病害肉尸及产品无害化处理规程》（GB 16548）之规定。

7.2.5 牛舍内空气质量应符合《畜禽环境质量标准》（NY/T 388）的规定。

8 环境保护

8.1 新建肉牛肥育场必须进行环境评估，确保肉牛肥育场不污染周围环境，并不受外界环境污染。

8.2 新建肉牛肥育场必须同步建设相应的粪便和污水处理设施。固体粪污以高温堆肥处理为主，处理后符合《粪便无害化卫生标准》（GB 7959）的规定方可运出场外。污水经处理后符合《污水综合排放标准》（GB 8978）的规定方可排放。

8.3 场内空气质量应符合《恶臭污染物排放标准》（GB 14554）的规定。

8.4 场区绿化应结合场区各功能区之间的隔离、防疫遮阳及放风需要进行。可根据当地实际种植能美化环境、净化空气的树种和花草，不宜种植有毒、有刺、有飞絮的植物。

8.5 肉牛肥育场周围最好有足够的土地面积消纳牛粪污水，1头存栏牛需要土地10～15亩。

附录三　无公害食品　肉牛饲养管理准则（节录）

前言

本标准由中华人民共和国农业部提出。

本标准起草单位：中国农业科学院畜牧研究所、中国农业大学。

本标准主要起草人：许尚忠、李俊雅、李胜利、任红艳、贾恩堂、邵志文。

1　范围

本标准规定了无公害肉牛生产中环境、引种和购牛、饲养、防疫、管理、运输、废弃物处理等涉及肉牛饲养管理的各环节应遵循的准则。

本标准适用于生产无公害牛肉的种牛场、种公牛站、胚胎移植中心、商品牛场、隔离场的饲养与管理。

3　术语和定义

下列术语和定义适用于本标准。

3.1　肉牛 beef cattle

在经济或体形结构上用于生产牛肉的品种（系）。

3.2　投入品 input

饲养过程中投入的饲料、饲料添加剂、水、疫苗、兽药等物品。

3.3　净道 non-pollution road

牛群周转、场内工作人员行走、场内运送饲料的专用道路。

3.4　污道 pollution road

粪便等废弃物运送出场的道路。

3.5　牛场废弃物 cattle farm waste

主要包括牛粪、尿、尸体及相关组织、垫料、过期兽药、残余疫苗、一次性使用的畜牧兽医器械及包装物和污水。

4　牛场环境与工艺

4.1　牛场环境应符合 GB/T18407.3 要求。

4.2　场址用地应符合当地土地利用规划的要求，充分考虑牛场的放牧和饲草、饲料条件。

4.3　牛场的布局设计应选择避风和向阳，建在干燥、通风、排水良好、易于组织防疫的地点。牛场周围 1 000 米内无大型化工厂、采矿场、皮革厂、肉品加工厂、屠宰厂、饲料厂、活畜交易市场和畜牧场污染源。牛场距离干线公路、铁路、城镇、居民区和公共场所 500 米以上，牛场周围有围墙（围墙高＞1.5 米）或防疫沟（防疫沟宽＞2.0 米），周围建立绿化隔离带。

4.4　饲养区内不应饲养其他经济用途的动物。饲养区外 1 000 米内不应饲养偶蹄动物。

4.5　牛场管理区、生活区、生产区、粪便处理区应分开。牛场生产区要布置在管理区主风向的下风或侧风向，隔离牛舍、污水、粪便处理设施和病、死牛处理区设在生产区主风向的下风或侧风向。

4.6　场区内道路硬化，裸露地面绿化，净道和污道分开，互不交叉，并及时清扫和定期或不定期消毒。

4.7　实行按生长阶段进行牛舍结构设计，牛舍布局符合实行分阶段饲养方式的要求。

4.8　种牛舍设计应能保温隔热，地面和墙壁应便于清洗和消毒，有便于废弃物排放和处理的设施。

4.9　牛场应设有废弃物贮存、处理设施，防止泄露、溢流、恶臭等对周围环境造成污染。

4.10 牛舍应通风良好，空气中有毒有害气体含量应符合 NY/T388 的要求，温度、湿度、气流、光照符合肉牛不同生长阶段要求。

5 引种和购牛

5.1 引进种牛要严格执行《种畜禽管理条例》第 7、8、9 条，并按照 GB 16567 进行检疫。

5.2 购入牛要在隔离场（区）观察不少于 15 天，经兽医检查确定为健康合格后，方可转入生产群。

6 饲养投入品

6.1 饲料和饲料添加剂

6.1.1 饲料和饲料原料应符合 NY 5127。

6.1.2 定期对各种饲料和饲料原料进行采样和化验。各种原料和产品标志清楚，在洁净、干燥、无污染源的储存仓内储存。

6.1.3 不应在牛体内埋植或在饲料中添加镇静剂、激素类等违禁药物。

6.1.4 使用含抗生素的添加剂时，应按照《饲料和饲料添加剂管理条例》执行休药期。

6.2 饮水

6.2.1 水质应符合 NY 5027 的要求。

6.2.2 定期清洗消毒饮水设备。

6.3 疫苗和使用

6.3.1 牛群的防应符合 NY 5126 的要求。

6.3.2 防疫器械在防疫前后应彻底消毒。

6.4 兽药和使用

6.4.1 治疗使用药剂时，执行 NY 5125 的规定。

6.4.2 肉牛育肥后期使用药物时，应根据 NY 5125 执行休药期。

6.4.3 发生疾病的种公牛、种母牛及后备牛必须使用药物治疗时，在治疗期或达不到休药期的不应作为食用淘汰牛出售。

7 卫生消毒

7.1 消毒剂

选用的消毒剂应符合 NY 5125。

7.2 消毒方法

7.2.1 喷雾消毒

对清洗完毕后的牛舍、带牛环境、牛场道路和周围以及进入场区的车辆等用规定浓度的次氯酸盐、有机碘混合物、过氧乙酸、新洁尔灭、煤酚等进行喷雾消毒。

7.2.2 浸液消毒

用规定浓度的新洁尔灭、有机碘混合物或煤酚等的水溶液，洗手、洗工作服或胶靴。

7.2.3 紫外线消毒

人员入口处设紫外线灯照射至少 5 分钟。

7.2.4 喷洒消毒

在牛舍周围、入口、产床和牛床下面撒生石灰、火碱等进行消毒。

7.2.5 火焰消毒

在牛只经常出入的产房、培育舍等地方用喷灯的火焰依次瞬间喷射消毒。

7.2.6 熏蒸消毒

用甲醛等对饲喂用具和器械在密闭的室内或容器内进行熏蒸。

7.3 消毒制度

7.3.1 环境消毒

牛舍周围环境每 2～3 周用 2%火碱或撒生石灰消毒 1 次；场周围及场内污染池、排粪坑、下水道出口，每月用漂白粉消毒

1次。在牛场、牛舍入口设消毒池，定期更换消毒液。

7.3.2　人员消毒

工作人员进入生产区净道和牛舍要更换工作服和工作鞋、经紫外线消毒。外来人员必须进入生产区时，应更换场区工作服和工作鞋，经紫外线消毒，并遵守场内防疫制度，按指定路线行走。

7.3.3　牛舍消毒

每批牛只调出后，应彻底清扫干净，用水冲洗，然后进行喷雾消毒。

7.3.4　用具消毒

定期对饲喂用具、饲料车等进行消毒。

7.3.5　带牛消毒

定期进行带牛消毒，减少环境中的病原微生物。

8　管理

8.1　人员管理

8.1.1　牛场工作人员应定期进行健康检查，有传染病者不得从事饲养工作。

8.1.2　场内兽医人员不应对外出诊，配种人员不应对外开展牛的配种工作。

8.1.3　场内工作人员不应携带非本场的动物食品入场。

8.2　饲养管理

8.2.1　不应喂发酶和变质的饲料和饲草。

8.2.2　按体重、性别、年龄、强弱分群饲养，观察牛群健康状态，发现问题及时处理。

8.2.3　保持地面清洁，垫料应定期消毒和更换。保持料槽、水槽及舍内用具洁净。

8.2.4　对成年种公牛、母牛定期溶蹄和修蹄。

8.2.5　对所有牛用打耳标等方法编号。

8.3 灭蚊蝇、灭鼠、驱虫

8.3.1 消除水坑等蚊蝇孳生地，定期喷洒消毒药物，消灭蚊蝇。

8.3.2 使用器具和药物灭鼠，及时收集死鼠和残余鼠药，并应做无害化处理。

8.3.3 选择高效、安全的抗寄生虫药物驱虫，驱虫程序要符合 NY 5125 的要求。

9 运输

9.1 商品牛运输前，应经动物防疫监督机构根据 GB 16549 检疫，并出具检疫证明。

9.2 运输车辆在使用前后要按照 GB 16567 的要求消毒。

10 病、死牛处理

10.1 牛场不应出售病牛、死牛。

10.2 需要处死的病牛，应在指定地点进行扑杀，传染病牛尸体要按照 GB 16548 进行处理。

10.3 有使用价值的病牛应隔离饲养、治疗，病愈后归群。

11 废弃物处理

11.1 牛场污染物排放应符合 GB 18596 的要求。

12 资料记录

12.1 所有记录应准确、可靠、完整。

12.2 牛只标记和谱系的育种记录。

12.3 发情、配种、妊娠、流产、产犊和产后监护的繁殖记录。

12.4 哺乳、断奶、转群的生产记录。

12.5 种牛及肥育牛来源、牛号、主要生产性能及销售地记录。

12.6 饲料及各种添加剂来源、配方及饲料消耗记录。

12.7 防疫、检疫、发病、用药和治疗情况记录。

附录四　无公害食品　肉牛饲养兽药使用准则（节录）

2005.11.5

1　范围

本标准规定了生产无公害食品的肉牛饲养过程中允许使用的兽药种类及其使用准则。

本标准适用于无公害食品的肉牛饲养过程的生产、管理和认证。

3　术语和定义

下列术语和定义适用于本标准。

3.1　兽药 veterinary drug

用于预防、治疗和诊断畜禽等动物疾病，有目的地调节其生理机能并规定作用、用途、用法、用量的物质（含饲料药物添加剂）。包括：血清、疫苗、诊断液等生物制品；兽用的中药材、中成药、化学原料及其制剂；抗生素、生化药品、放射性药品。

3.1.1　抗寄生虫药 antiparasitic drug

能够杀灭或驱除动物体内、体外寄生虫的药物，其中包括中药材、中成药、化学药品、抗生素及其制剂。

3.1.2　抗菌药 antibacterial drug

能够抑制或杀灭病原菌的药物，其中包括中药材、中成药、化学药品、抗生素及其制剂。

3.1.3 饲料药物添加剂 medicated feed additive

为预防、治疗动物疾病而掺入载体或者稀释剂的兽药的预混物，包括抗球虫药类、驱虫剂类、抑菌促生长类等。

3.1.4 疫菌 vaccine

由特定细菌、病毒等微生物以及寄生虫制成的主动免疫制品。

3.1.5 消毒防腐剂 disinfectant and preservative

用于抑制或杀灭环境中的有害微生物、防止疾病发生或传染的药物。

3.2 休药期 withdrawal period

食品动物从停止给药到许可屠宰或他们的产品（乳、蛋）许可上市的间隔时间。

4 使用准则

肉牛养殖场的饲养环境应符合 NY/T388 的规定。肉牛饲养者应供给肉牛充足的营养，所用饲料、饲料添加剂和饮用水应符合《饲料和饲料添加剂管理条例》、NY 5127 和 NY 5027 的规定。应按照 NY/T 5128 加强饲养管理，净化和消毒饲养环境，采取各种措施以减少应激，增强动物自身的免疫力。应严格按照《中华人民共和国动物防疫法》和 NY 5126 的规定进行预防，建立严格的生物安全体系，防止肉牛发病和死亡，最大限度地减少化学药品和抗生素的使用。确需使用治疗用药的，经实验室诊断确诊后再对症下药，兽药的使用应有兽医处方并在兽医的指导下进行。用于预防、治疗和诊断疾病的兽药应符合《中华人民共和国兽药典》、《中华人民共和国兽药规范》、《中华人民共和国兽用生物制品质量标准》、《兽药质量标准》、《进口兽药质量标准》和《饲料药物添加剂使用规范》的相关规定。所用兽药必须来自具有《兽药生产许可证》和产品批准文号的生产企业或者具有《进口兽药许可证》的供应商。所用兽药的标签应符合《兽药管理条例》的规定。

4.1 优先使用疫苗预防肉牛疫病，应结合当地实际情况进行疫病的预防接种。

4.2 允许使用符合《中华人民共和国兽药典》、《中华人民共和国兽药规范》、《兽药质量标准》和《进口兽药质量标准》规定的消毒防腐剂对饲养环境、厩舍和器具进行消毒，同时应符合NY/T 5128 的规定。

4.3 允许使用符合《中华人民共和国兽药典》和《中华人民共和国兽药规范》规定的用于肉牛疾病预防和治疗的中药材和中药成方制剂。

4.4 允许使用符合《中华人民共和国兽药典》、《中华人民共和国兽药规定》、《兽药质量标准》和《进口兽药质量标准》规定的钙、磷、硒、钾等补充药，酸碱平衡药，体液补充药，电解质补充药，营养药，血容量补充药，抗贫血药，维生素类药，吸附药，泻药，润滑剂，酸化剂，局部止血药，收敛药和助消化药。

4.5 允许使用国家畜牧兽医行政管理部门批准的微生态制剂。

4.6 允许使用附录 A［略，详见中华人民共和国农业行业标准——无公害食品（第二批）养殖业部分］中的抗寄生虫药、抗菌药和饲料药物添加剂，使用中应注意以下几点：

a. 严格遵守规定的用法与用量；

b. 休药期应严格遵守附录 A 中规定的时间。

4.7 慎用作用于神经系统、循环系统、呼吸系统、泌尿系统的兽药及其他兽药。

4.8 建立并保存肉牛的免疫程序记录；建立并保存患病与用药记录，治疗用药记录包括患病肉牛的畜号或其他标志、发病时间及症状、治疗用药物名称（商品及有效成分）、给药途径及剂量、治疗时间和疗程等；预防或促生长混饲给药记录包括所用药物名称（商品名称及有效成分）、剂量和疗程等。

4.9 禁止使用未经国家畜牧兽医行政管理部门批准的兽药或已经淘汰的兽药。

4.10 禁止使用附录 B［略，详见中华人民共和国农业行业标准——无公害食品（第二批）养殖业部分］中的兽药及其他化合物。

附录五　无公害食品　牛肉（节录）

1　范围

本标准规定了无公害牛肉的定义、技术要求、检验方法、标志、包装、贮存和运输。

本标准适用于来自非疫区的无公害肉牛，屠宰后经兽医检疫合格的牛肉。

3　技术要求

3.1　原料　活牛原料必须来自非疫区，经当地动物防疫监督机构检验合格。

3.2　屠宰加工　屠宰加工规范及卫生检验要求按 NY 467 和 GB/T9960 的规定执行。

3.3　感官指标　感官指标应符合 GB 2708 的规定。

3.4　理化指标　理化指标应符合下表要求。

项　　目		指　　标
解冻失水率（%）	≤	8
挥发性盐基氮（mg/kg）	≤	150
汞（以 Hg 计，mg/kg）	≤	按 GB/T9960
铅（以 Pb 计，mg/kg）	≤	0.50
砷（以 As 计，mg/kg）	≤	0.50
镉（以 Cd 计，mg/kg）	≤	0.10
铬（以 Cr 计，mg/kg）	≤	1.00
六六六（mg/kg）	≤	0.10

（续）

项　　目		指　　标
滴滴涕（mg/kg）	≤	0.10
金霉素（mg/kg）	≤	0.10
土霉素（mg/kg）	≤	0.10
磺胺类（以磺胺类总量计，mg/kg）	≤	0.10
伊维菌素（脂肪中，mg/kg）	≤	0.04

3.5　微生物指标　微生物指标按下表规定

项　　目	指　　标
菌落总数（cfu/g）	1×10^{6}
大肠菌群（mpn/kg）	1×10^{5}
沙门氏菌	不得检出

4　检验方法

4.1　感官检验　按 GB/T5009.44 规定方法检验。

4.2　理化指标检验

4.2.1　解冻失水率　按 NY 5029—2001 中附录 A 执行。

4.2.2　挥发性盐基氮　按 GB/T 5009.44 规定方法测定。

4.2.3　铅　按 GB/T 5009.12 规定方法测定。

4.2.4　砷　按 GB/T 5009.11 规定方法测定。

4.2.5　镉　按 GB/T 5009.15 规定方法测定。

4.2.6　汞　按 GB/T 5009.17 规定方法测定。

4.2.7　铬　按 GB/T 14962 规定方法测定。

4.2.8　六六六、滴滴涕　按 GB/T 5009.19 规定方法测定。

4.2.9　金霉素　按 NY 5029—2001 中附录 B 规定方法测定。

4.2.10　土霉素　按 NY 5029—2001 中附录 C 规定方法测定。

4.2.11　磺胺类　按 NY 5029—2001 中附录 E 规定方法测定。

4.2.12　伊维菌数　按 NY 5029—2001 中附录 F 规定方法测定。

4.3 微生物检验

4.3.1 菌落总数 按 GB 4789.2 检验

4.3.2 大肠菌群 按 GB 4789.3 检验

4.3.3 沙门氏菌 按 GB 4789.4 检验

5 标志、包装、贮存、运输

5.1 标志 内包装（销售包装）标志应符合 GB 7718 的规定，外包装的标志应按 GB 191 和 GB/T 6388 的规定执行。

5.2 包装 包装材料符合相应的国家食品卫生标准。

5.3 贮存 产品应贮存在通风良好的场所，不得与有毒、有害、有异味、易挥发、易腐蚀的物品同处贮存。

5.4 运输 应使用符合食品卫生要求的专用冷藏车（船），不得有对产品发生不良影响的物品混装。

附录六　畜禽病害肉尸及其产品无害化处理规程（节录）

1　主题内容与适用范围

本标准规定了畜禽病害肉尸及其产品的销毁、化制、高温处理和化学处理的技术规范。

本标准适用于各类畜禽饲养场、肉类联合加工厂、定点屠宰点和畜禽运输及肉类市场等。

2　处理对象

2.1　猪、牛、羊、马、驴、骡、驼、兔及鸡、火鸡、鸭、鹅患传染性疾病、寄生虫病和中毒性疾病的肉尸（除去皮毛、内脏和蹄）及其产品（内脏、血液、骨、蹄、角和皮毛）。

2.2　其他动物病害肉尸及其产品的无害化处理，参照本标准执行。

3　病、死畜禽的无害化处理

3.1　销毁

3.1.1　适用对象

确认为炭疽、鼻疽、牛瘟、牛肺疫、恶性水肿、气肿疽、狂犬病、羊快疫、羊肠毒血症、肉毒梭菌中毒症、羊猝狙、马流行性淋巴管炎、马传染性贫血病、马鼻腔肺炎、马鼻气管炎、蓝舌病、非洲猪瘟、猪瘟、口蹄疫、猪传染性水疱病、猪密螺旋体痢疾、急性猪丹毒、牛鼻气管炎、黏膜病、钩端螺旋体病（已黄染肉尸）、李氏杆菌病、布鲁氏菌病、鸡新城疫、马立克氏病、鸡瘟（禽流感）、小鹅瘟、鸭瘟、兔病毒性出血症、野兔热、兔产气荚膜梭菌病等传染病和恶性肿瘤或两个器官发现肿瘤的病畜禽整个尸体；从其他患病畜禽各部分割除下来的病变部分和内脏。

3.1.2　操作方法

下述操作中，运送尸体应采用密闭的容器。

3.1.2.1　湿法化制

利用湿化机，将整个尸体投入化制（熬制工业用油）。

3.1.2.2　焚毁

将整个尸体或割除下来的病变部分和内脏投入焚化炉中烧毁炭化。

3.2　化制

3.2.1　适用对象

凡病变严重、肌肉发生退行性变化的除3.1.1传染病以外的其他传染病、中毒性疾病、囊虫病、旋毛虫病及自行死亡或不明原因死亡的畜禽整个尸体或肉尸和内脏。

3.2.2　操作方法

利用干化机，将原料分类，分别投入化制。亦可使用3.1.2.1方法化制。

3.3　高温处理

3.3.1　适用对象

猪肺疫、猪溶血性链球菌病、猪副伤寒、结核病、副结核病、禽霍乱、传染性法氏囊病、鸡传染性支气管炎、鸡传染性喉气管炎、羊痘、山羊关节炎脑炎、绵羊梅迪/维斯那病、弓形虫病、梨形虫病、锥虫病等病畜的肉尸和内脏。

确认为3.1.1传染病病畜禽的同群畜禽以及怀疑被其污染的肉尸和内脏。

3.3.2　操作方法

3.3.2.1　高压蒸煮法

把肉尸切成重不超过2千克、厚不超过8厘米的肉块，放在密闭的高压锅内，在 112 kPa 压力下蒸煮 1.5～2 上时。

3.3.2.2 一般煮沸法

将肉尸切成 3.3.2.1 规定大小的肉块，放在普通锅内煮沸 2～2.5 小时（从水沸腾时算起）。

4 病畜禽产品的无害化处理

4.1 血液

4.1.1 漂白粉消毒法

用于 3.1.1 条中的传染病以及血液寄生虫病病畜禽血液的处理。

将 1 份漂白粉加入 4 份血液中充分搅拌，放置 24 小时后于专设掩埋废弃物的地点掩埋。

4.1.2 高温处理 将已凝固的血液切成豆腐方块，放入沸水中烧煮，至血块深部呈黑红色并成蜂窝状时为止。

4.2 蹄、骨和角

肉尸作高温处理时剔出的病畜禽骨和病畜的蹄、角放入高压锅内蒸煮至骨脱或脱脂为止。

4.3 皮毛

4.3.1 盐酸食盐溶液消毒法

用于被 3.1.1 疫病污染的和一般病畜的皮毛消毒。

用 2.5%盐酸溶液和 15%食盐水溶液等量混合，将皮张浸泡在此溶液中，并使液温保持在 30℃左右，浸泡 41 小时，皮张与消毒液之比为 1∶10(m/V)。浸泡后捞出沥干，放入 2%氢氧化钠溶液中，以中和皮张上酸，再用水冲洗后晾干。也可按 100 mL 25%食盐水溶液中加入盐酸 1 mL 配制消毒液，在室温 15℃条件下浸泡 18 小时，皮张与消毒液之比为 1∶4。浸泡后捞出沥干，再放入 1%氢氧化钠溶液中浸泡，以中和皮张上的酸，再用水冲洗后晾干。

4.3.2 过氧乙酸消毒法

用于任何病畜的皮毛消毒

将皮毛放入新鲜配制的2%过氧乙酸溶液浸泡30分钟，捞出，用水冲洗后晾干。

4.3.3 碱盐液浸泡消毒

用于同3.1.1疫病污染的皮毛消毒。

将病皮浸入5%碱盐液（饱和盐水内加5%烧碱）中，室温（17～20℃）浸泡24小时，并随时加以搅拌，然后取出挂起，待碱盐液流净，放入5%盐酸液内浸泡，使皮上的酸碱中和，捞出，用水冲洗后晾干。

4.3.4 石灰乳浸泡消毒

用于口蹄疫和螨病牛皮的消毒。

制法：将1份生石灰加1份水制成熟石灰，再用水配成10%或5%混悬液（石灰乳）。口蹄疫病皮，将病皮浸入10%石灰乳中浸泡2小时；螨病病皮，则将皮浸入5%石灰乳中浸泡12小时，然后取出晾干。

4.3.5 盐腌消毒

用于布鲁氏菌病病皮的消毒。

用皮重15%的食盐，均匀撒于皮的表面。一般毛皮腌制两个月，胎儿毛皮腌制三个月。

4.4 病畜鬃毛的处理

将鬃毛于沸水中煮沸2～2.5小时。

用于任何病畜的鬃毛处理。

参考文献

GB 13078—2001　饲料卫生标准.

GB 16549—1996　畜禽产地检疫规范.

GB 18596—2001　畜禽养殖业污染物排放标准.

GB/T 20014.11　畜禽公路运输控制点与符合性规范解读.

GB/T 20014.6　畜禽基础控制点与符合性规范解读.

NY 5126—2000　无公害食品　肉牛饲养兽医防疫准则.

NY 5127—2000　无公害食品　肉牛饲养饲料使用准则.

国务院令 266 号　饲料和添加剂管理条例.

黄应祥.2003. 肉牛无公害综合饲养技术 [M]. 北京：中国农业出版社.

蒋洪茂，余英才.2004. 影响肉牛经济效益因素的分析 [J]. 黄牛杂志（4）.

蒋洪茂.1995. 优质牛肉生产技术 [M]. 北京：中国农业出版社.

蒋洪茂.1996. 中国黄牛肉用技术的研究 [J]. 黄牛杂志（3-4）.

蒋洪茂.1998. 黄牛育肥实用技术 [M]. 北京：中国农业出版社.

蒋洪茂.2003. 肉牛高效育肥饲养与管理技术 [M]. 北京：中国农业出版社.

蒋洪茂.2003. 肉牛快速育肥实用技术 [M]. 北京：金盾出版社.

肉牛饲养兽医防疫准则.

肉牛育肥良好管理规范.

彩图1　秦川牛（阉公牛）

彩图2　晋南牛（阉公牛）

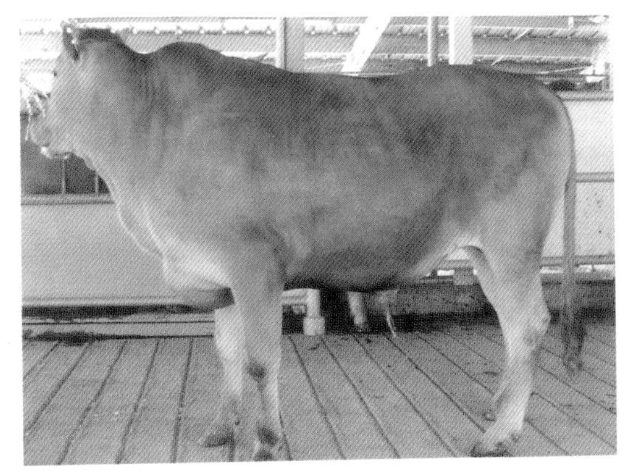

彩图3　鲁西牛（阉公牛）

彩图 4　南阳牛（阉公牛）

彩图 5　延边牛（公牛）

彩图 6　郏县红牛（阉公牛）

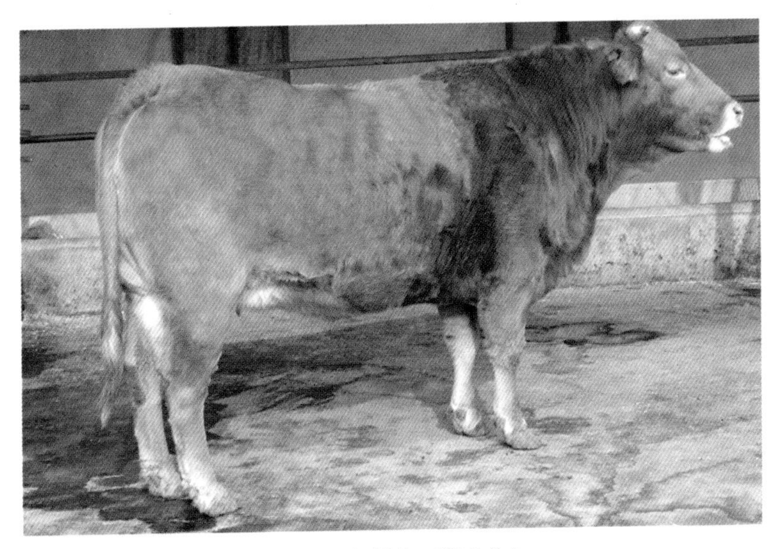

彩图7　复州牛（阉公牛）

彩图8　巫陵牛（公牛）

彩图 9　和鲁杂交牛（阉公牛）

彩图 10　利鲁杂交牛（阉公牛）